21 世纪高等院校规划教材

Linux 基础及应用教程实验指导与实训

主　编　郭　迎　梁建武

副主编　陈　英　徐　艺

内 容 提 要

本书是以 Fedora Core Linux 为基础的实际操作应用指南，它是 Linux 基础及应用教程的配套教材，对 Linux 系统的应用技术做了全面的实训，主要包括 Linux 桌面应用、文件系统管理、用户管理、进程管理、网络管理、安全管理等实用操作知识，为 Linux 的初学者能够快速入门提供了保证。每章都是一个大实训项目，分成若干个子任务，安排了详细的实验内容，使读者能够边学边用，更快地提高使用 Linux 的实际操作水平。

本书以实际操作对象为实例，内容丰富、讲解清晰，几乎覆盖教程所有的内容，因为是分步进行的，有助于初学者理解、把握问题的精髓，提高对应用操作框架的整体认识，为读者掌握操作技能提供经典典范。

本书可作为高等院校（含高职）电子类、计算机类、信息类等专业的 Linux 课程实训教材，也可作为广大 Linux 用户、系统管理员和 Linux 系统自学者的参考书或培训教材，还可供希望转入嵌入式领域的科研和工程技术人员参考使用。

图书在版编目（CIP）数据

Linux 基础及应用教程实验指导与实训 / 郭迎等主编.
北京：中国水利水电出版社，2009
21 世纪高等院校规划教材
ISBN 978-7-5084-6168-7

Ⅰ. L… Ⅱ. 郭… Ⅲ. Linux 操作系统－高等学校－教学参考资料 Ⅳ. TP316.89

中国版本图书馆 CIP 数据核字（2008）第 204596 号

书　　名	21 世纪高等院校规划教材 Linux 基础及应用教程实验指导与实训
作　　者	主　编　郭　迎　梁建武 副主编　陈　英　徐　艺
出版发行	中国水利水电出版社 （北京市海淀区玉渊潭南路 1 号 D 座　100038） 网址：www.waterpub.com.cn E-mail：mchannel@263.net（万水） sales@waterpub.com.cn 电话：（010）68367658（发行部）、82562819（万水）
经　　售	北京科水图书销售中心（零售） 电话：（010）88383994、63202643、68545874 全国各地新华书店和相关出版物销售网点
排　　版	北京万水电子信息有限公司
印　　刷	三河市鑫金马印装有限公司
规　　格	184mm×260mm　16 开本　13 印张　324 千字
版　　次	2009 年 2 月第 1 版　2012 年 1 月第 2 次印刷
印　　数	4001—7000 册
定　　价	22.00 元

序

随着计算机科学与技术的飞速发展，计算机的应用已经渗透到国民经济与人们生活的各个角落，正在日益改变着传统的人类工作方式和生活方式。在我国高等教育逐步实现大众化后，越来越多的高等院校会面向国民经济发展的第一线，为行业、企业培养各级各类高级应用型专门人才。为了大力推广计算机应用技术，更好地适应当前我国高等教育的跨跃式发展，满足我国高等院校从精英教育向大众化教育的转变，符合社会对高等院校应用型人才培养的各类要求，我们成立了“21 世纪高等院校规划教材编委会”，在明确了高等院校应用型人才培养模式、培养目标、教学内容和课程体系的框架下，组织编写了本套“21 世纪高等院校规划教材”。

众所周知，教材建设作为保证和提高教学质量的重要支柱及基础，作为体现教学内容和教学方法的知识载体，在当前培养应用型人才中的作用是显而易见的。探索和建设适应新世纪我国高等院校应用型人才培养体系需要的配套教材已经成为当前我国高等院校教学改革和教材建设工作面临的紧迫任务。因此，编委会经过大量的前期调研和策划，在广泛了解各高等院校的教学现状、市场需求，探讨课程设置、研究课程体系的基础上，组织一批具备较高的学术水平、丰富的教学经验、较强的工程实践能力的学术带头人、科研人员和主要从事该课程教学的骨干教师编写出一批有特色、适用性强的计算机类公共基础课、技术基础课、专业及应用技术课的教材以及相应的教学辅导书，以满足目前高等院校应用型人才培养的需要。本套教材消化和吸收了多年来已有的应用型人才培养的探索与实践成果，紧密结合经济全球化时代高等院校应用型人才培养工作的实际需要，努力实践，大胆创新。教材编写采用整体规划、分步实施、滚动立项的方式，分期分批地启动编写计划，编写大纲的确定以及教材风格的定位均经过编委会多次认真讨论，以确保该套教材的高质量和实用性。

教材编委会分析研究了应用型人才与研究型人才在培养目标、课程体系和内容编排上的区别，分别提出了 3 个层面上的要求：在专业基础类课程层面上，既要保持学科体系的完整性，使学生打下较为扎实的专业基础，为后续课程的学习做好铺垫，更要突出应用特色，理论联系实际，并与工程实践相结合，适当压缩过多过深的公式推导与原理性分析，兼顾考研学生的需要，以原理和公式结论的应用为突破口，注重它们的应用环境和方法；在程序设计类课程层面上，把握程序设计方法和思路，注重程序设计实践训练，引入典型的程序设计案例，将程序设计类课程的学习融入案例的研究和解决过程中，以学生实际编程解决问题的能力为突破口，注重程序设计算法的实现；在专业技术应用层面上，积极引入工程案例，以培养学生解决工程实际问题的能力为突破口，加大实践教学内容的比重，增加新技术、新知识、新工艺的内容。

本套规划教材的编写原则是：

在编写中重视基础，循序渐进，内容精炼，重点突出，融入学科方法论内容和科学理念，反映计算机技术发展要求，倡导理论联系实际和科学的思想方法，体现一级学科知识组织的层次结构。主要表现在：以计算机学科的科学体系为依托，明确目标定位，分类组织实施，兼容互补；理论与实践并重，强调理论与实践相结合，突出学科发展特点，体现学科发展的内在规律；教材内容循序渐进，保证学术深度，减少知识重复，前后相互呼应，内容编排合理，整体结构完整；采取自顶向下设计方法，内涵发展优先，突出学科方法论，强调知识体系可扩展的原则。

本套规划教材的主要特点是：

（1）面向应用型高等院校，在保证学科体系完整的基础上不过度强调理论的深度和难度，注重应用型人才的专业技能和工程实用技术的培养。在课程体系方面打破传统的研究型人才培养体系，根据社会经济发展对行业、企业的工程技术需要，建立新的课程体系，并在教材中反映出来。

（2）教材的理论知识包括了高等院校学生必须具备的科学、工程、技术等方面的要求，知识点不要求大而全，但一定要讲透，使学生真正掌握。同时注重理论知识与实践相结合，使学生通过实践深化对理论的理解，学会并掌握理论方法的实际运用。

（3）在教材中加大能力训练部分的比重，使学生比较熟练地应用计算机知识和技术解决实际问题，既注重培养学生分析问题的能力，也注重培养学生思考问题、解决问题的能力。

（4）教材采用"任务驱动"的编写方式，以实际问题引出相关原理和概念，在讲述实例的过程中将本章的知识点融入，通过分析归纳，介绍解决工程实际问题的思想和方法，然后进行概括总结，使教材内容层次清晰，脉络分明，可读性、可操作性强。同时，引入案例教学和启发式教学方法，便于激发学习兴趣。

（5）教材在内容编排上，力求由浅入深，循序渐进，举一反三，突出重点，通俗易懂。采用模块化结构，兼顾不同层次的需求，在具体授课时可根据各校的教学计划在内容上适当加以取舍。此外还注重了配套教材的编写，如课程学习辅导、实验指导、综合实训、课程设计指导等，注重多媒体的教学方式以及配套课件的制作。

（6）大部分教材配有电子教案，以使教材向多元化、多媒体化发展，满足广大教师进行多媒体教学的需要。电子教案用 PowerPoint 制作，教师可根据授课情况任意修改。相关教案的具体情况请到中国水利水电出版社网站 www.waterpub.com.cn 下载。此外还提供相关教材中所有程序的源代码，方便教师直接切换到系统环境中教学，提高教学效果。

总之，本套规划教材凝聚了众多长期在教学、科研一线工作的教师及科研人员的教学科研经验和智慧，内容新颖，结构完整，概念清晰，深入浅出，通俗易懂，可读性、可操作性和实用性强。本套规划教材适用于应用型高等院校各专业，也可作为本科院校举办的应用技术专业的课程教材，此外还可作为职业技术学院和民办高校、成人教育的教材以及从事工程应用的技术人员的自学参考资料。

我们感谢该套规划教材的各位作者为教材的出版所做出的贡献，也感谢中国水利水电出版社为选题、立项、编审所做出的努力。我们相信，随着我国高等教育的不断发展和高校教学改革的不断深入，具有示范性并适应应用型人才培养的精品课程教材必将进一步促进我国高等院校教学质量的提高。

我们期待广大读者对本套规划教材提出宝贵意见，以便进一步修订，使该套规划教材不断完善。

21 世纪高等院校规划教材编委会

2004 年 8 月

前　　言

Linux 操作系统是一个开源的操作系统，是由开发工具软件、编辑器软件、CPU 图形用户界面、网络工具软件等组成的一个完整的软件包。

本书是 Linux 基础及应用的配套教材，书中所有的实例均在 Fedora Core Linux 下调试通过。

本书的侧重点是理论与实践相结合，遵循循序渐近、由浅入深的认知特点来安排各个章节的内容，从而使读者达到学以致用的目的。通过本书的学习，读者不仅将学会如何安装与配置 Linux 及 Linux 操作系统中文件与目录的基本操作，还将学习到 Linux 桌面应用、文件系统管理、用户管理、进程管理、网络管理、安全管理等实用的操作知识，还将学会 shell 编程及如何构建嵌入式 Linux 开发环境。

全书共 10 章，每章为一个实训，本书将每个实训分成若干个小任务。第 1 章是 Linux 的安装与配置，分别练习在本地机上和虚拟机上安装 Linux 的步骤；第 2 章是 Linux 中文件与目录的操作，练习文件与目录的创建、复制、删除、更名等基本的操作；第 3 章是桌面应用，主要在 GNOME 桌面系统中进行操作；第 4 章为文件系统管理，如何安装和卸载 Linux 文件系统是本章的主要内容；第 5 章是用户管理，对于用户配置信息及使用磁盘配额进行实际操作；第 6 章是进程管理，练习如何监视、启动进程及进程间如何通信；第 7 章是网络管理，练习如何配置网络，网络故障的检测与调试及 Web 服务器的安装；第 8 章是 Shell 编程，主要目的是学会如何创建 Shell 脚本；第 9 章是安全管理，内容包括控制对服务的访问、控制系统运行级别及构建包过滤防火墙等；第 10 章是构建嵌入式 Linux 开发环境，实训内容包括 Linux I/O 端口编程及开发嵌入式 Linux 的步骤。

本书由郭迎、梁建武任主编，陈英、徐艺任副主编。主要编写人员分工如下：郭迎编写第 1～3 章，梁建武编写第 5、6 章，陈英编写第 7、8 章，徐艺编写第 9、10 章，谭海龙编写第 4 章。另外参与本书编写工作的还有罗喜英、杜伟、张雷、陈语林、龙小梅、田野、周媛媛等。由于时间仓促，加上编者水平有限，书中不足之处在所难免，敬请读者批评指正。

编　者

2008 年 12 月

目　　录

第 1 章 Linux 的安装与配置

本章知识点：

- Linux 系统的安装类型
- Linux 系统的安装方法
- 图形用户界面与字符界面
- 磁盘分区与文件系统类型
- 选择软件包组
- 引导盘

本章重点：

- 能够根据实际需要选择合适的安装类型进行系统安装
- 能够在图形用户界面与字符界面下按步骤完成安装
- 会使用 Disk Druid 进行手工分区
- 选择合适的引导装载程序
- 熟练完成 Fedora Core Linux 系统的安装和装置

Linux 操作系统是一个开源的操作系统，它是源于芬兰赫尔辛基大学一位名叫 Linus Torvalds（Linux 是 Linus's UNIX 的缩写）的学生早在 1991 年 10 月的一个设想。Linux 本身是这个操作系统的核心部分，也就是操作系统的内核。内核是完成那些最基本操作的程序，它负责其他程序（如文本编辑器程序）的启动与终止、内存申请处理、硬盘访问、网络连接管理等方面的工作。

Linux 是由开发工具软件、编辑器软件、CPU 图形用户界面、网络工具软件等组成的一个完整的软件包。Linux 具备现代一切功能完整的 UNIX 系统所具备的全部特征，其中包括真正的多任务、虚拟内存、共享库、优秀的内存管理以及 TCP/IP 网络支持等。

Linux 的发行遵守 GNU（GNU is Not UNIX）的通用公共许可证，遵循公共版权许可证（GPL，General Public License），秉承“自由的思想，开放的源码”原则。一直以来，成千上万的专家及爱好者通过 Internet 在不断地完善并维护它。

2003 年 9 月底，Red Hat 公司宣布将原有的 Red Hat Linux 开发计划与 Fedora Core Linux 计划整合成新的 Fedora Project。Fedora Project 将由 Red Hat 公司赞助，以社区支持的方式开发 Linux 发行版 Fedora Core Linux，而 Red Hat 公司原来 Red Hat Linux 的开发团队也将继续参与这一发行版本的开发工作。Red Hat 公司把 Fedora Project 看作一个新技术的开发园地，鼓励有兴趣的自由软件开发人员参与此项项目的开发，希望这一发行版本真正成为以自由软件开发为模式的操作系统。

Red Hat 公司将不再从事免费版 Red Hat Linux 的开发工作，由合并产生的 Fedora Project 继续 Fedora Core 新版本的开发工作。此后，市场上就出现了与 Red Hat 公司相关的两个 Linux 发行版本：一个是免费、但不提供技术支持的 Fedora Core Linux；另一个是需要付费购买、有技术支持服务的 Red Hat Enterprise Linux。

目前，市场上发布的 Fedora Core 的最新版本是 Fedora Core 9，这一完全免费的 Linux 操作系统把最新式的外观和最尖端的技术结合在了一起，创造出了丰富的个人创作环境，全新的蓝曲线桌面设计使得桌面界面简洁、方便易用，大大增强了图形数量和效果。Fedora Core 通过更易用的系统配置图形工具支持多系统共存以及自动硬件检测，极大地方便了用户的安装。

Fedora Core 为个人计算机和服务器提供了一种较 Red Hat 更为安全稳定的解决方案，势必在 Linux 领域开拓更为广阔的应用空间。

本实训教材的实验环境为 Fedora Core 1（下载网址：http://www.linuxcompatible.org/download.php?det=34）。

1.1 任务 1 在本地计算机上安装 Fedora Core Linux 单操作系统

任务说明：

操作系统的安装是学习使用操作系统的第一步，最初的安装配置方案直接影响到以后系统的使用，所以对于系统管理员来说，走好这一步至关重要。

任务要求：

根据具体的要求，制定适当的安装配置方案，包括：使用何种安装介质；使用图形化界面还是字符界面安装；使用什么样的磁盘分区方案；使用什么样的引导装载程序等等。

1.1.1 做好安装前的准备工作

安装前的准备工作如下：

（1）确定硬件是否与 Fedora Core Linux 系统兼容。

（2）访问网址http://hardware.redhat.com.hcl，获取最新的硬件支持列表，对比确定你的硬件安装是否兼容。

（3）确认有足够的硬盘空间，如表 1-1 所示。几乎每一个现代操作系统（OS）都使用磁盘分区（Disk Partitions），Fedora Core Linux 也不例外。在开始安装进程之前，计算机必须有足够的未分区的硬盘空间来安装 Fedora Core Linux。

表 1-1 不同安装类型所需的磁盘空间

安装类型	所需空间
个人桌面	包括图形化桌面环境，至少需要 1.7G 空闲空间。若兼选 GNOME 和 KDE 桌面环境，则至少需要 1.8GB 空闲空间
工作站	工作站安装，包括图形化桌面环境和软件开发工具，至少需要 2.1GB 的空闲空间。兼选 GNOME 和 KDE 桌面环境至少需要 2.2GB 空闲空间

续表

安装类型	所需空间
服务器	最基本的没有 X（图形化环境）的服务器安装需要 850MB 空闲空间；若要安装除 X 以外的所有软件包组，需要 1.5GB 空闲空间；若要安装包括 GNOME 和 KDE 桌面环境的所有软件包，至少需要 5.0GB 空闲空间
定制	基本的定制安装需要 475MB，如果选择了全部软件包，则至少需要 5.0GB 空闲空间

（4）确定安装方法。安装 Fedora Core Linux 的方法很多，包括光盘安装、硬盘安装、FTP 安装、HTTP 安装、NFS 安装等。

- 光盘安装：光盘安装要求已购买了 Fedora Core Linux 产品，或者拥有 Fedora Core Linux 光盘以及光盘驱动器。多数新计算机会允许从光盘引导。如果系统支持从光盘引导，这种启动本地光盘安装的方法将非常简便。
- 硬盘安装：需要使用 ISO（或光盘）映像。ISO 映像是光盘映像的精确复制文件。由于 Fedora Core Linux 的发行版本中包括了大量软件包，可用的 ISO 映像也有好几个。把所需的 ISO 映像（二进制的 Fedora Core Linux 光盘）存放到某目录中以后，选择从硬盘安装。这样，就会把安装程序指向要执行安装的目录。
- FTP 安装：FTP 站点包含 Linux 系统的安装目录。
- HTTP 安装：HTTP 站点包含 Linux 系统的安装目录。
- NFS 安装：首先要有一台安装了 Linux/UNIX 系统的机器，安装 NFS 服务，并找到相应的包，如：nfs-utils-1.0.1-2.9 包。通过 rpm 解包后进行安装。

（5）选择最适合的安装类型。

- 个人桌面：如果想尝试使用这个系统，个人桌面安装是最恰当的选择。该类型安装会为家用、便携电脑或桌面使用创建一种带有图形化环境的系统。
- 工作站：如果除了图形化桌面环境外，还需要软件开发工具，工作站安装类型是最恰当的选择。
- 服务器：如果希望系统具有基于 Linux 服务器的功能，并且不想对系统配置做过多的定制工作，服务器安装是最恰当的选择。
- 定制：定制安装为安装提供了最大的灵活性。可以选择引导装载程序、想要的软件包等。对于那些熟悉 Fedora Core Linux 安装的用户以及那些恐怕失去完全灵活性的用户而言，定制安装是最恰当的选择。
- 升级：如果系统中已经在运行 Fedora Core Linux 版本，并且想快速地更新到最新的软件包和内核版本，那么升级安装是最恰当的选择。

1.1.2　安装 Fedora Core Linux

完成 Fedora Core Linux 在本地计算机上安装，要准备好三张资源光盘，首先插入第一张资源光盘，在从光盘引导后弹出如图 1-1 所示的安装界面。

1. 选择安装程序的用户界面

（1）图形化用户安装界面：直接按 Enter 键即可进行。如果以前使用过图形化用户界面（Graphical User Interface，GUI），会对这一进程比较熟悉，只需使用鼠标在屏幕间翻阅、点击按钮，或者输入文本字段即可。此外，还可以使用 Tab 键和 Enter 键在安装过程中浏览各屏幕。如图 1-2 所示是安装的欢迎界面。

图 1-1　选择安装界面

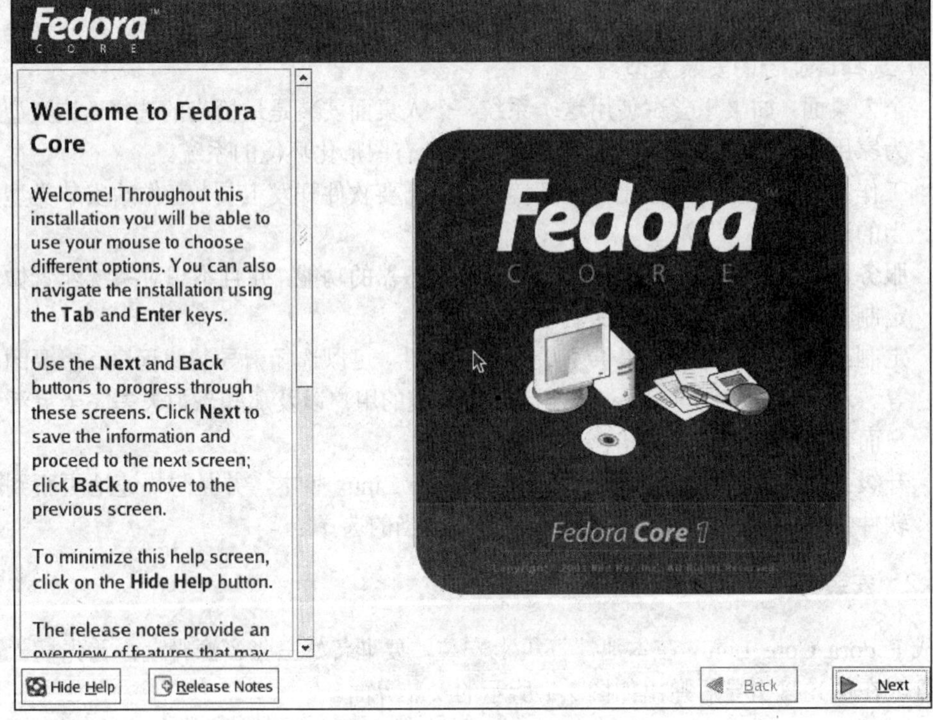

图 1-2　图形化安装界面

（2）文本模式安装界面：在冒号提示符下输入 linux text，即可采用传统的文字选项安装模式，如图 1-3 所示。

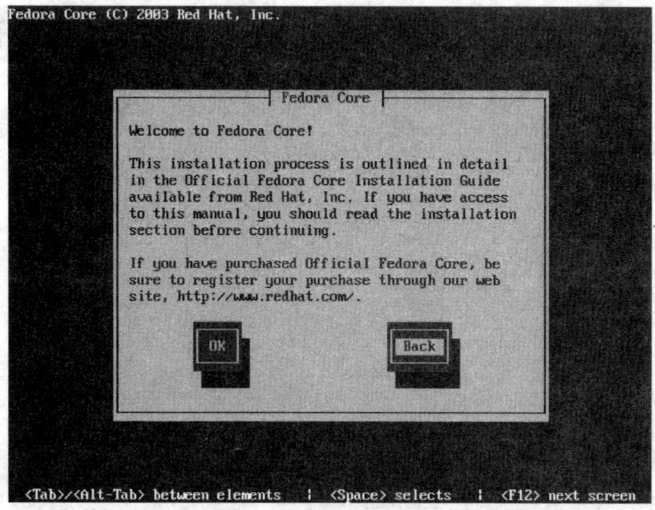

图 1-3　文本模式安装界面

2. 选择语言

使用鼠标来选择想在安装过程中使用的语言。选择合适的语言会在稍后的安装过程中帮助定位时区配置。安装程序将会试图根据屏幕上所指定的信息来定义相应的时区。选定了合适的语言后，单击 Next 按钮即可，如图 1-4 所示。

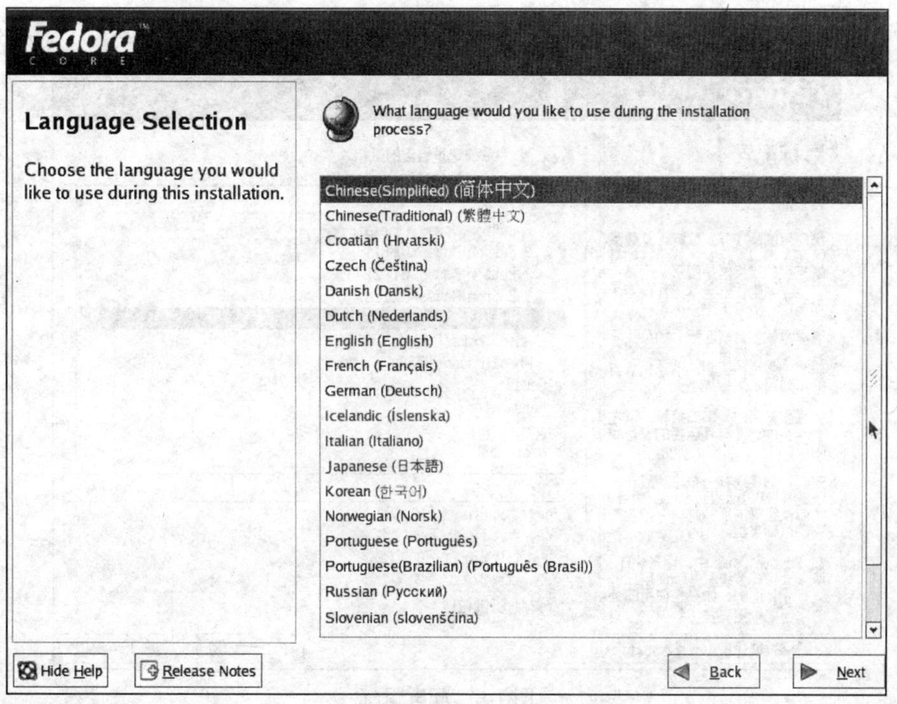

图 1-4　选择安装语言

3. 配置键盘

使用鼠标来选择在本次安装中和今后作系统默认的键盘布局类型，如图 1-5 所示。

图 1-5 配置键盘

4. 配置鼠标

为系统选择正确的鼠标类型。如果找不到合适的匹配，选择确定会与系统兼容的鼠标类型，如图 1-6 所示。

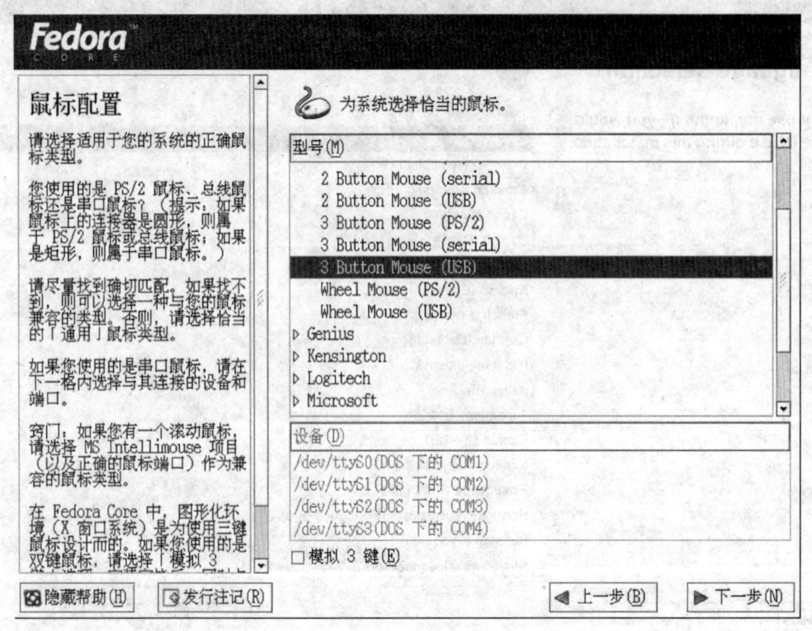

图 1-6 配置鼠标

5. 选择显示器类型

选择要安装的显示器类型，如图 1-7 所示。

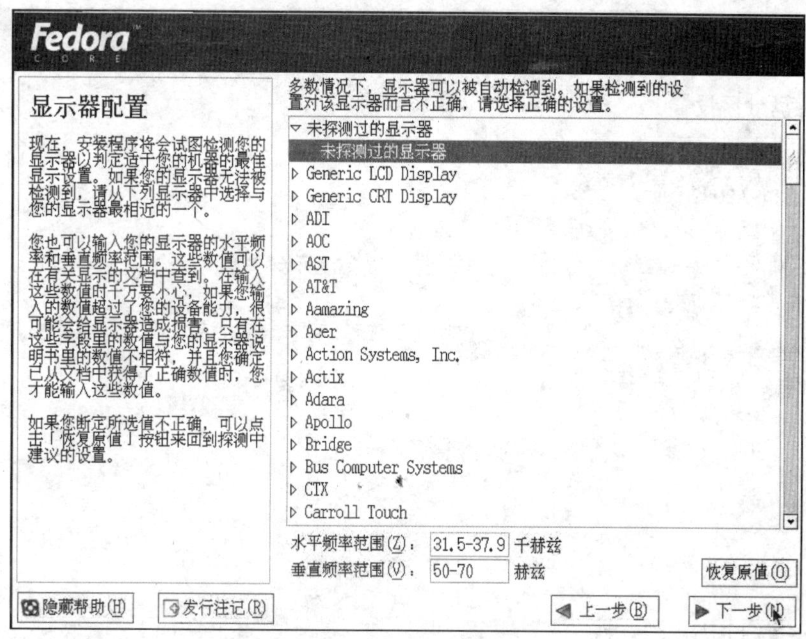

图 1-7　选择显示器类型

6. 选择安装类型

选择要执行的安装类型。Red Hat Linux 允许选择最符合需要的安装类型，有“个人桌面”、“工作站”、“服务器”、“定制”和“升级”4 个单选项，如图 1-8 所示。

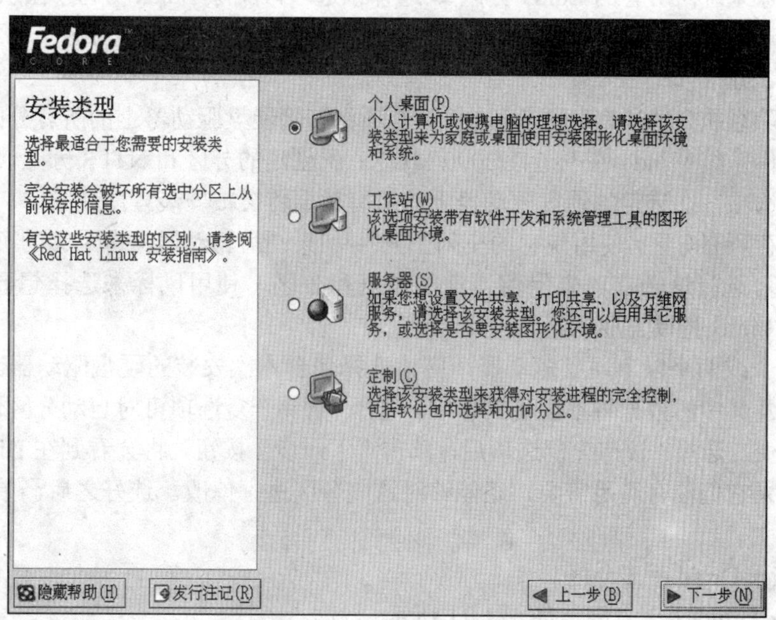

图 1-8　选择安装类型

7. 设置磁盘分区

如图 1-9 所示，可以选择自动分区或者使用 Disk Druid 手工分区。自动分区允许用户不必亲自为驱动器分区而执行安装；如果手工分区，请选择 Disk Druid 分区工具。

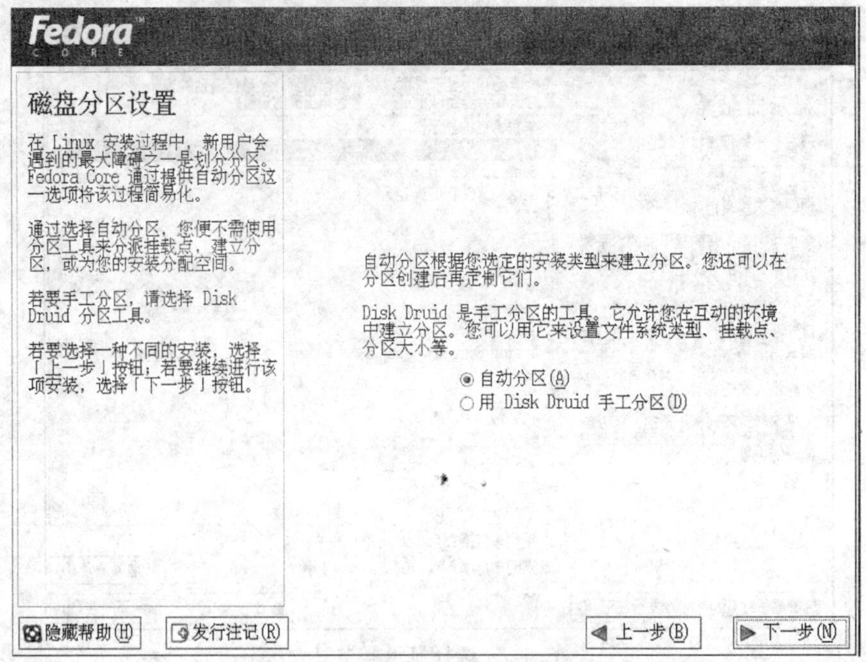

图 1-9　磁盘分区设置

选择自动分区。自动分区在有关哪些数据要从系统中删除这方面允许用户有控制权。如图 1-10 所示，可供选择的项有：

- “删除系统内所有的 Linux 分区”：选择该选项只删除 Linux 分区（在从前安装 Linux 时创建的分区）。这将不会影响硬盘驱动器上可能会有的其他分区（例如：VFAT 或 FAT32 分区）。
- “删除系统内的所有分区”：选择该选项将删除硬盘驱动器上的所有分区（包括由其他操作系统 Windows 9x/NT/2000/ME/XP 所创建的分区和 NTFS 分区）。如果选择了这个选项，在选定的硬盘驱动器上的所有数据将会被安装程序删除。
- “保存所有分区，使用现有的空闲空间”：如果硬盘驱动器上有足够的可用空闲空间，那么可选择这一选项来保留当前的数据和分区。使用鼠标来选择想要安装 Fedora Core Linux 的硬盘驱动器。

如果有两个或两个以上硬盘驱动器，应该选择包含本次安装的硬盘驱动器。没有被选择的硬盘驱动器及其中的数据将不会受到影响。选择“评审”复选项可对自动分区创建的分区做一些必要的改变。选择“评审”复选项后，单击“下一步”按钮，将会看到在 Disk Druid 中创建的分区。如果它们没有满足需要，还能够对这些分区进行修改。选好之后，单击“下一步”按钮。

选择用 Disk Druid 手工分区。

（1）Disk Druid 手工分区，如图 1-11 所示。

- “新建”：用来请求一个新分区。单击该按钮后就会弹出一个对话框，其中包括的每一个字段（如“挂载点”和“大小”）都必须填写。
- “编辑”：用来修改目前在“分区”部分中选定分区的属性。单击“编辑”按钮，就会弹出一个对话框。部分或全部字段可被编辑，这是依据分区信息是否已被写入磁盘而定的。

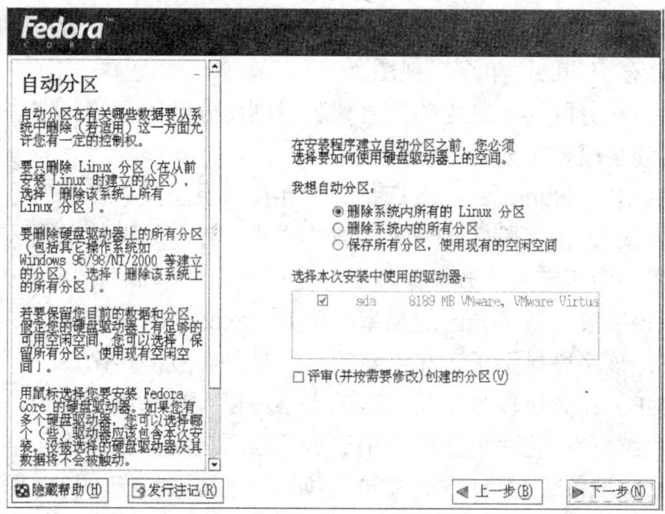

图 1-10　自动分区

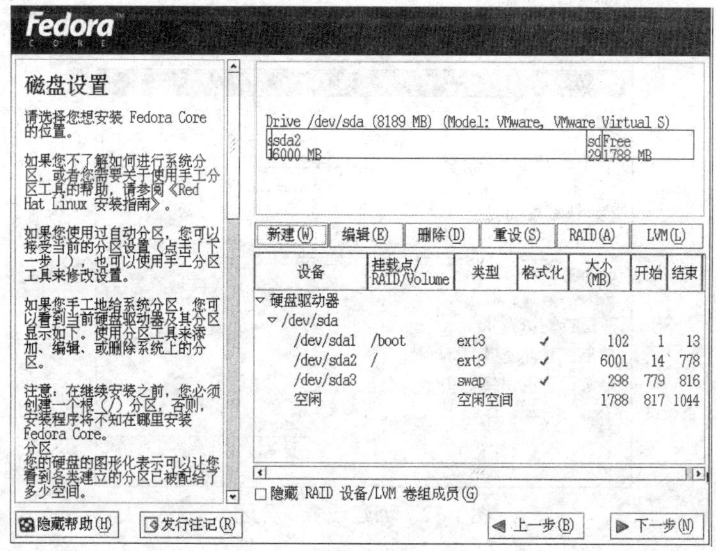

图 1-11　用 Disk Druid 来分区

还可以编辑图形化显示所表示的空闲空间，从而在那个空间内创建一个新分区。操作方法是：单击选中“空闲空间”，然后单击“编辑”按钮，或者直接双击“空闲空间”来编辑它。

- “删除”：用来删除目前在“当前磁盘分区”部分中突出显示的分区。你会被要求确认对任何分区的删除。
- “重设”：用来把 Disk Druid 恢复到它最初的状态。如果“重设”分区，所做的所有改变将会丢失。
- RAID：用来给部分或全部磁盘分区提供冗余性。最好在你具备使用 RAID 的经验时再应用它。要制作一个 RSID 设备，必须首先创建软件 RAID 分区。一旦创建了两个或两个以上的软件 RAID 分区，单击 RAID 按钮来把软件 RAID 分区连接为一个 RAID 设备。

- LVM：允许创建一个 LVM 逻辑卷。LVM（逻辑卷管理器）所扮演的角色是用来表现基本物理储存空间的简单逻辑视图。

（2）分区字段：在分区层次之上的信息代表正创建分区的标签。这些标签定义如下：

- “设备”：该字段显示分区的设备名。
- “挂载点/RAID/Volume”：挂载点是文件卷在目录层次内保存的位置；文件卷在该位置上被“挂载”。该字段标明分区将被挂载的位置。如果某个分区存在，但还没有设立，那么需要为其定义挂载点。双击分区或点击“编辑”按钮来为其定义挂载点。
- “类型”：该字段显示了分区的类型（例如，ext2、ext3 或 vfat）。
- “格式化”：该字段显示了正在创建的分区是否会被格式化。
- “大小（MB）”：该字段显示了分区的大小，以 MB 为度量单位。
- “开始”、“结束”：这两个字段分别显示了分区在硬盘上开始和结束的柱面。
- “隐藏 RAID 设备或 LVM 卷组成员”：如果不想看到创建的 RAID 设备或 LVM 卷组成员，则选择该选项。

（3）添加分区：如果要添加一个新分区，单击“新建”按钮，则会弹出如图 1-12 所示的对话框。

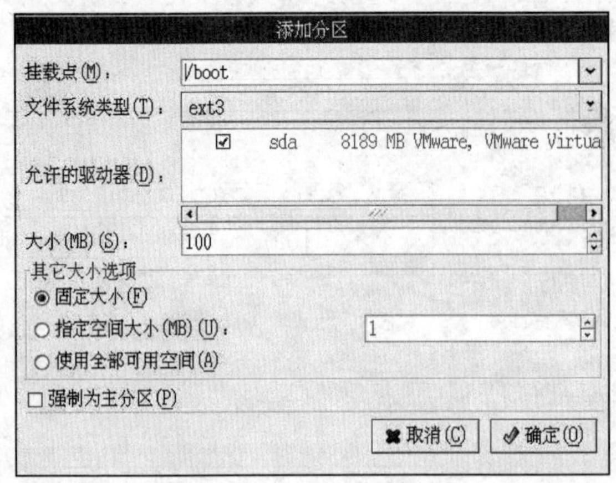

图 1-12 创建一个新分区

对话框中各选项的功能如下：

- “挂载点”：输入分区的挂载点。例如：如果这个分区是根分区，则输入/；如果是/boot 分区，则输入/boot。还可以使用下拉菜单来为系统选择正确的挂载点。
- “文件系统类型”：使用下拉菜单，选择用于该分区合适的文件系统。如果选择的是 swap，表示为交换分区，这时是没有挂载点的，如图 1-13 所示。
- “允许的驱动器”：这个字段包括在系统上安装的硬盘列表。如果一个硬盘标记前面的复选框被选中，那么在该硬盘上可以创建想要的分区。而没有被选中的硬盘上则决不能创建分区。靠使用默认的复选框设置，能够使用 Disk Druid 在合适的地方放置分区或让 Disk Druid 来决定应该放置分区的地方。
- “大小（MB）”：输入分区的大小（MB）。注意，该字段从 100MB 开始；若不改变，创建的分区将只有 100MB 大。

- 附加的“其他大小选项”：选择是否要将分区保留为固定大小，允许它“扩大”（使用硬盘驱动器上的可用空间）到某一程度，或允许它“扩大”到使用全部硬盘驱动器上可用的剩余空间。如果选择“指定空间大小（MB）”，则必须在这个选项右侧的字段内给出大小限制。这将会允许用户在硬盘驱动器上保留一定的空间，以便将来使用。
- “强制为主分区”：选择所创建的分区是否应为硬盘上的四个主分区之一。如果没有选择，所创建的分区将会是一个逻辑分区。

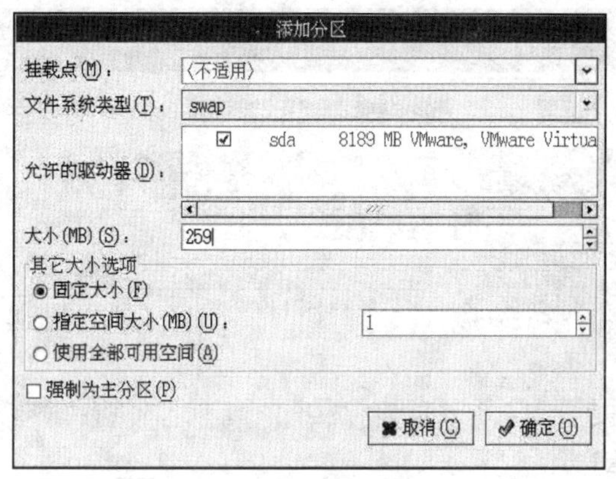

图 1-13　创建交换新分区

选择“检查磁盘坏块”可能会显著增加总的安装时间。现在大多数新型的硬盘驱动器都容量庞大，检查坏块可能会花很长一段时间；时间长短要依硬盘驱动器的大小而定。如果选择了要检查的坏块，可以在第 5 号虚拟控制台上监视它的进程。

（4）推荐的分区方案。

- 一个交换分区（至少 32MB）——交换分区用来支持虚拟内存。换一句话说，当没有足够的内存来存储用户系统中正在处理的数据时，这些数据就被写入交换分区。交换分区的最小值应该相当于计算机内存的两倍和 32MB 中较大的一个值。
- 一个/boot 分区（100MB）——这个挂载在/boot 上的分区包含操作系统的内核（允许系统引导 Fedora Core Linux），以及其他几个在引导过程中使用的文件。鉴于多数 PC BIOS 的限制，创建一个较小的分区存储这些文件是较佳的选择。对大多数用户来说，100MB 引导分区应该足够了。
- 一个根分区（1.7GB～5.0GB）——这是根目录（“/”）将被挂载的位置。在这个设置中，所有文件（除了存储在/boot 分区上的以外）都位于根分区上。一个大小为 1.7GB 的根分区可容纳与个人桌面或工作站相当的安装（只剩极少空闲空间），而一个大小为 5.0GB 的根分区将会允许安装每一个软件包。

8. 配置引导装载程序

为了避免每次都用引导盘来引导系统的麻烦，通常需要安装一个引导安装程序。引导装载程序是计算机启动时所运行的第一个软件，它的责任是载入操作系统内核软件并把控制转交给它，然后，内核软件再初始化剩余的操作系统。安装程序提供了两个引导装载程序：GRUB 和 LILO，如图 1-14 所示。

- GRUB（GRand Unified Bootloader）是一个默认安装的功能强大的引导装载程序。

GRUB 能够通过连锁载入另一个引导装载程序来载入多种免费和专有操作系统（连锁载入是通过载入另一个引导装载程序来载入 DOS 或 Windows 之类不被支持的操作系统的机制）。

- LILO（Linux LOader）是用于 Linux 的灵活多用的引导装载程序。它并不依赖于某一特定文件系统，能够从软盘和硬盘引导 Linux 内核映像，甚至还能够引导其他操作系统。

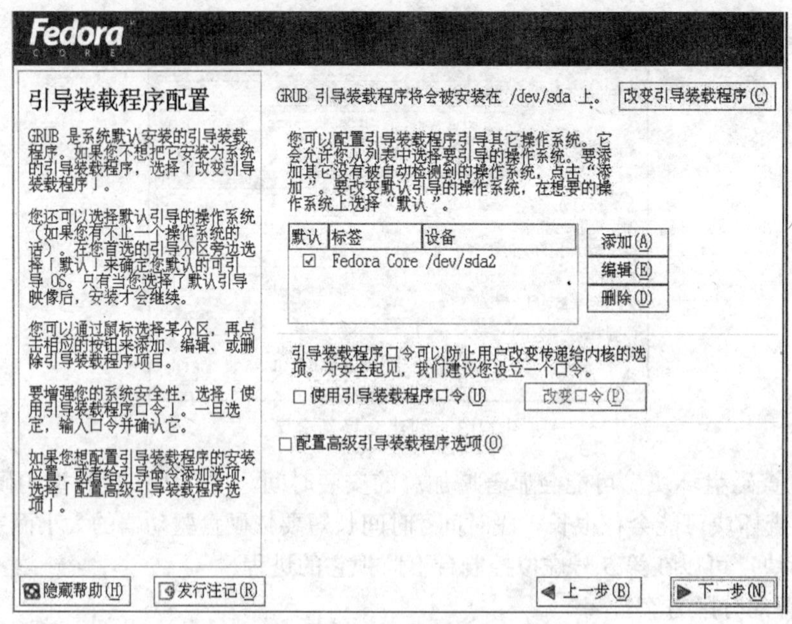

图 1-14 配置引导装载程序

9. 网络配置

如果没有网络设置，将看不到如图 1-15 所示的屏幕信息。如果有网络设备但还没有配置联网，现在就有机会来对它进行配置了，如从创建的网络驱动程序盘中引导，并在提示时输入网络信息。

安装程序会自动检测到拥有的任何网络设备，并把它们显示在“网络设备”列表中。选定网络设备后，单击“编辑”按钮，从弹出的“编辑接口”对话框中，可以选择通过 DHCP 来配置网络设备的 IP 地址和子网掩码（若没有选择 DHCP，则需要手工配置），可以选择在引导时激活该设备。如果选择了“引导时激活”，网络接口就会在引导时被启动。

如果网络设备有一个主机名（全限定域名），可以选择要 DHCP（动态主机配置协议）自动检测它，或者在提供的字段中手工输入主机名。最后，如果手工输入 IP 和子网掩码信息，可能还需要输入网关、主要、次要和第三 DNS 地址。

10. 防火墙配置

Fedora Core Linux 为增加系统安全性提供了防火墙保护，如图 1-16 所示。防火墙存在于计算机和网络之间，用来判定网络中的远程用户有权访问计算机上的哪些资源。一个正确配置的防火墙可以极大地增加系统安全性。

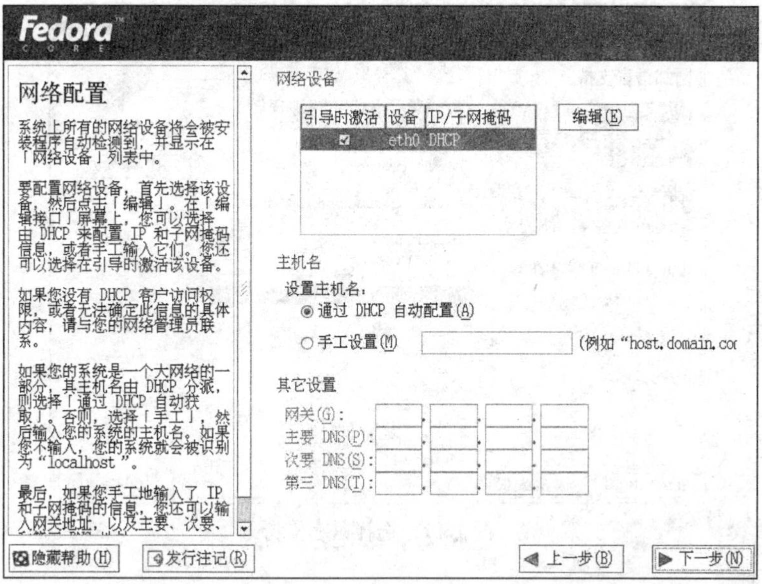

图 1-15　配置网络

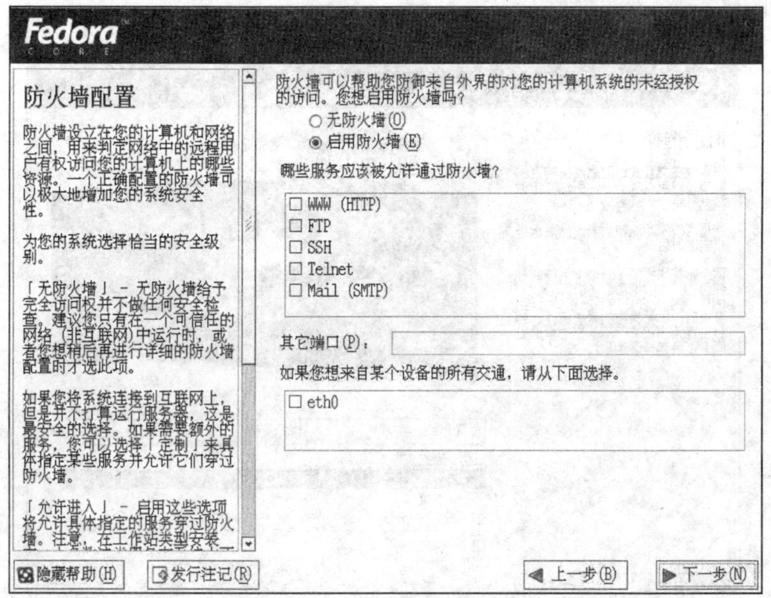

图 1-16　配置防火墙

注意：没有哪个防火墙会给予完全的访问权，并且不做任何安全检查，安全检查对某些服务是禁用的。

11．选择支持的语言

虽然系统中可以安装并支持多种语言，但是必须选择一种语言作为默认语言，默认语言是在安装中选择要使用的语言。如果只打算在系统上使用一种语言，只选择那种语言将会节省大量磁盘空间。选择语言支持的界面如图 1-17 所示。

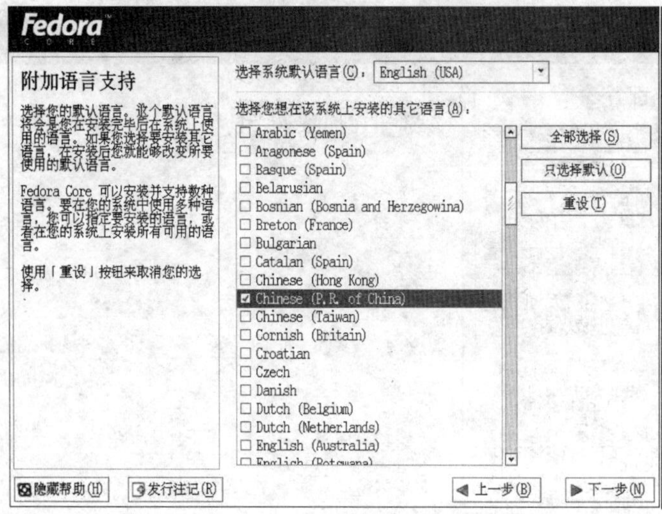

图 1-17 选择语言支持

12. 配置时区

如图 1-18 所示，可以通过选择计算机的物理位置或者指定时区和通用协调时间（UTC）的偏移来设置时区。

图 1-18 配置时区

13. 设置根口令

设置根账号及其口令是安装过程中最重要的步骤之一。根账号与用在 Windows NT 机器上的管理员账号类似。根账号被用来安装软件包，升级 RPM，以及执行多数系统维护工作。以根用户身份登录，将使用户对系统有完全的控制权。

务必确认只有在进行系统管理时才使用根账号，创建一个非根账号来做日常工作。若需要快速修复某项事务，用“su-”命令暂时登录为根用户。遵循这些最基本的原则将会减少因键入错误或不正确的命令而损害系统的机会。

如图 1-19 所示，根口令必须至少包括 6 个字符；键入的口令不会在屏幕上显示。口令必须输入两次；如果两个口令不匹配，安装程序将会要求重新输入口令。

Fedora CORE

设置根口令

只有在管理时才使用根帐号。在一般使用下，建立一个非根帐号，或在您需要快速修复某项事物时使用 su - 命令获取根访问权。这些基本的规则可以减少由于键入错误或不正确的命令而损害系统的机会。

请输入该系统的根用户(管理员)口令。

根口令：(P)

确认(C)：

隐藏帮助(H) 发行注记(R) 上一步(B) 下一步(N)

图 1-19 设置根口令

14. 选择软件包组

分区被选定并按配置格式化后，就可以选择要安装的软件包了。除定制安装外，安装程序将会自动选择多数软件包。例如，如果要执行个人桌面安装，会看到一个如图 1-20 所示的屏幕。

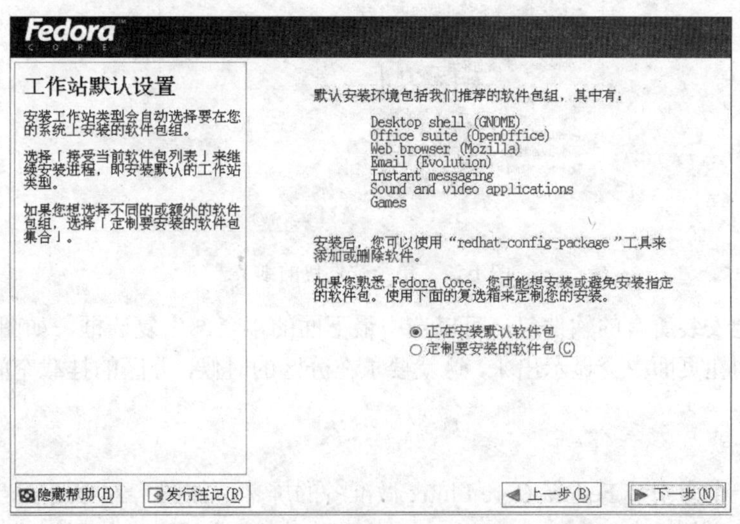

图 1-20 个人桌面默认安装

要选择单个软件包，选择“定制要安装的软件包”单选按钮。可以选择按功能归类的软件包组（如“X 窗口系统”、“编辑器”）或单个软件包，或者两者的组合，如图 1-21 所示。

选择想要安装的每个组件，在定制安装中选择“全部”（在组件列表的结尾处），会安装包括在 Fedora Core Linux 中的所有软件包。选定了软件包组后，点击“细节”来查看哪些软件包会被默认安装，还可以在该组中添加或删除可选软件包。

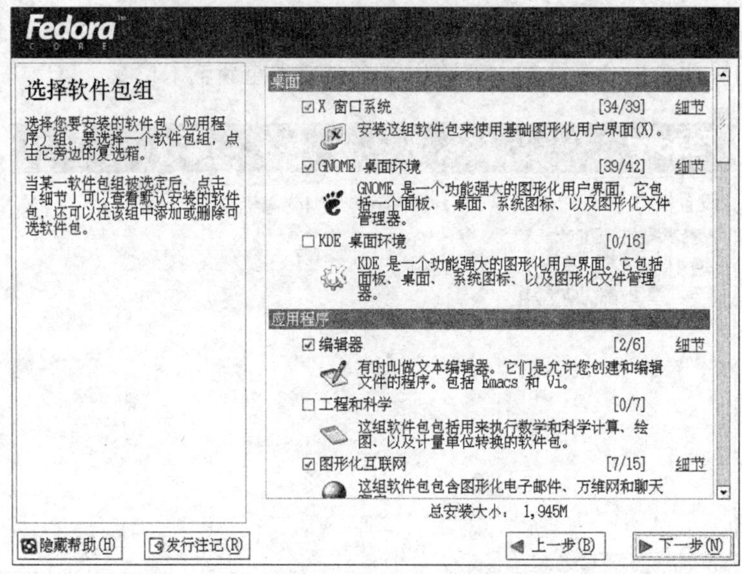

图 1-21　选择软件包组

在选定准备安装的软件包组之后，可以用鼠标选择或取消对单个软件包的选择。可以在“细节”中查看单个软件包的细节。如图 1-22 所示显示了“KDE 桌面环境”的细节。

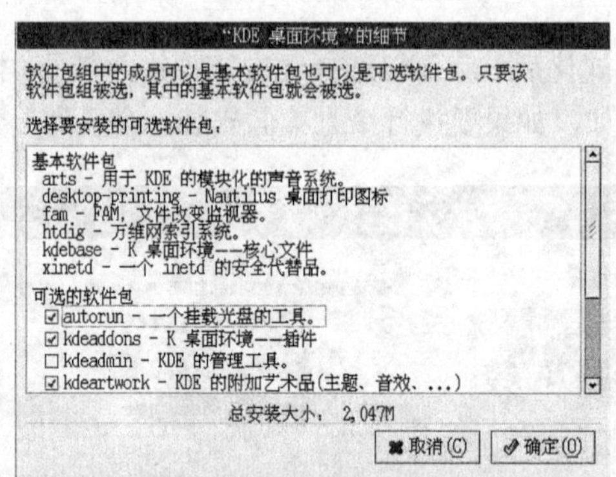

图 1-22　单个软件包的细节

如果要完全安装所有的软件包，可以选中最下面的“全部”复选框，如图 1-23 所示。总安装大小的空间在页面中会显示出来，这就要求在分区的时候，分区的挂载空间至少要大于这个空间。

15. 准备安装

可以看到一个为安装 Fedora Core Linux 做准备的屏幕，如图 1-24 所示。当重新引导系统后，一份完整的安装日志可在/root/install.log 中找到，以备今后参考。要取消安装进程，按计算机的重启按钮，或者使用 Ctrl+Alt+Del 组合键来重启计算机。

16. 安装软件包

到了这一步，在所有软件包被安装之前将不必进行任何操作。安装的快慢取决于所选择的软件包数量的多少和计算机速度的快慢，如图 1-25 所示。在安装的过程中会提示用户插入第二张和第三张资源光盘。

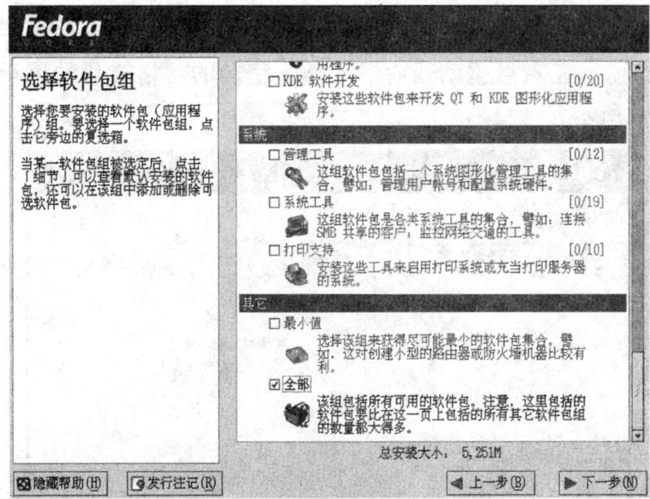

图 1-23　选择所有的软件包

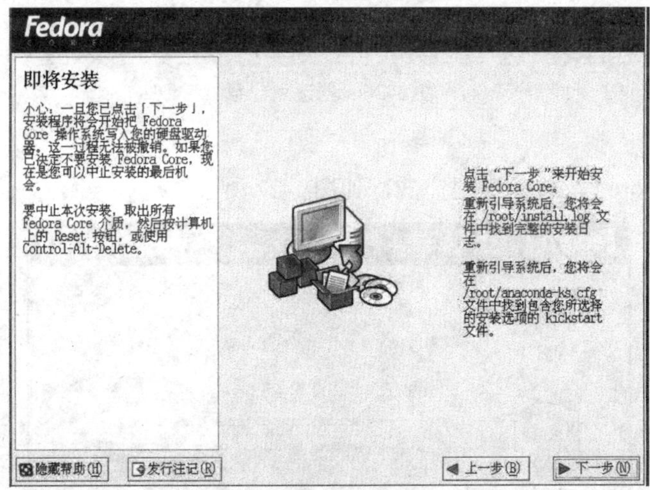

图 1-24　即将安装

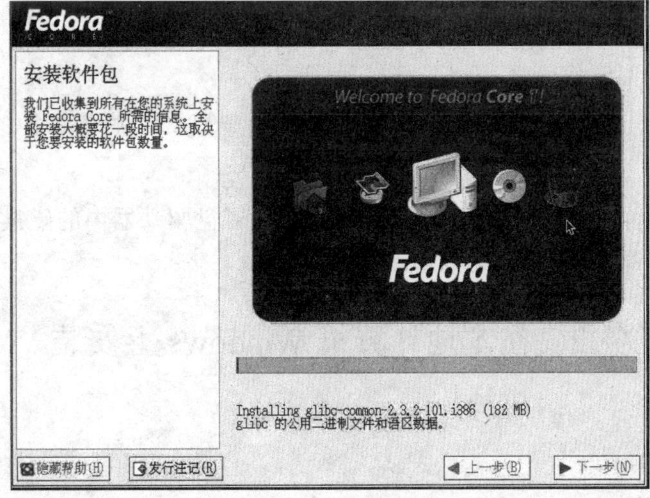

图 1-25　安装软件包

17. 创建引导盘

要创建一张引导盘，在磁盘驱动器内插入一张空白的、格式化的磁盘，然后单击“下一步”按钮，如图 1-26 所示。

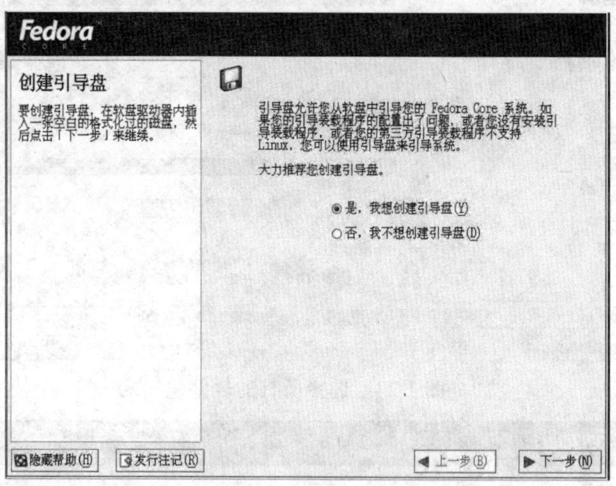

图 1-26 创建引导盘

18. 安装完成

到此，Fedora Core Linux 安装已完成，如图 1-27 所示。

图 1-27 安装完成

安装程序会提示重新引导系统。如果安装介质（磁盘驱动器内的磁盘或光盘驱动器内的光盘）在重新引导时没有自动弹出，请记住将其取出。

1.2 任务 2 在本地计算机 Windows 上安装 VMware

任务说明：

Windows 操作系统与 Linux 操作系统各有所长。在本实训任务中，将在 Windows 操作系统上先安装 VMware 虚拟机，然后在虚拟机上安装 Linux。

1.2.1　准备好软件资源

可以从网上下载Fedora Core Linux的资源光盘镜像文件，网址为：http://www.linuxcompatible.org/download.php?det=34，如图 1-28 所示。网页上的 6 个光盘镜像文件（#1~#6）可以下载，用于安装的是前三张，后三张是源代码。

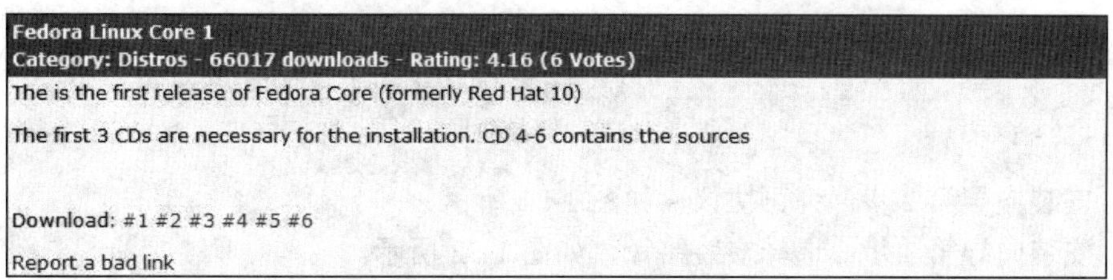

图 1-28　下载光盘镜像文件

安装前还需要准备的另一个软件是 VMware Workstation，VMware 是一个“虚拟 PC”软件。使用这个软件让用户可以在一台机器上同时运行两个或更多 Windows、DOS、Linux 系统。与“多启动”系统相比，VMware 采用了完全不同的概念。多启动系统在一个时刻只能运行一个系统，在系统切换时需要重新启动机器；而 VMware 是真正“同时”运行，多个操作系统在主系统的平台上，就像标准 Windows 应用程序那样切换，而且每个操作系统都可以进行虚拟的分区、配置而不影响真实硬盘的数据，用户甚至可以通过网卡将几台虚拟机用网卡连接为一个局域网，极其方便。

1.2.2　安装 VMware Workstation

双击下载好的安装软件，打开如图 1-29 所示的安装准备界面。

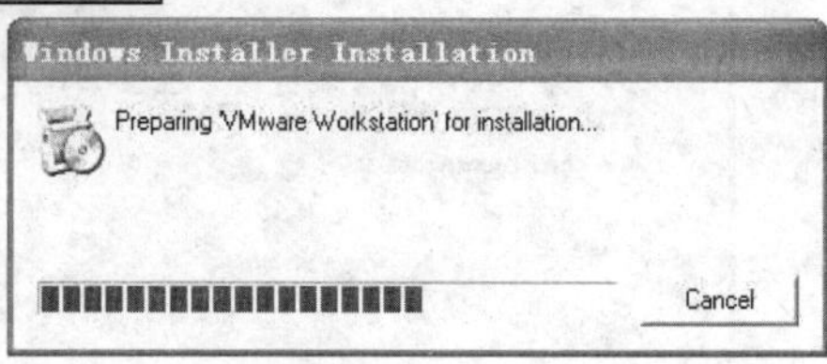

图 1-29　安装准备界面

（1）安装向导第 1 步，如图 1-30 所示。

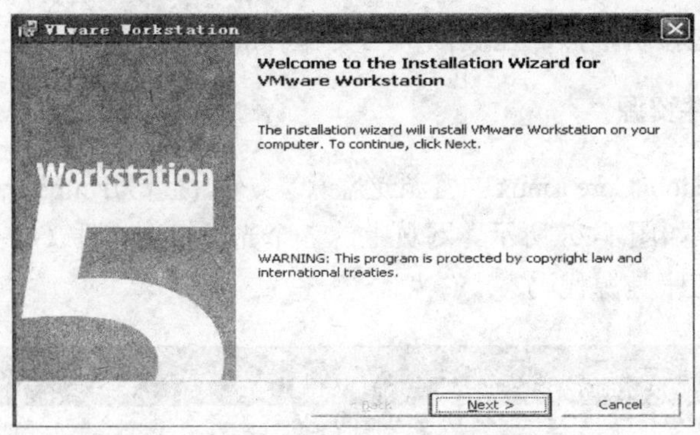

图 1-30　安装向导

（2）安装向导第 2 步：许可协议，如图 1-31 所示。

（3）安装向导第 3 步：选择安装路径，如图 1-32 所示。

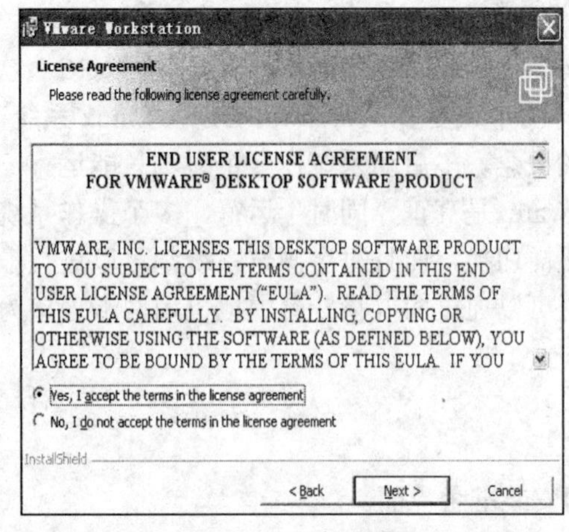

图 1-31　许可协议

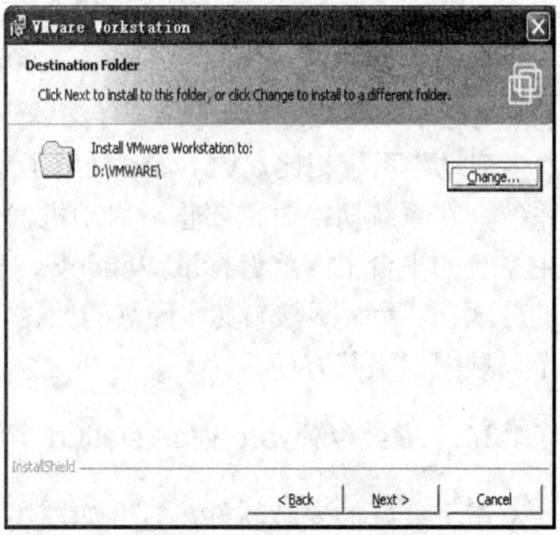

图 1-32　选择安装路径

（4）安装向导第 4 步：配置快捷启动菜单，如图 1-33 所示。

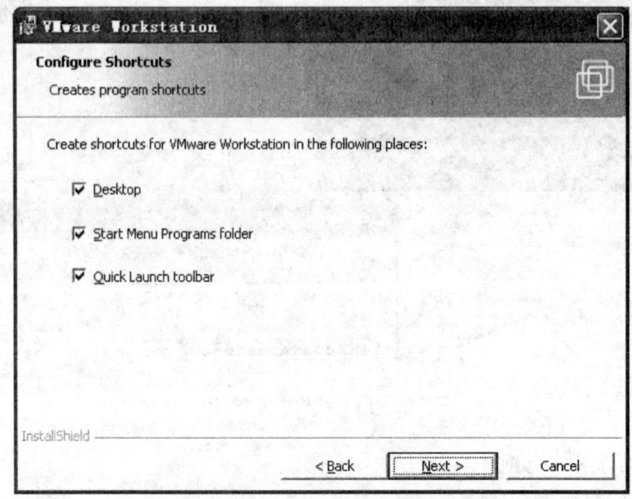

图 1-33　配置快捷菜单

这里有如下 3 个选项：

- Desktop：桌面快捷方式。
- Start Menu Programs folder：“开始”菜单文件夹。
- Quick Launch toolbar：快速启动工具栏。

（5）安装向导第 5 步：注册用户，如图 1-34 所示。在其中输入用户名和公司名以及产品的序列号，然后单击 Next 按钮。

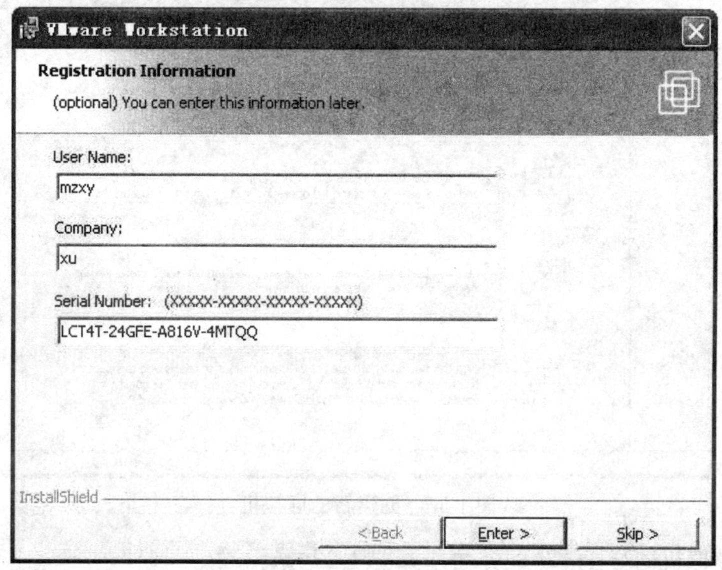

图 1-34　注册用户

（6）安装向导第 6 步：安装完成，如图 1-35 所示。到此，就完成了 VMware Workstation 5 的安装。

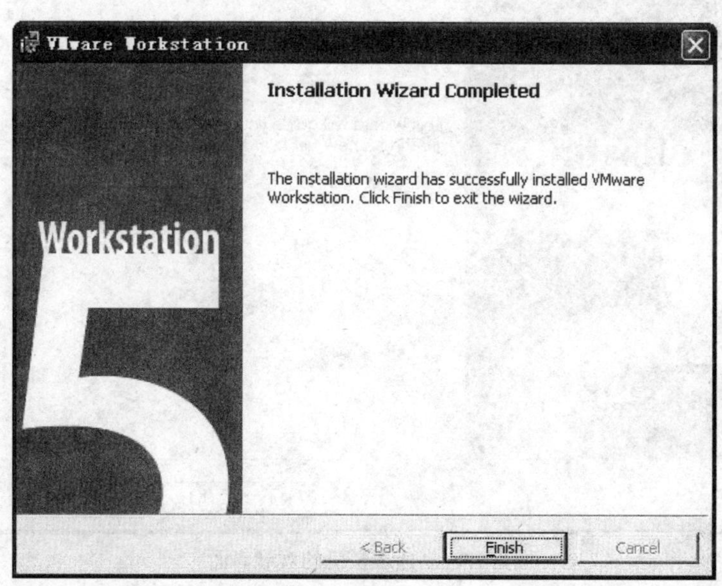

图 1-35　完成安装

（7）创建一个新的虚拟机。在完成了 VMware 的安装后，下面来创建新的虚拟机，用于安装 Linux。在桌面上双击 VMware Workstation 的快捷运行图标，打开如图 1-36 所示的工作界面。单击 New Virtual Machine，创建新虚拟机。

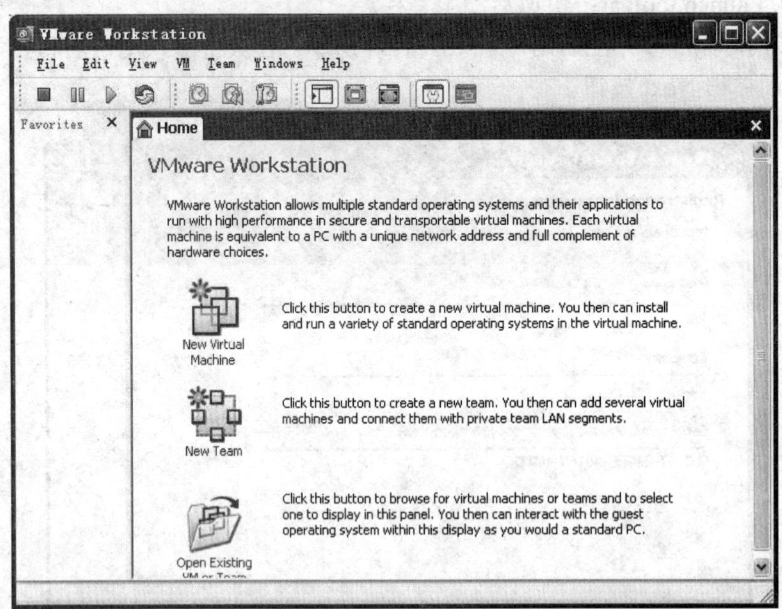

图 1-36　创建新的虚拟机

（8）创建虚拟机向导 1：欢迎界面，如图 1-37 所示。

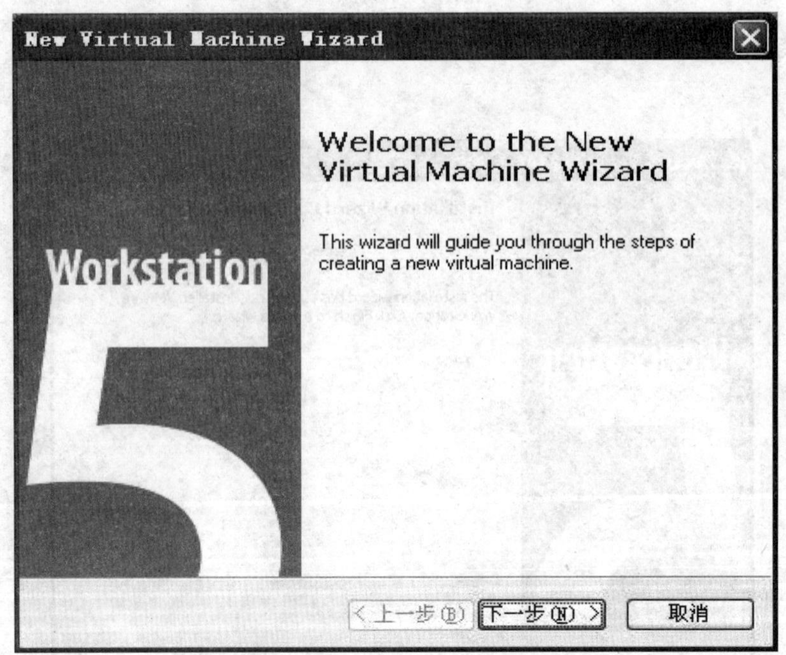

图 1-37　创建虚拟机的欢迎界面

（9）创建虚拟机向导 2：配置新虚拟机，如图 1-38 所示，配置新的虚拟机有两种选择：

典型配置和定制配置。

New Virtual Machine Wizard
Select the Appropriate Configuration
How would you prefer to configure your new virtual machine?
Virtual machine configuration
Typical
Create a new virtual machine with the most common devices and configuration options. This virtual machine will not be compatible with VMware ESX Server 2.x, GSX Server 3.x, ACE 1.x or Workstation 4.x.
Custom
Choose this option if you need to create a virtual machine with additional devices or specific configuration options, or if you need to create a legacy virtual machine.
< 上一步(B)
下一步(N) >
取消

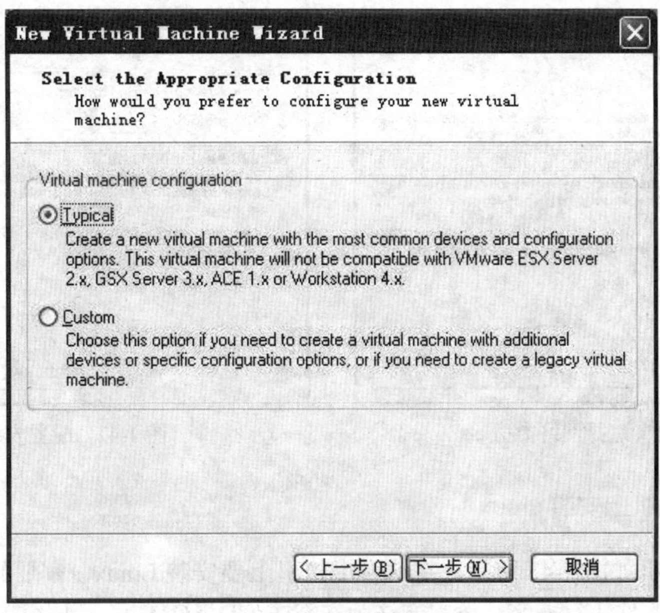

图 1-38 配置虚拟机

（10）创建虚拟机向导 3：选择操作系统，如图 1-39 所示。这里选择 Linux，还可以在下拉菜单中选择 Linux 的版本。

（11）创建虚拟机向导 4：选择安装位置，如图 1-40 所示。

New Virtual Machine Wizard
Select a Guest Operating System
Which operating system will be installed on this virtual machine?
Guest operating system
Microsoft Windows
Linux
Novell NetWare
Sun Solaris
Other
Version
Red Hat Linux
< 上一步(B)
下一步(N) >
取消

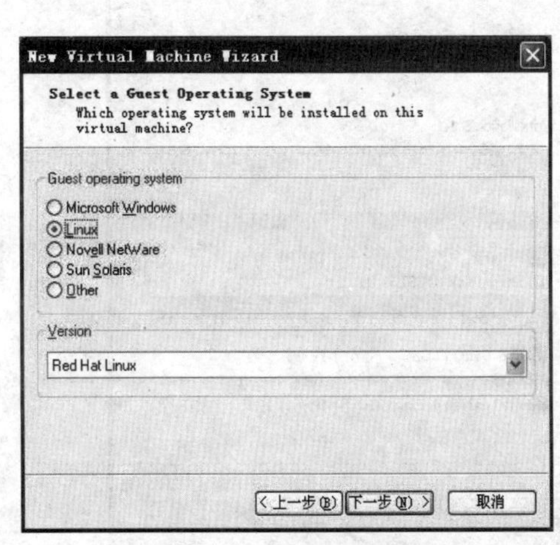

图 1-39 选择操作系统

New Virtual Machine Wizard
Name the Virtual Machine
What name would you like to use for this virtual machine?
Virtual machine name
Red Hat Linux
Location
D:\VMWARE\
Browse...
< 上一步(B)
下一步(N) >
取消

图 1-40 选择安装路径

（12）创建虚拟机向导 5：选择网络类型，如图 1-41 所示。

（13）创建虚拟机向导 6：设置安装的磁盘空间，如图 1-42 所示。设置好安装的磁盘空间，这里设置为 8GB，单击“完成”按钮。

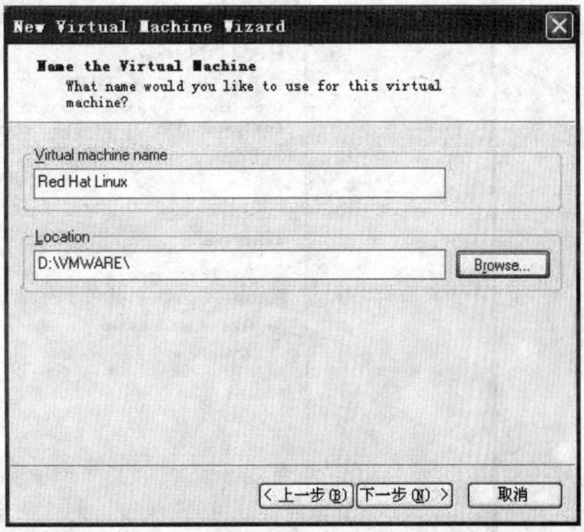

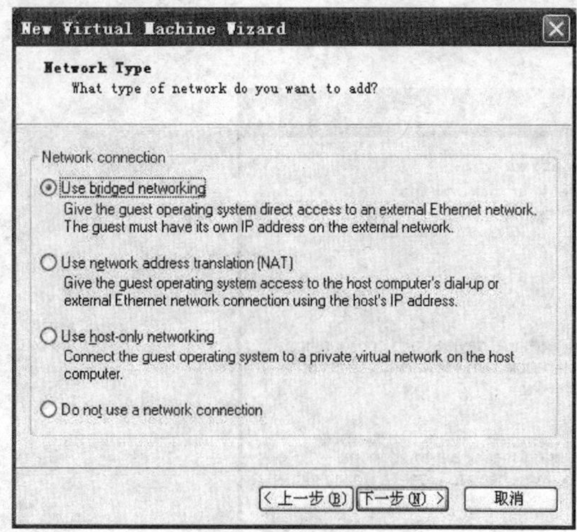

图 1-41 选择网络类型

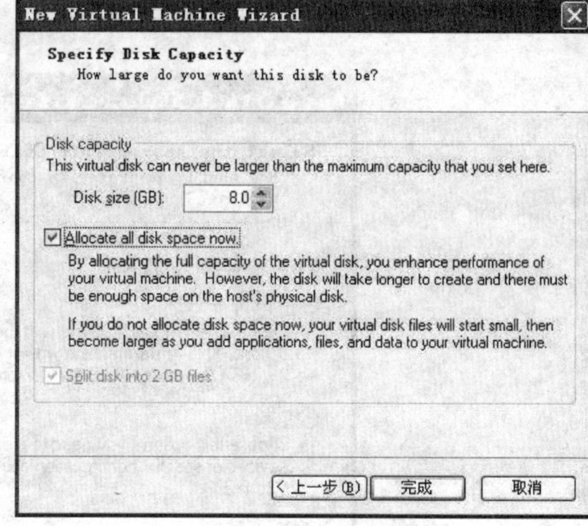

图 1-42 配置安装空间

1.2.3 在虚拟机上安装 Linux

安装好的虚拟机如图 1-43 所示，在这台虚拟机上要安装 Linux，需要修改 CD-ROM 的属性，使用光盘镜像文件进行安装。设置方法为在双击 CD-ROM 后，弹出 CD-ROM device 对话框，如图 1-44 所示，选择 Use ISO image 选项。

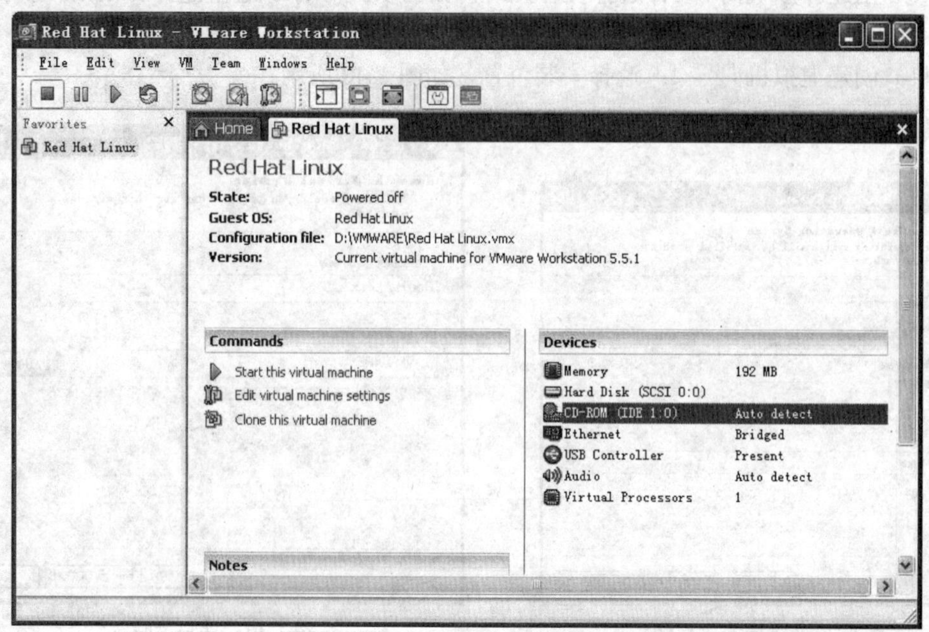

图 1-43 安装好的虚拟机

打开虚拟机的电源开关（工具栏上的绿色三角按钮），启动虚拟机。虚拟机会自动从光盘引导，也就是安装光盘的第一张。后面的安装步骤与任务一的安装是完全一样的。这里要注意的就是使用 Ctrl+Alt 组合键将鼠标从虚拟机切换到 Windows 环境下。

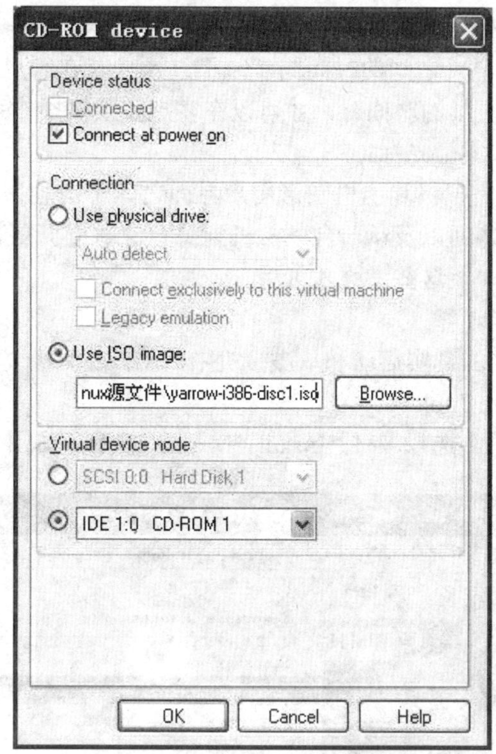

图 1-44　修改 CD-ROM 的属性

1.2.4　在虚拟机上安装 VMware Tools

VMware 强烈建议用户在每一台虚拟机中完成操作系统安装之后立即安装 VMware Tools 套件。VMware Tools 是 VMware 提供的增强虚拟显卡和硬盘性能，以及同步虚拟机与主机时钟的驱动程序。在客户操作系统中安装 VMware Tools 非常重要，其主要作用有：

（1）更新虚拟机中的显卡驱动，使虚拟机中的 X Window 可以运行在 SVGA 模式下。

如果不安装 VMware Tools，虚拟机中的图形环境被限制为 VGA 模式图形（640×480，16 色）。使用 VMware Tools，SVGA 驱动程序被安装，VMware Workstation 支持最高 32 位显示和高显示分辨率，显著提升总体的图形性能。

（2）提供一个 VMware-toolbox，这个 X Window 下的工具可以让用户修改一些 VMware 的参数和功能。

VMware Tools 工具包由两个组件组成：

- VMware Workstation 虚拟图形卡优化的图形驱动程序。对于 Linux 客户操作系统，它包含我们自己的 XFree86 X Server 版本。图形驱动程序由向导安装。安装之后，需要在重新启动之后才可以使用。
- 后台应用程序，允许用户在虚拟机中更改配置设置。VMware Workstation 控制光标设置和可移动设备的连接状态，例如软盘和 CD-ROM 驱动器。

工具包中的其他工具通过支持下面的增强，让用户更方便地使用虚拟机。注意，只有正在运行 VMware Tools 时，这些增强才可用。

（3）同步虚拟机和 Host 的时间。

可以实现在主机和客户机之间的时间同步，不过，只有在客户操作系统中设置时钟为一个比在主机中设置的时间更早的时间时，才可以在客户和主机操作系统之间同步时间。

（4）自动捕获和释放鼠标光标。

光标设置允许用户在虚拟机和主机图形用户界面之间平滑地移动鼠标光标。光标设置也允许用户在虚拟机和主机之间以及从一台虚拟机到另一台虚拟机复制和粘贴文本缓存。注意，只有当应用程序正在运行时，这些增强才可用。

（5）改善的网络性能。

（6）支持同一个分区的真实启动和从虚拟机中启动，自动修改相应的设置文件。

下面就来安装 VMware Tools。

1）在 VMware 的菜单中选择 VM→Install VMware Tools，如图 1-45 所示。

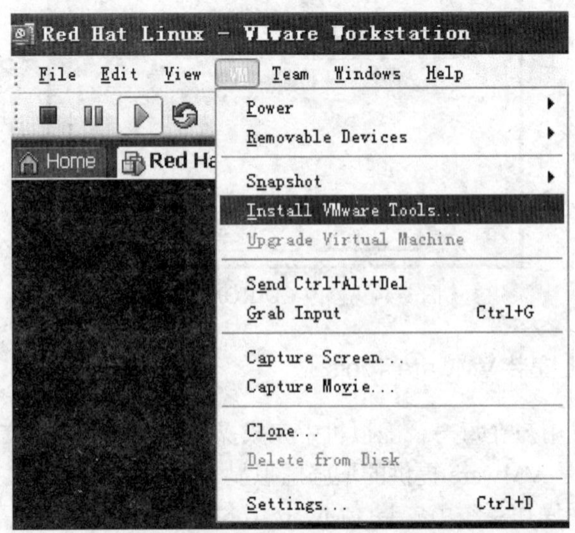

图 1-45　安装 VMware Tools

2）在桌面上会出现一个 VMware Tools 的图标，这是系统自动挂载的光驱，双击图标，打开的是/mnt/cdrom 目录，如图 1-46 所示。

这时会看到有两个 VMware Tools 的安装文件：VMware Tools-5.5.1-19175.i386.rpm 和 VMwareTools-5.5.1-19175.tar.gz。

如果没有出现这个文件夹，就需要手动挂载光驱，操作如下：

```
#mount  -t  iso9660  /dev/cdrom  /mnt/cdrom
```

再输入：

```
#ls  /mnt/cdrom
```

操作结果如图 1-47 所示。

3）将安装文件拷到自己的目录并解压缩。

```
#cp VMwareTools-5.5.1-19175.tar.gz/tmp
#cd /tmp
#tar zxpf VMwareTools-5.5.1-19175.tar.gz
```

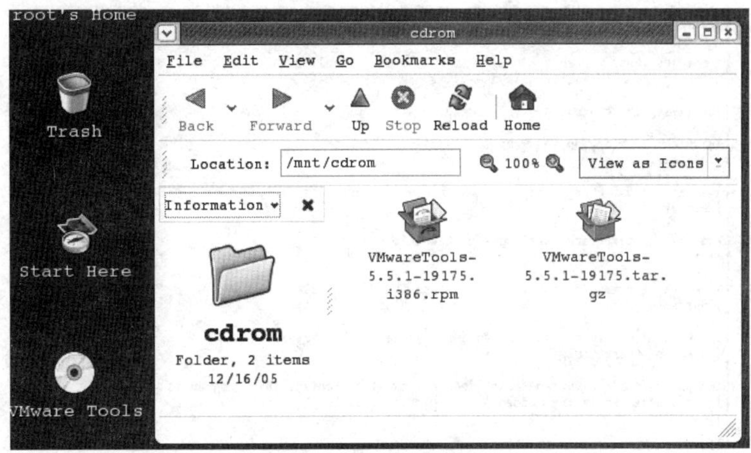

图 1-46　自动挂载光驱

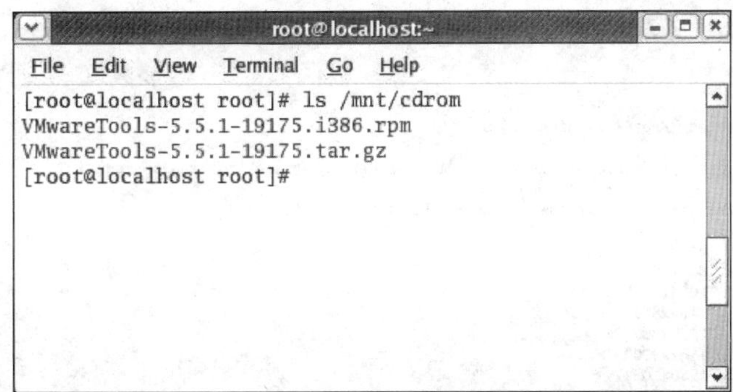

图 1-47　手动挂载光驱

操作结果如图 1-48 所示。

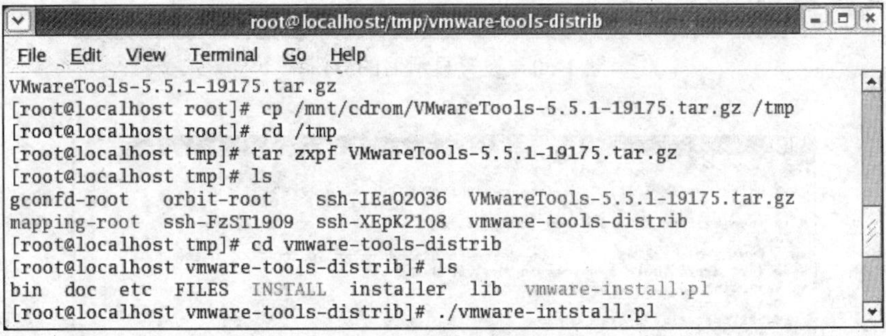

图 1-48　解压缩安装文件

4）进入解压缩后的目录 vmware-tools-distrib，进行安装，如图 1-49 所示。

```
#./vmware-install.pl
```

在安装过程中按回车键表示默认系统提供的配置，如图 1-50 所示要求用户配置显示器的分辨率，输入 3。

5）安装结束，输入 shutdown-r now 重启机器，如图 1-51 所示。

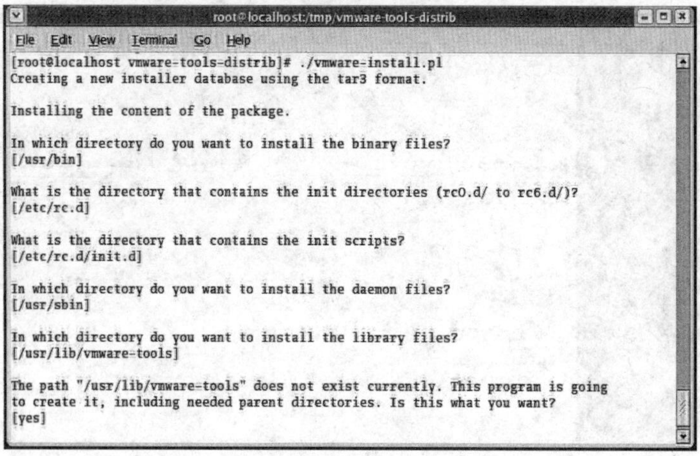

```
root@localhost:/tmp/vmware-tools-distrib
File Edit View Terminal Go Help
[root@localhost vmware-tools-distrib]# ./vmware-install.pl
Creating a new installer database using the tar3 format.

Installing the content of the package.

In which directory do you want to install the binary files?
[/usr/bin]

What is the directory that contains the init directories (rc0.d/ to rc6.d/)?
[/etc/rc.d]

What is the directory that contains the init scripts?
[/etc/rc.d/init.d]

In which directory do you want to install the daemon files?
[/usr/sbin]

In which directory do you want to install the library files?
[/usr/lib/vmware-tools]

The path "/usr/lib/vmware-tools" does not exist currently. This program is going
to create it, including needed parent directories. Is this what you want?
[yes]
```

图 1-49 开始安装

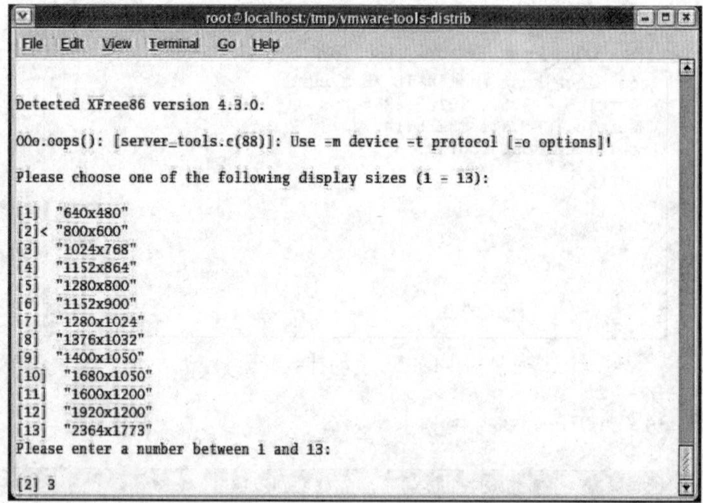

图 1-50 设置显示器的分辨率

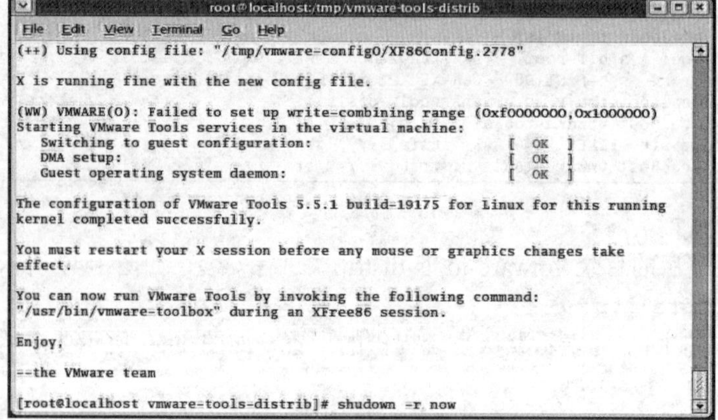

图 1-51 安装结束后重启机器

1.3　本章小结

操作系统作为运行在计算机上的一种特殊软件，实际上是沟通计算机硬件与其他应用软件的桥梁。学习任何操作系统，都要非常熟悉操作系统的安装，这是作为一个系统管理员必须具备的素质。

早期的 Linux 操作系统的安装以字符界面为主，而且支持的计算机硬件也不是十分广泛。所以，早期 Linux 操作系统的安装不是很容易掌握，而且经常因为不支持某个硬件、找不到驱动程序而造成安装无法继续。

随着 Linux 操作系统图形用户界面（CPI）的不断完善以及世界各大硬件生产商对它的支持，如今安装 Linux 操作系统已经变得越来越简单了，只要按照本章前面介绍的安装步骤，通常情况下都可以顺利完成安装。

第 2 章　文件与目录的操作

本章知识点：

- Linux 操作系统的文件类型
- Linux 操作系统的目录结构
- 文件基本操作
- 目录基本操作
- 目录文件压缩
- 目录文件归档
- 理解 Linux 操作系统主要目录的用途

本章重点：

- 熟练掌握文件的新建、复制、移动、删除等基本操作
- 熟练掌握目录的新建、复制、移动、删除等基本操作
- 熟练掌握目录文件的压缩、归档操作
- 熟练使用命令查找指定文件

Linux 操作系统的桌面文件管理器是使用图形化界面来管理文件和目录的一个重要的功能强大的工具。本章将学习各类能够用来管理 Linux 操作系统上的文件和目录的工具，主要讨论用来创建有助于文件备份或传输的归档压缩工具。

每个操作系统都有一种把数据保存为文件和目录的方法，因此它才能识别添加、修改之类的改变。在 Linux 操作系统中，每个文件都被保存在目录中。目录中还可以包含子目录，这些子目录中还可以包含文件和其他子目录。可以把文件系统想象成一个树形结构，把目录想象成它的枝干。这些目录可能会包含其他目录，或是其他目录的“父目录”，而其他目录（称为子目录）也会含有文件和自己的“子目录”。

2.1　任务 1　熟悉 Linux 操作系统的文件和目录结构

2.1.1　识别文件类型

1. Linux 操作系统的文件格式

- .an：音频文件。
- .gif：GIF 图像文件。
- .html/.htm：HTML 文件。
- .jpg：JPEG 图像文件。

- .pdf：文档的电子映像；PDF 代表 Portable Document Format（可移植文档格式）。
- .png：PNG 图像文件（Portable Network Graphic 的简写，可移植网络图形）。
- .ps：PostScript 文件，为打印而格式化过的文件。
- .txt：纯 ASCII 文本文件。
- .wav：音频文件。
- .xpm：图像文件。

2. 系统文件

- .conf：配置文件，配置文件有时也使用.cfg。
- .lock：锁（lock）文件，用来判定程序或设备是否正在被使用。
- .rpm：Red Hat 用来安装软件的软件包管理器文件。

3. 压缩的和归档的文件

- .bz2：使用 bzip2 压缩的文件。
- .gz：使用 gzip 压缩的文件。
- .tar：使用 tar（Tape Archive，磁带归档的简写）压缩的文件，又称 tar 文件。
- .tbz：使用 tar 和 gzip 压缩的文件。
- .tgz：使用 tar 和 gzip 压缩的文件。
- .zip：使用 ZIP 压缩的文件，在 MS-DOS 应用程序中常见。多数为 Linux 压缩的文件使用 gzip 压缩，因此 Linux 文件中的.zip 归档较少见。

4. 编程的脚本文件

- .c：C 程序语言的源码文件。
- .cpp：C++程序语言的源码文件。
- .h：C 或 C++程序语言的头文件。
- .o：程序的对象文件。
- .pl：Perl 脚本。
- .py：Python 脚本。
- .so：库文件。
- .sh：shell 脚本。
- .tcl：TCL 脚本。

2.1.2 Linux 操作系统的目录结构

尽管某些 Linux 集成套件彼此之间存在差异，但大多数 Linux 打包版本具有类似的目录结构。这种共性继承了 Linux 文件系统标准（Linux File System Standard）或者更新的文件系统层次标准（File System Hierarchy Standard）的特性。

下面介绍每个标准目录所包含的主要内容，另外，用户还应该把握标准目录的用途和操作权限。图 2-1 显示了根目录下的标准目录。

（1）/bin。这个目录包含所有超级用户和一般用户的命令。这些命令对于系统来说通常是至关重要的，它们提供一些操作，如拷贝、移动和删除文件、登录、创建和打开文件、识别系统名称、查看文本文件等。

（2）/boot。这个目录包含系统启动所需的大多数文件，计算机启动时需要的另一些文件存储在/ere 和/sbin 目录中。一般情况下，不要用手工方式修改/boot 目录。

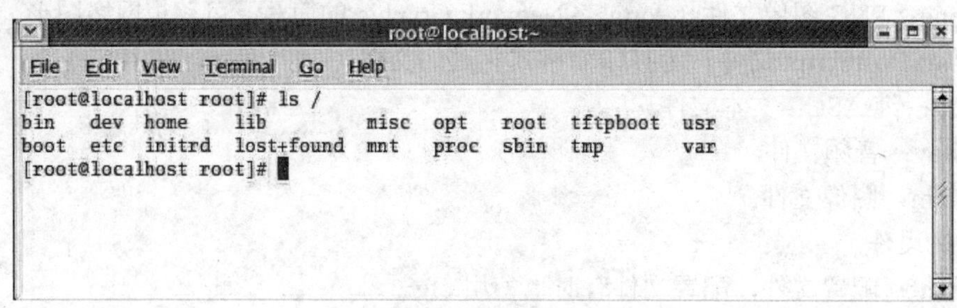

图 2-1 标准目录

（3）/dev。这个目录包含设备文件和一些特殊文件（如/dev/cdrom 表示光驱，/dev/hda 表示计算机第一块 IDE 接口的硬盘等）。

（4）/etc。这个目录包含启动和正常运行 Linux 操作系统所需的配置文件。这些大多能够被编辑修改（通过配置工具或文本编辑器来完成）。大多数 Linux 集成套件提供了许多辅助软件用于配置/etc 目录中的文件，以便使用户更容易地使用 Linux。

（5）/home。通常情况下，这个目录包含系统中每个用户的子目录。例如，如果系统中有以下用户：user、guest，那么/home 目录可以包含这两个用户的主目录：/home/user 和/home/guest。

除此之外，还有其他一些特殊情况。例如，如果系统中有大量用户，可以将他们分组放入部门子目录，甚至有的 Linux 操作系统根本不使用/home 目录，并且将主目录放置在其他地方，但这种系统比较少见。

（6）/lib。这个目录包含了位于/bin 和/sbin 中程序需要的库文件。一个库文件就是一个程序文件，它包含了能够被多个不同程序所使用的代码。将这些共用代码以库的形式存放起来，可以减轻程序设计者的工作量，这被认为是一种很好的处理方式。用户可能偶尔需要升级该目录中的库，但在大多数情况下，没有必要进一步了解这些库中的内容。

（7）/rent。这个目录用于临时装载文件系统。例如，用户可以将软盘驱动器/dev/fdo 装载到已经在根目录之下建立的一个独立目录（/fdo），但是用户同样可以很容易地将/dev/fdo/装载为/mnt/floppy。

（8）/opt。绝大多数版本的 Linux 操作系统都有这个目录。它为第三方应用程序提供了一个存储位置，但在实际工作中，这些应用程序中的大多数要么安装在/usr/local 目录中，要么被打成包存放在其他地方。当用户找到并运行一些第三方应用程序时，它们将创建和填充/opt 目录及其子目录。

（9）/proc。这个目录用于同 Linux 内核交换数据，在这个目录中有一些能够查看的文本文件，它们包含一些系统信息，如内核版本、系统正常工作时间和有关系统中处理器及内存的信息。

（10）/root。/root 目录被称做根用户 root 的主目录，root 账户归系统管理员所有，在这个目录中不应该堆积很多垃圾文件。

（11）/sbin。/sbin 和/bin 存在有明显的差异，/sbin 只能包含 root 用户使用的至关重要的系统命令，如启动系统过程中需要某个只有超级用户才能使用的命令，那么这个命令就在/sbin

目录中。/sbin 目录中包括了文件系统检查命令、关机命令和一些网络命令等。

（12）/.tmp。系统利用该目录存储暂存文件。用户不必自己有计划地在这里存储自己的暂存文件，系统将自动完成这一工作。

（13）/usr。/usr 目录包含系统中每个用户都使用的文件和程序。这里存放了随同集成套件一起安装的大多数程序和实用工具，并且能够供普通用户使用。文件系统的层次结构规定了这个目录具有只读访问许可权，用户不能改变/usr 目录中的内容。

（14）/usr/local。在/usr 目录中，/usr/local 目录是一个例外，用户可以修改其中的内容。请记住，在 Linux 中，一个文件系统可以被装载到任何目录名称之下。事实上，一些人甚至将 lust/local 指向另一个分区。这是因为在许多 Linux 安装过程中，/usr/local 是安装大多数第三方应用软件的地方。这意味着/usr/local 目录可能一开始就是空的，可以在/usr/local 目录中存放从 Web 上下载、购买或者与网络邻居共用的程序；这同时也意味着如果想备份系统中只有一份拷贝的目录和文件，那么应该备份/usr/local 目录以及/etc、/home 和/opt 目录。

（15）/usr/src。/usr/src 目录包含 Linux 的源代码，用户也许想要重新编译系统内核，因此这个目录就显得格外重要了。当一个集成套件被安装到用户的计算机中时，它应该用内核原始文件和头文件填充/mr/sm 目录。如果想重新编译这个内核，那么可以利用/usr/sn 目录中的文件完成。另一方面，如果想下载并编译一个更新的内核，那么推荐用户在一个可以控制的目录中完成编译工作，如在主目录中的某个子目录。

（16）/var。/var 目录是 Linux 操作系统存储可变数据的地方。可变数据包括锁文件、日志文件、邮件箱等。例如，日志文件通常存储在/var/lib 目录下。

2.2　任务 2　创建文件

2.2.1　使用 touch 命令

可以通过应用程序（如文本编辑器）或使用 touch 命令来创建新文件。这两种方法都会创建一个空白的文件，可以在其中添加文本或数据。要使用 touch 命令来创建文件，在 shell 提示下键入以下命令：

```
touch<文件名>
```

把<文件名>替换成选定的名称。如果列举一下目录内容，会看到该文件的大小为 0，这是因为它是一个空文件。例如，在 shell 提示下键入命令“ls-l myfile”，会返回如图 2-2 所示的输出。

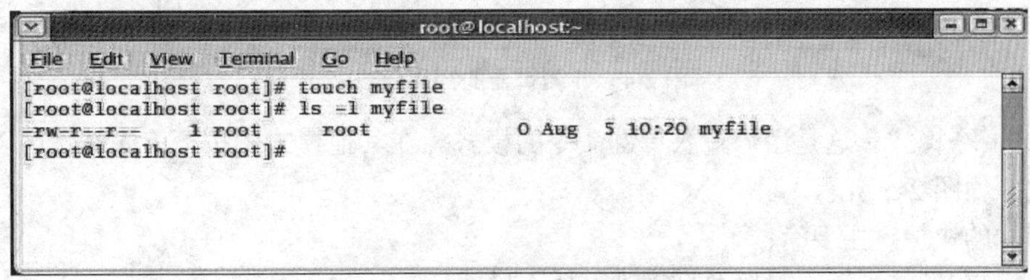

图 2-2　touch 命令创建新文件

2.2.2 使用 vi 编辑器

vi 编辑器是一个小巧但功能强大的程序。许多人在最初的时候认为它很难用，因为它的编辑命令都是用一两个字母来表示的，但是只要你习惯了使用 vi，使用它进行编辑工作会十分迅速。原因在于这个编辑器只是一个非常小的程序，因此它只需要使用很少的内存，同时其编辑命令很简短，又都可以通过键盘快速输入，所以基本上不用在键盘和鼠标之间来回切换。

要使用 vi 编辑器来创建文件，在 shell 提示下键入以下命令：

vi textfile，如图 2-3 所示。

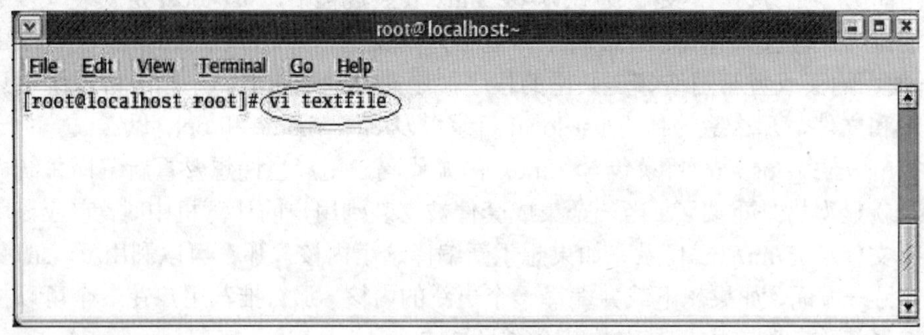

图 2-3 vi 编辑器创建新文件

vi 编辑器有三种基本的模式：

（1）插入模式。这个模式是通过在命令模式按下“i”键进入的，如图 2-4 所示。

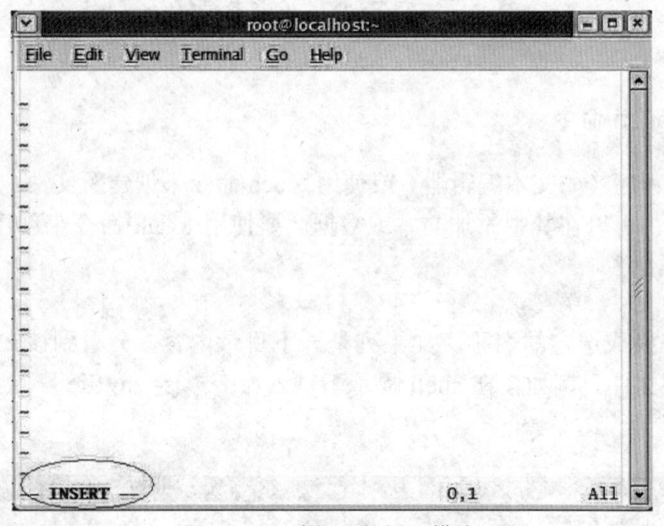

图 2-4 vi 编辑器的插入模式

（2）命令模式。这是用户输入单键命令的模式。在其他模式中按下 Esc 键就可以进入到命令模式，如图 2-5 所示。

该模式的快捷键主要有：

- a：在当前光标位置后面直接进入插入模式。
- A：在当前文本行之后进入插入模式。

- i：在当前光标位置前面直接进入插入模式。
- I：在当前文本行之前进入插入模式。
- o：在光标下面插入一个新行并移动到其上，进入插入模式。
- O：在光标上面插入一个新行并移动到其上，进入插入模式。

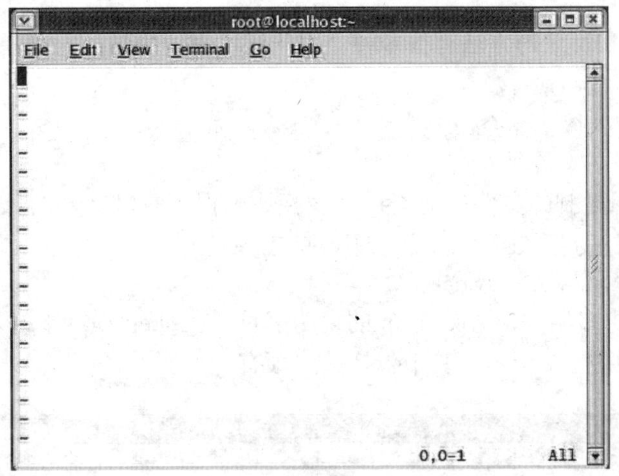

图 2-5　vi 编辑器的命令模式

（3）末行模式（又叫 Last Line 模式）。从命令模式输入一个冒号（:）就可以进入这个模式，如图 2-6 所示。在这里用户可以输入更加复杂的命令，通常是一些文件操作命令。

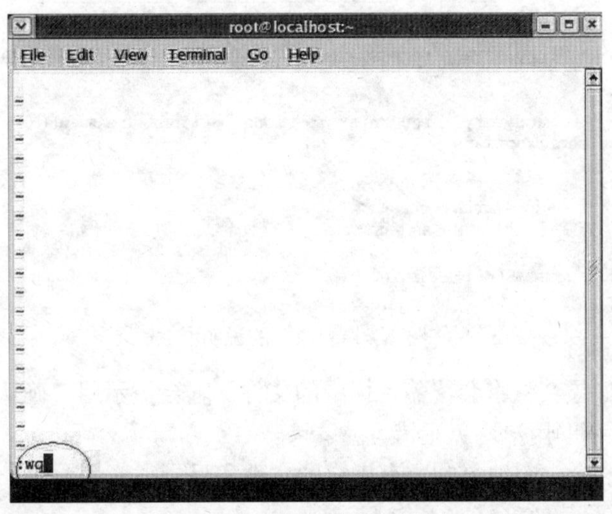

图 2-6　vi 编辑器的末行模式

常见末行模式的 vi 命令有：

- :wq：保存并退出文件。
- :w：保存文件但不退出。
- :q：退出并且不保存文件。
- :q!：退出并不保存所做的修改。

2.3　任务 3　文件操作

2.3.1　复制文件

Linux 操作文件和目录的方法有很多种。用户还可以使用通配符来更快地复制、移动或删除多个文件。

要复制文件，键入以下命令：

```
cp<源>  <目标>
```

把<源>替换成想复制的文件，把<目标>替换成想保存复制文件的目录名。因此，要把文件 dir.txt 从/root 目录复制到/usr/local 目录下，就应该键入：

```
cp /root/dir.txt /usr/local
```

有关 cp 命令的更多用法，请阅读 cp 的说明书页（在 shell 提示下键入 man cp）可获得 cp 的完整选项列表，如图 2-7 所示，其中包括的选项有：

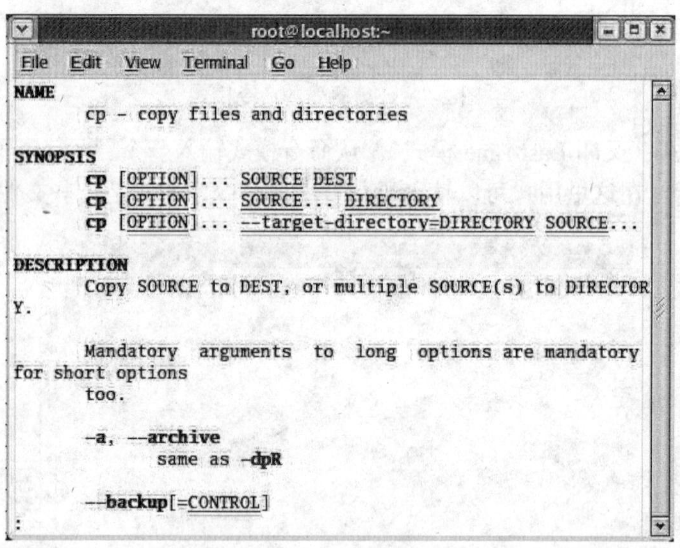

图 2-7　cp 命令的说明书

- -i：互动。如果文件将会覆盖目标中的文件，它会提示用户确认。这个选项很实用，因为它可以帮助用户避免犯错。
- -r：递归。一个一个地复制所有指定的文件和目录很麻烦，这个选项会复制整个目录树、子目录及其他。
- -v：详细。显示文件的复制进度。

例如，在目标目录中已拥有了 textfile，再使用一次“cp -i”来把文件复制到同一位置，如图 2-8 所示。

要覆盖原来的文件，按 Y，然后按 Enter 键；如果不想覆盖原来的文件，按 N，然后按 Enter 键。

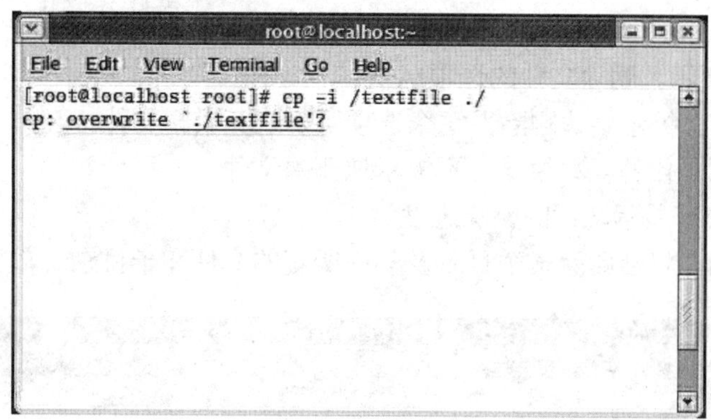
```
[root@localhost root]# cp -i /textfile ./
cp: overwrite `./textfile'?
```

图 2-8　cp 命令的操作

2.3.2　移动文件

要移动文件，使用 mv 命令。关于 mv 的详情，可以参阅 mv 的说明书页（键入 man mv），如图 2-9 所示。mv 的常见选项包括：

- -i：互动。如果选择的文件会覆盖目标中的现存文件，它会提示你。这是一个实用的选项，因为它像 cp 中的-i 选项一样，会给你一个确认替换已存文件的机会。
- -f：强制。它会超越互动模式，不提示地移动文件。请谨慎使用这个选项。
- -v：详细。显示文件的移动进度。

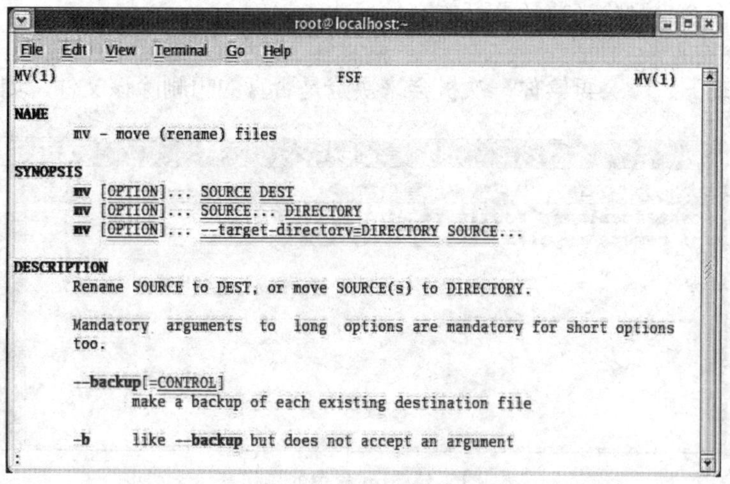
```
MV(1)                          FSF                          MV(1)

NAME
       mv - move (rename) files

SYNOPSIS
       mv [OPTION]... SOURCE DEST
       mv [OPTION]... SOURCE... DIRECTORY
       mv [OPTION]... --target-directory=DIRECTORY SOURCE...

DESCRIPTION
       Rename SOURCE to DEST, or move SOURCE(s) to DIRECTORY.

       Mandatory  arguments  to  long  options are mandatory for short options
       too.

       --backup[=CONTROL]
              make a backup of each existing destination file

       -b     like --backup but does not accept an argument
:
```

图 2-9　mv 命令的说明书

如果想把文件从主目录中移到另一个现存的目录中，键入以下命令（需要位于主目录内）：

```
mv textfile test
```

另外的方法是用同一个命令，但使用绝对路径，如：

```
mv /home/textfile /test
```

2.3.3　删除文件

前面已经学习了使用 touch 命令来创建文件，现在学习如何删除文件。

使用 rm 命令来删除文件是一个直截了当的过程。详情请参阅 rm 的说明书页（键入 man rm），如图 2-10 所示。删除文件的选项包括：

- -i：互动。提示确认删除。这个选项可以避免误删文件。
- -f：强制。代替互动模式，不提示地删除文件。
- -v：详细。显示文件的删除进度。
- -r：递归。将会删除某个目录及其中所有的文件和子目录。

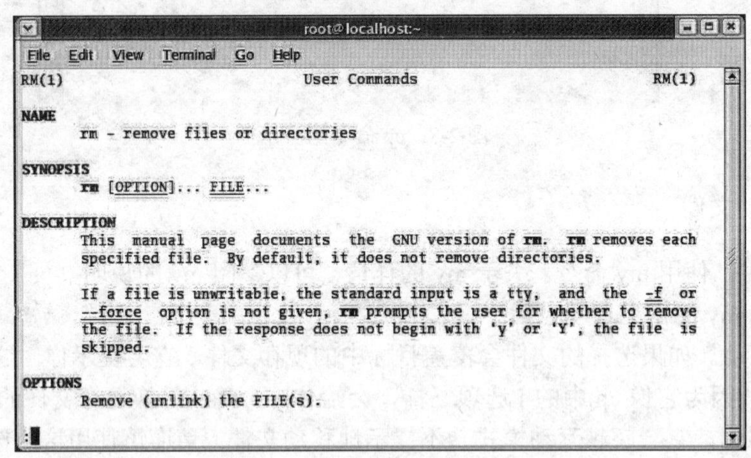

图 2-10 rm 命令的说明书

要使用 rm 命令来删除当前目录下的文件 textfile，键入：

```
rm textfile
```

使用-i（互动）选项会再给你一次机会来决定是否真的想删除该文件，如图 2-11 所示。

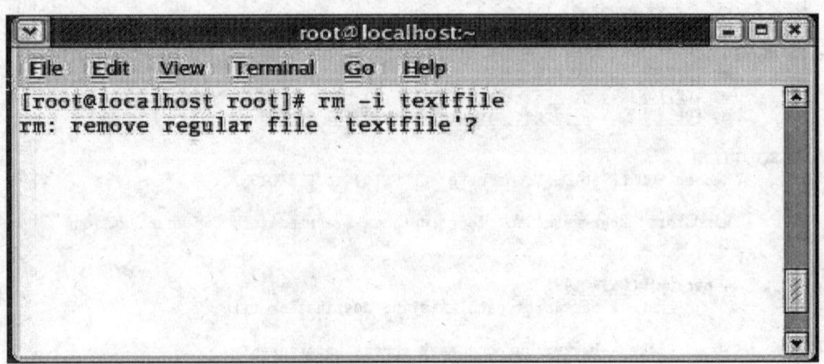

图 2-11 rm 命令的操作

还可以使用通配符"*"来删除文件，不过，必须谨慎，因为它很容易删除并不想删除的文件。要使用通配符来删除文件，可以键入：

```
rm text*
```

上面的命令会删除目录中所有起首为 text 字母的文件。

还可以使用 rm 命令来删除多个文件。例如：

```
rm textfile1 textfile2
```

2.3.4　其他常用的文件操作命令

1. more 命令和 less 命令

在需要对文本文件的内容进行编辑的情况下，文本编辑器程序即使不是必需的，也是有用的。但是，如果只是为了查看文本文件的内容，文本编辑器程序就有点大材小用了。不使用文本编辑器，也可以使用命令来查看文件内容。

两个最有用的和最相似的文件内容阅读命令就是 more 命令和 less 命令。如果想使用这两个命令中的某个阅读文件，请输入 more filename 或者 less filename 命令。

使用这两个命令之一阅读文本文件的好处是：如果文件的长度超过了一个屏幕，文本会停下来等待用户按下相应的键，然后再滚动显示下一屏幕内容。more 命令和 less 命令之间只有很小的差异。more 命令是两者中比较初级的一个，但对大多数人来说已经足够用了。

使用这两个命令的另一个好处就是它们不需要把整个文件都读入内存后才开始显示其内容，因此它们对任何大小的文件运行得都一样快。

less 命令提供了在更多文件中移动的选择。

使用 more 命令时经常使用的快捷键如表 2-1 所示。

表 2-1　使用 more 命令时的快捷键

快捷键	功能
B	在文本中后退一行
回车键或 F	在文本中前进一行
H	显示帮助信息
空格键	前进到文本的下一页
Q	退出 more 阅读程序

使用 less 命令时经常使用的快捷键如表 2-2 所示。

表 2-2　使用 less 命令时的快捷键

快捷键	功能
B	在文本中后退一行
回车键	在文本中前进一行
H	显示帮助信息
空格键	前进到文本的下一页
Q	退出 less 阅读程序

2. cat 命令

查看文本文件内容的另一个常用命令是 cat。cat 命令在 Linux 操作系统中的作用与 type 命令在 DOS 中的作用一样。

输入 cat filename 命令会把文件的内容全部显示在屏幕上。在阅读短文件内容时该命令很有用，但对长文件还是使用 more 或者 less 命令更好一些。

3. 把命令结果输出到文本文件中（重定向）

有些 Linux 命令会不断输出一屏又一屏的数据。在这种情况下，最好是把这些输出存储到一个文件中去，这样用户就可以比较方便地阅读它们，或者今后再进行查询。这个过程叫做重定向（Redirection）；请使用重定向（>或>>）的“command>”或“>>file”格式把某个命令的输出重定向到某个文件中去。如图 2-12 至图 2-14 显示了重定向符号的功能。

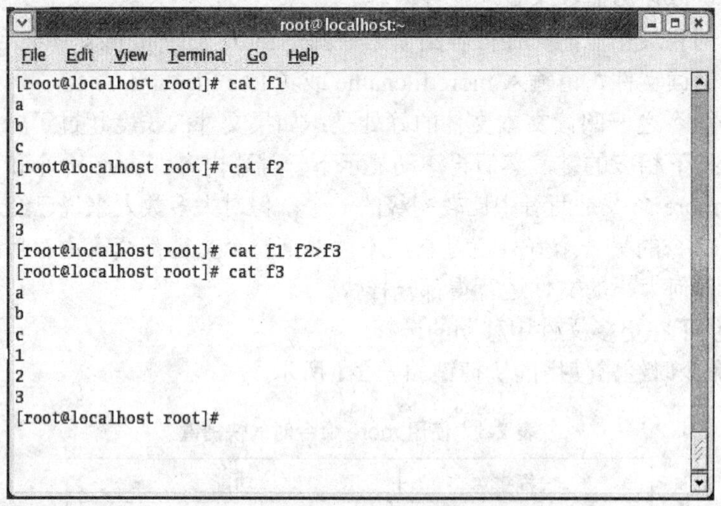

图 2-12 把两个文件合为一个新文件

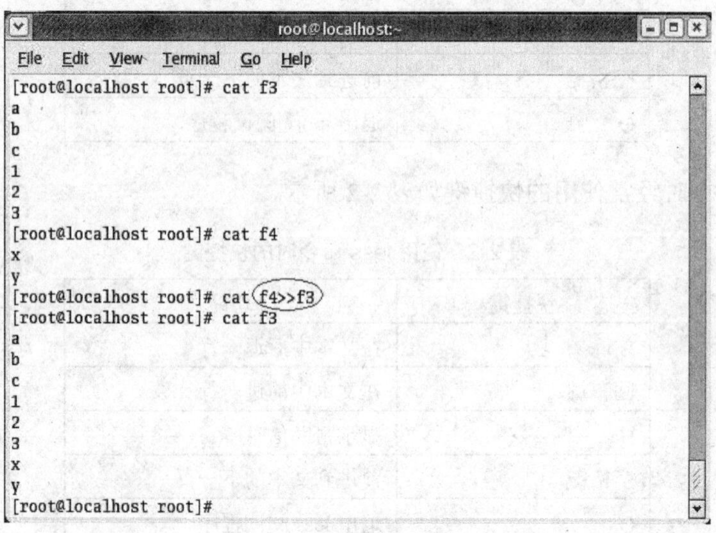

图 2-13 把某个文件的内容追加到另一个文件的后面

例如，“ls>/usr/local/dir.txt”，这样 ls 命令的执行结果就会保存在文本文件/usr/local/dir.txt 中了。

两种重定向输出的区别是：

（1）命令>文件名：将命令执行结果送到指定的文件，而不在屏幕上显示。如果指定的文件不存在，则新建这一文件；如果指定的文件存在，则原来的内容被覆盖。

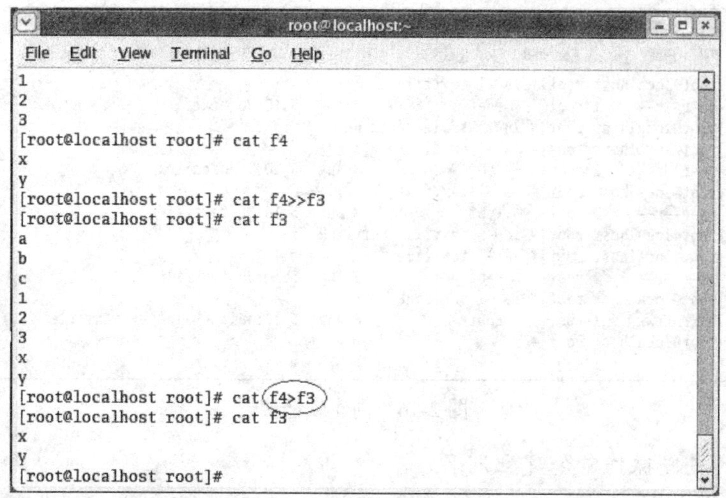

图 2-14　把某个文件的内容覆盖到另一个文件

（2）命令>>文件名：在进行重定向时，只是追加到已有的文件之后，该文件原有的内容不被破坏。

4. ln 命令

ln 命令用来建立链接，这里的链接分为两种：硬链接和软链接。“硬链接”指的是对目标文件的拷贝，应用范围不是很广；“软链接”类似于 Windows 系统下的快捷方式，可以为某个程序文件或目录建立这种链接文件，以便通过链接文件迅速地找到要执行的程序文件和要进入的目录；ln 命令的一般格式如下：

```
ln original_file new_file
```

例如为文件 textfile 创建名为 hardlink 的硬链接，如图 2-15 所示。

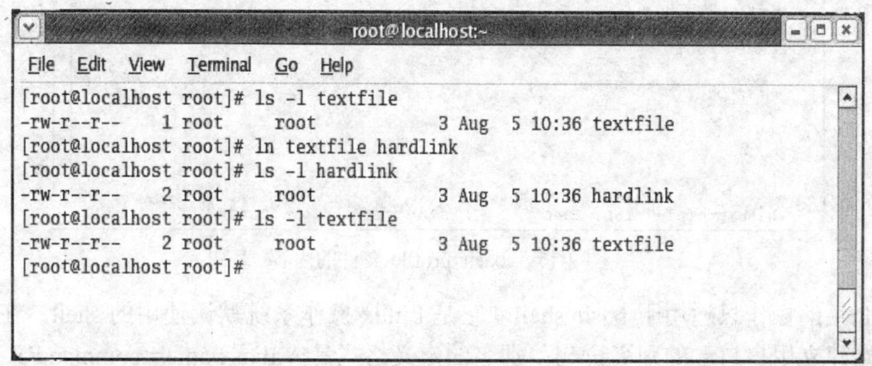

图 2-15　创建硬链接

虽然 ln 命令有许多参数，但其中的大多数基本上都很少用。最常用的参数是-s，功能是建立一个软链接。如果想建立一个软链接，可以使用下面的命令：

```
ln -s original_file new_file
```

例如为 textfile 创建名为 softlink 的软链接，如图 2-16 所示。从操作结果可以看到，硬链接会增加文件的链接数目，而软链接不会增加文件的链接数目。

```
[root@localhost root]# ls -l textfile
-rw-r--r--    1 root     root           3 Aug  5 10:36 textfile
[root@localhost root]# ln textfile hardlink
[root@localhost root]# ls -l hardlink
-rw-r--r--    2 root     root           3 Aug  5 10:36 hardlink
[root@localhost root]# ls -l textfile
-rw-r--r--    2 root     root           3 Aug  5 10:36 textfile
[root@localhost root]# ln -s textfile softlink
[root@localhost root]# ls -l textfile
-rw-r--r--    2 root     root           3 Aug  5 10:36 textfile
[root@localhost root]# ls -l softlink
lrwxrwxrwx    1 root     root           8 Aug  5 10:48 softlink -> textfile
[root@localhost root]#
```

图 2-16　创建软链接

5. *为常用的文件操作命令建立别名*

经过一段时间之后，用户会发现经常需要输入一些复杂的命令，或者需要经常使用某些命令行的同一些参数。为了减少用户输入的字符量，可以建立一些别名，也就是使用一个比较简短的命令来代替原来很长的命令内容。要想建立别名，需要编辑用户目录中的.bash_profile文件，如图 2-17 所示。不管用户是使用哪个账号登录进入系统的，都可以使用 vi~/.bash_profile 命令开始操作。

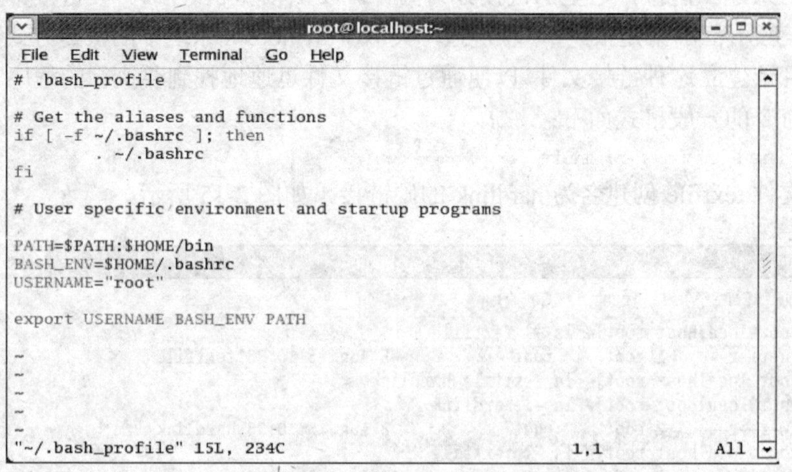

```
# .bash_profile

# Get the aliases and functions
if [ -f ~/.bashrc ]; then
        . ~/.bashrc
fi

# User specific environment and startup programs

PATH=$PATH:$HOME/bin
BASH_ENV=$HOME/.bashrc
USERNAME="root"

export USERNAME BASH_ENV PATH

~
~
~
~
~
"~/.bash_profile" 15L, 234C                    1,1           All
```

图 2-17　.bash_profile 文件的内容

上面介绍的操作只适用于 bash shell，它是 Linux 操作系统默认使用的 shell。在这个文件的末尾开始建立用户自己的别名语句；别名的定义格式是“alias name='command'”。

例如，如果想把原来的“ls -al”命令定义为别名命令 dir（如图 2-18 所示），需要加上的别名定义语是：

```
alias dir='ls al '
```

6. *查找文件的命令*

find 命令可以根据各种检索条件查找文件。和已经讨论过的工具程序相类似，find 命令也有许多参数，详细资料请查阅它的使用手册页。下面是 find 命令的一般格式：

```
find start_dir[options]
```

```
root@localhost:~
File  Edit  View  Terminal  Go  Help
[root@localhost root]# vi ~/.bash_profile
[root@localhost root]# dir
11.doc            f1  hardlink          myfile
anaconda-ks.cfg   f2  hdisk             softlink
Desktop           f3  install.log       textfile
evolution         f4  install.log.syslog  w.sxw
[root@localhost root]# alias dir="ls -l"
[root@localhost root]# dir
total 128
-rw-r--r--    1 root     root         6144 Aug  4 14:44 11.doc
-rw-r--r--    1 root     root         1004 Apr 15 19:47 anaconda-ks.cfg
drwxr-xr-x    3 root     root         4096 Aug  4 09:45 Desktop
drwx------    4 root     root         4096 Aug  4 14:32 evolution
-rw-r--r--    1 root     root            6 Aug  5 10:51 f1
-rw-r--r--    1 root     root            6 Aug  5 10:51 f2
-rw-r--r--    1 root     root            4 Aug  5 11:06 f3
-rw-r--r--    1 root     root            4 Aug  5 10:54 f4
-rw-r--r--    2 root     root            3 Aug  5 10:36 hardlink
drwxr-xr-x    2 root     root         4096 Aug  4 10:37 hdisk
-rw-r--r--    1 root     root        57392 Apr 15 19:45 install.log
-rw-r--r--    1 root     root         7987 Apr 15 19:45 install.log.syslo
g
-rw-r--r--    1 root     root            0 Aug  5 10:20 myfile
lrwxrwxrwx    1 root     root            8 Aug  5 10:48 softlink -> textf
ile
-rw-r--r--    2 root     root            3 Aug  5 10:36 textfile
```

图 2-18　为命令创建别名

其中，start_dir 是开始进行搜索的子目录。

find 命令的常用参数有：

- -mount：不搜索与搜索起点不同的文件系统。
- -atime n：至少在 n×24 小时以内没有访问过的文件。
- -ctime n：至少在 n×24 小时以内没有修改过的文件。
- -inum n：拥有 i-结点值为 n 的文件。
- -amin n：n 分钟之前访问过的文件。
- -cmin n：n 分钟之前修改过的文件。
- -empty：文件为空。
- -mmin n：n 分钟之前修改过的文件。
- -mtime n：n 小时之前修改过的文件。
- -nouser：文件的 UID 值在/etc/passwd 文件中没有对应的真正用户。
- -nogroup：文件的 GID 值在/etc/group 文件中没有对应的真正用户分组。
- -perm mode：文件访问的权限被准确设置为 mode。
- -size n[bck]：文件的长度至少为 n 块/字符/千字节。每块等于 512 字节。
- -print：列印找到的文件名。
- -exec cmd\;：对每一个找到的文件，运行 cmd 命令。

注意：每一个 cmd 命令的后面必须跟上“\;”符号，不然 BASH 会不知道如何继续操作。

- -name name：文件的名称必须是 name。

例如，想要查找/tmp 子目录中至少 7 天没有被访问过的文件，请使用下面的命令：

```
find  /tmp  -a  time  7  -print
```

又如，想要找出/usr/src 子目录中名称为 core 的文件并删除它们，可以使用以下命令：

```
find  /usr/src  -name  core  -exec  rm{}\
```

再如，想要找出/home 中以.jpg 结尾并且长度超过 100K 的文件，可以使用以下命令：

```
find  /home-name  "*.jpg" -size  100K
```

7. 文件的压缩和归档

有时，我们需要把一组文件存储成一个文件以便备份或传输到另一个目录甚至另一个计算机上。有时，我们还需要把文件压缩成一个文件，因而它们仅使用少量磁盘空间并能更快地通过互联网下载。

理解归档文件（Archive File）和压缩文件（Compressed File）之间的区别对用户来说十分重要。归档文件是一个文件和目录的集合，而这个集合被存储在一个文件中。归档文件没有经过压缩，它所使用的磁盘空间是其中所有文件和目录的总和。压缩文件也是一个文件和目录的集合，且这个集合也被存储在一个文件中。但是，它的存储方式使其所占用的磁盘空间比其中所有文件和目录的总和要少。如果计算机上的磁盘空间不足，可以压缩不常使用的或不再使用但想保留的文件，甚至可以创建归档文件，然后再将其压缩来节省磁盘空间。

注意：归档文件不是压缩文件，但压缩文件可以是归档文件。

Linux 包含一个图形化的压缩工具“文件打包器”（File Roller），见图 2-19 所示。它可以压缩、解压、归档文件和目录。文件被打包器支持通用的 UNIX 和 Linux 文件压缩和归档格式，而且它的界面简单、文档丰富。它还被集成到桌面环境和图形化文件管理器中，使处理归档文件的工作更加简便易行。选择“主菜单”→Accessories→File Roller 即可启动文件打包器。

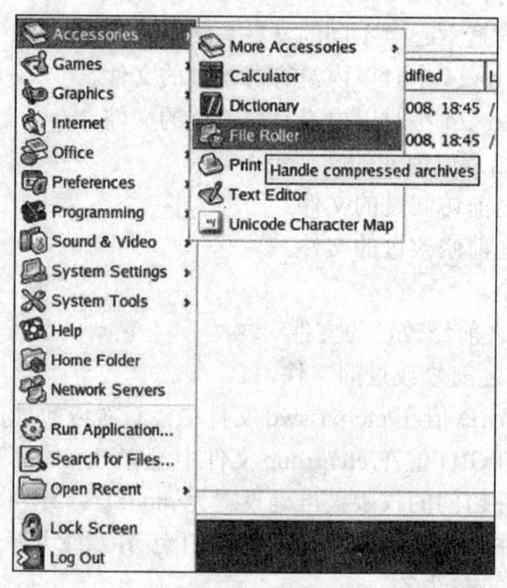

图 2-19 文件打包器

还可以从 shell 提示下键入 file-roller 来启动文件打包器。如果使用的是文件管理器（如 Nautilus），双击想解除归档或解压的文件即可启动文件打包器，文件打包器的浏览窗口如图 2-20 所示，其中的文件夹里显示了要解压或解除归档的文件，以便抽取或浏览。

要取消归档或者解压文件，单击工具栏上的 Open 按钮，一个文件菜单就会弹出，允许用户选择要操作的归档。例如，如果主目录中有一个 install.tgz 文件，选中该文件，然后单击 OK 按钮，该文件就会作为文件夹出现在文件打包器的主浏览窗口中，可以双击该文件夹图标来翻阅其中的内容，如图 2-21 所示。文件打包器保留所有原有的目录和子目录结构，这便于在归档中查找某一特定文件。可以点击 Extract 按钮，选择要保存这些解除归档后的文件的目录，然后点击 OK 按钮来抽取其中的某个文件或整个归档。

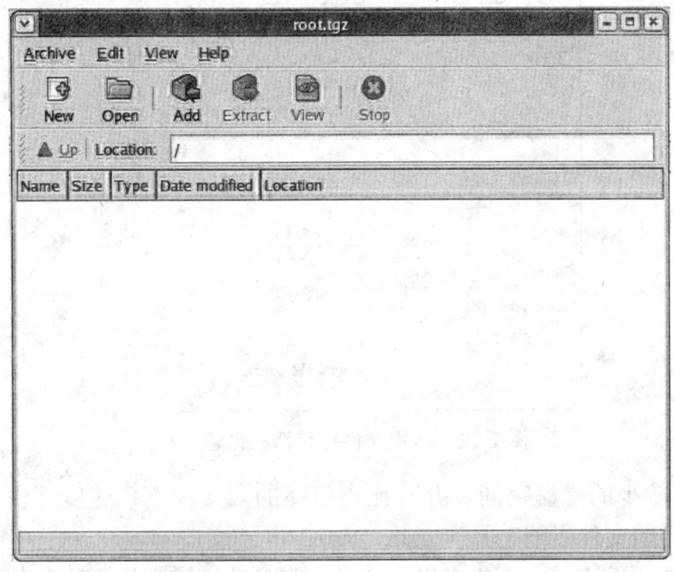

图 2-20　运行中的文件打包器

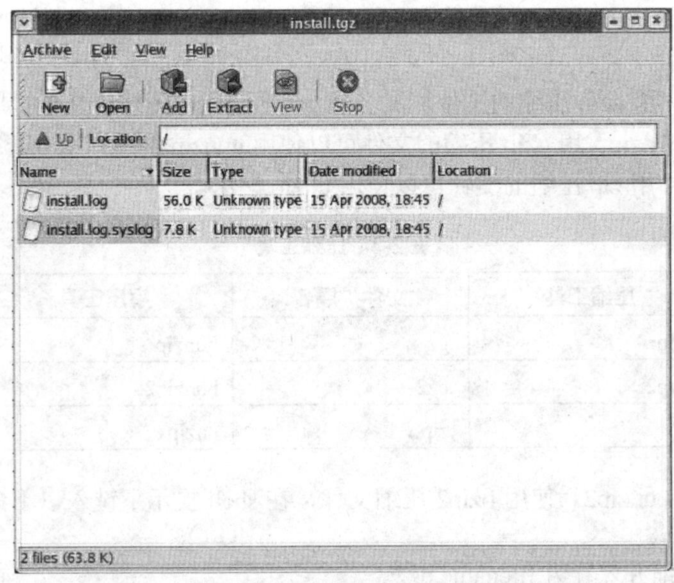

图 2-21　install.tgz 文件的内容

如果需要腾出一些硬盘空间，或者把多个文件或某一目录下的所有文件发送给另一用户，可以用文件打包器创建文件和目录的归档来实现。

要在新归档中添加文件，单击 New 按钮，会弹出一个浏览窗口，如图 2-22 所示，可以从中查找要放入归档中的文件或目录，允许指定归档名称和压缩技术。例如，可以从 Archive type 下拉菜单中选择“Tar compressed with gzip (.tar.gz)”，然后键入想创建的归档文件的名称，单击 OK 按钮就可以在新归档中添加文件和目录了。结束后单击 OK 和“关闭”按钮关闭归档。

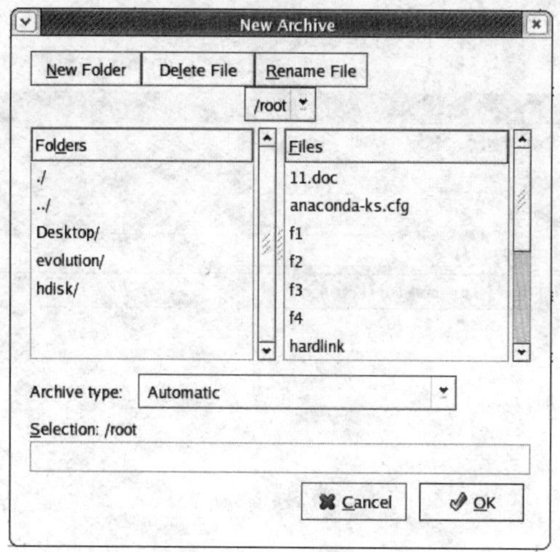

图 2-22 运用文件打包器来创建归档

压缩文件使用较少的磁盘空间，并且比未压缩的大文件下载速度要快。在 Fedora Core Linux 中，可以使用的文件压缩工具有 gzip、bzip2 和 zip。

推荐使用 bzip2 压缩工具，因为它提供了最大限度的压缩，并且可在多数类似 UNIX 的操作系统上找到。gzip 压缩工具也可以在类似 UNIX 的操作系统上找到。如果需要在 Linux 和其他操作系统（如 MS Windows）间传输文件，应该使用 zip，因为该命令与 Windows 上的压缩工具兼容。

如表 2-3 所示，用 gzip 压缩的文件扩展名是.gz，用 bzip2 压缩的文件扩展名是.bz2，用 zip 压缩的文件扩展名是.zip。用 gzip 压缩的文件可以使用 gunzip 解压，用 bzip2 压缩的文件可以使用 bunzip2 解压，用 zip 压缩的文件可以使用 unzip 解压。

表 2-3 压缩工具

压缩工具	文件扩展名	解压工具
gzip	.gz	gunzip
bzip2	.bz2	bunzip2
zip	.zip	unzip

（1）bzip2 和 bunzip2。使用 bzip2 压缩文件，在 shell 提示下键入以下命令：

```
bzip2 filename
```

文件即会被压缩并保存为 filename.bz2。

例如：

```
[root@localhost root]# bzip2 a.txt
[root@localhost root]# ls -l
total 68
-rw-r--r--    1 root     root        1083 Sep  1 14:44 anaconda-ks.cfg
-rw-r--r--    1 root     root          42 Sep  3 22:43 a.txt.bz2
drwxr-xr-x    2 root     root        4096 Sep  1 14:52 Desktop
-rw-r--r--    1 root     root       48871 Sep  1 14:42 install.log
-rw-r--r--    1 root     root        4113 Sep  1 14:42 install.log.syslog
-rw-r--r--    1 root     root           0 Sep  8 17:19 myfile
```

要解压被压缩的文件，键入以下命令：

```
bunzip2 filename.bz2
```

filename.bz2 文件会被删除，其解压后生成的名为 filename 的文件夹随之出现。

例如：

```
[root@localhost root]# bunzip2 a.txt.bz2
[root@localhost root]# ls -l
total 68
-rw-r--r--    1 root     root          1083 Sep  1 14:44 anaconda-ks.cfg
-rw-r--r--    1 root     root             7 Sep  3 22:43 a.txt
drwxr-xr-x    2 root     root          4096 Sep  1 14:52 Desktop
-rw-r--r--    1 root     root         48871 Sep  1 14:42 install.log
-rw-r--r--    1 root     root          4113 Sep  1 14:42 install.log.syslog
-rw-r--r--    1 root     root             0 Sep  8 17:19 myfile
```

可以使用 bzip2 命令同时处理多个文件和目录，方法是将它们逐一列出，并用空格间隔：

```
bzip2  filel  file2
```

上面的命令把 filel、file2 文件压缩起来，分别被压缩成为 file1.bz2 与 file2.bz2 文件。

例如：

```
[root@localhost root]# bzip2 a.txt myfile
[root@localhost root]# ls -l
total 72
-rw-r--r--    1 root     root          1083 Sep  1 14:44 anaconda-ks.cfg
-rw-r--r--    1 root     root            42 Sep  3 22:43 a.txt.bz2
drwxr-xr-x    2 root     root          4096 Sep  1 14:52 Desktop
-rw-r--r--    1 root     root         48871 Sep  1 14:42 install.log
-rw-r--r--    1 root     root          4113 Sep  1 14:42 install.log.syslog
-rw-r--r--    1 root     root            14 Sep  8 17:19 myfile.bz2
[root@localhost root]#
```

（2）gzip 和 gunzip。要使用 gzip 来压缩文件，在 shell 提示下键入以下命令：

```
gzip filename
```

文件即会被压缩，并保存为 filename.gz。

例如：

```
[root@localhost root]# gzip a.txt
[root@localhost root]# ls -l
total 68
-rw-r--r--    1 root     root          1083 Sep  1 14:44 anaconda-ks.cfg
-rw-r--r--    1 root     root            33 Sep  3 22:43 a.txt.gz
drwxr-xr-x    2 root     root          4096 Sep  1 14:52 Desktop
-rw-r--r--    1 root     root         48871 Sep  1 14:42 install.log
-rw-r--r--    1 root     root          4113 Sep  1 14:42 install.log.syslog
-rw-r--r--    1 root     root             0 Sep  8 17:19 myfile
```

要解压被压缩的文件，键入以下命令：

```
gunzip filname.gz
```

filename.gz 会被删除，还原成为原文件 filename。

例如：

```
[root@localhost root]# gunzip a.txt.gz
[root@localhost root]# ls -l
total 68
-rw-r--r--    1 root     root         1083 Sep  1 14:44 anaconda-ks.cfg
-rw-r--r--    1 root     root            7 Sep  3 22:43 a.txt
drwxr-xr-x    2 root     root         4096 Sep  1 14:52 Desktop
-rw-r--r--    1 root     root        48871 Sep  1 14:42 install.log
-rw-r--r--    1 root     root         4113 Sep  1 14:42 install.log.syslog
-rw-r--r--    1 root     root            0 Sep  8 17:19 myfile
```

可以使用 gzip 命令同时处理多个文件，方法是将它们逐一列出，并用空格间隔：

```
gzip -r  filel  file2
```

上面的命令把 filel、file2 的内容压缩起来，然后放入 file1.gz 和 file2.gz 文件中。

（3）zip 和 unzip。使用 zip 来压缩文件，在 shell 提示下键入下面的命令：

```
zip -r  filename.zip  filesdir
```

在这个例子中，filename.zip 代表创建的文件，filesdir 代表想放置新 zip 文件的目录。-r 选项指定递归地（Recursively）包括所有在 filesdir 目录中的文件。

要抽取 zip 文件的内容，键入以下命令：

```
unzip filename.zip
```

可以使用 zip 命令同时处理多个文件，方法是将它们逐一列出，并用空格间隔：

```
zip -r filename.zip  file1  file2  file3
```

上面的命令把 filel、file2、file3 的内容压缩起来，然后放入 filename.zip 文件中。

例如：

```
[root@localhost root]# zip -r a.zip a.txt myfile Desktop
updating: a.txt (stored 0%)
updating: myfile (stored 0%)
updating: Desktop/ (stored 0%)
updating: Desktop/starthere.desktop (deflated 62%)
```

下面查看生成了哪些文件？原文件是否还继续存在？可以看到，将文件 a.txt 与 myfile 以及目录 Desktop 一起压缩后，生成了一个新的压缩文件 a.zip，原来的三个文件依然在原目录下。

```
[root@localhost root]# ls -l
total 72
-rw-r--r--    1 root     root         1083 Sep  1 14:44 anaconda-ks.cfg
-rw-r--r--    1 root     root            7 Sep  3 22:43 a.txt
-rw-r--r--    1 root     root         1827 Sep 24 23:08 a.zip
drwxr-xr-x    2 root     root         4096 Sep  1 14:52 Desktop
-rw-r--r--    1 root     root        48871 Sep  1 14:42 install.log
-rw-r--r--    1 root     root         4113 Sep  1 14:42 install.log.syslog
-rw-r--r--    1 root     root            0 Sep  8 17:19 myfile
```

接下来将工作目录切换到根目录，并进行解压，可以看到在根目录下多了两个文档 a.txt 以及 myfile，新增了一个目录 Desktop，说明解压成功。

```
[root@localhost root]# cd /
[root@localhost /]# unzip a.zip
unzip:  cannot find a.zip, a.zip.zip or a.zip.ZIP.
[root@localhost /]# unzip root/a.zip
Archive:  root/a.zip
 extracting: a.txt
```

```
  extracting: myfile
    creating: Desktop/
   inflating: Desktop/starthere.desktop
[root@localhost /]# ls
a.txt  boot  Desktop  etc   initrd  lost+found  mnt     opt   root  share  usr
bin    chen  dev      home  lib     misc        myfile  proc  sbin  tmp    var
```

（4）在 shell 提示下给文件归档。tar 是一个已移植到 Linux 中的经典 UNIX 命令。tar 是 Tape Archive（磁带归档）的缩写，最初设计用于将文件打包到磁带上。

使用 tar 可以打包整个目录树，这使得它特别适合用于备份。归档文件可以全部还原，或从中展开单独的文件和目录。备份可以保存到基于文件的设备或磁带设备上。文件可以在还原时重定向，以便将它们重新放到一个与最初保存它们的目录（或系统）不同的目录（或系统）。tar 是与文件系统无关的，它可以使用在 ext2、ext3、ifs Reiser 和其他文件系统上。

tar 使用的选项有：

- -c：创建一个新归档。
- -f：当与-c 选项一起使用时，创建的 tar 文件使用该选项指定的文件名；当与-x 选项一起使用时，则解除该选项指定的归档。
- -t：显示包括在 tar 文件中的文件列表。
- -v：显示文件的归档进度。
- -x：从归档中抽取文件。
- -z：使用 gzip 来压缩 tar 文件。
- -j：使用 bzip2 来压缩 tar 文件。

要创建一个 tar 文件，键入：

```
tar -cvf filename.tar directory/file
```

在以上的例子中，filename.tar 代表用户创建的文件，directory/file 代表要放入归档文件内的文件和目录。

例如：

```
[root@localhost root]# tar -cvf a.tar Desktop
Desktop/
Desktop/starthere.desktop
[root@localhost root]# ls -l
total 80
-rw-r--r--    1 root     root         1083 Sep  1 14:44 anaconda-ks.cfg
-rw-r--r--    1 root     root        10240 Sep 24 23:17 a.tar
-rw-r--r--    1 root     root            7 Sep  3 22:43 a.txt
drwxr-xr-x    2 root     root         4096 Sep  1 14:52 Desktop
-rw-r--r--    1 root     root        48871 Sep  1 14:42 install.log
-rw-r--r--    1 root     root         4113 Sep  1 14:42 install.log.syslog
-rw-r--r--    1 root     root            0 Sep  8 17:19 myfile
```

上面的操作将 Desktop 目录归档成为一个 tar 文件：a.tar。

可以使用 tar 命令同时处理多个文件和目录，方法是将它们逐一列出，并用空格间隔：

```
tar  -cvf  filename.tar/home/testl/home/test2
```

上面的命令把/home 目录下的 testl 和 test2 子目录内的所有文件都放入当前目录中一个叫做 filename.tar 的新文件中。

要列出 tar 文件的内容，键入如下命令：

```
tar  -tvf   filename.tar
```

例如：

```
[root@localhost root]# tar -tvf a.tar
drwxr-xr-x root/root         0 2008-09-01 14:52:01 Desktop/
-rw-r--r-- root/root      3311 2008-09-01 14:52:01 Desktop/starthere.desktop
```

要抽取 tar 文件的内容，键入如下命令：

```
tar  -xvf  filename.tar
```

这个命令不会删除 tar 文件，但会把被解除归档的内容复制到当前的工作目录下，并保留归档文件所使用的任何目录结构。

例如：

```
[root@localhost root]# cd /
[root@localhost /]# tar -xvf /root/a.tar
Desktop/
Desktop/starthere.desktop
[root@localhost /]# ls -l
total 213
-rw-r--r--    1 root     root           7 Sep  3 22:43 a.txt
drwxr-xr-x    2 root     root        4096 Sep  1 16:06 bin
drwxr-xr-x    4 root     root        1024 Sep  1 14:13 boot
drwxr-xr-x    2 root     root        4096 Sep  3 23:07 chen
drwxr-xr-x    2 root     root        4096 Sep  1 14:52 Desktop
drwxr-xr-x   21 root     root      118784 Sep 23 10:37 dev
```

tar 默认不压缩文件，要创建一个用 tar 和 gzip 归档并压缩的文件，可以使用-z 选项：

```
tar  -czvf  filename.tgz  file
```

一般来说，使用 gzip 来压缩的 tar 文件具有.tgz 扩展名。这个命令创建归档文件 file name.tar，然后把它压缩为 filename.tgz 文件（文件 filename.tar 不被保留）。如果使用 gunzip 命令来给 filename.tar 文件解压，filename.tar 文件会被删除，并被替换为 filename.tar。

可以用单个命令来解压并解除归档.tgz 文件：

```
tar  -xzvf  filename.tgz
```

再例如，要使用 tar 来把除/proc 目录之外的整个文件系统备份到 SCSI 磁带设备上：

```
tar  -cpf  /dev/st0/  --exclude=/proc
```

在上面的例子中，-c 开关表示归档文件正在被创建。-p 开关表示希望保留文件许可权限，这对良好的备份来说是很关键的。-f 开关指向该归档文件的文件名。在本例中，使用的是原始磁带设备/dev/st0。/表示想要备份的内容。既然想要备份整个系统，那么把这个开关指定为根（root）。当把 tar 指向一个目录（以/结尾）时，它会自动递归。最后，排除了/proc 目录，因为它没有包含需要保存的任何内容。

2.4 任务 4 目录的操作

2.4.1 建立子目录命令 mkdir

Linux 中的 mkdir 命令与其他 UNIX 操作系统中同名的命令是完全一样的，与 MS-DOS 中的也一样。它惟一的参数是-p，使用这个参数可以在没有上级子目录的情况下完成操作。

举例来说，如果想建立一个/tmp/bigdir/subdir/mydir 子目录，但是当前只存在一个/tmp 子目录，使用了-p 参数之后就会把 bigdir、subdir 和 mydir 都自动地建立起来。

如果想建立一个名为 mydir 的子目录，可以使用以下命令：

```
mkdir mydir
[root@localhost root]# mkdir mydir
[root@localhost root]# ls -l
total 84
-rw-r--r--    1 root     root          1083 Sep  1 14:44 anaconda-ks.cfg
-rw-r--r--    1 root     root         10240 Sep 24 23:17 a.tar
-rw-r--r--    1 root     root             7 Sep  3 22:43 a.txt
drwxr-xr-x    2 root     root          4096 Sep  1 14:52 Desktop
-rw-r--r--    1 root     root         48871 Sep  1 14:42 install.log
-rw-r--r--    1 root     root          4113 Sep  1 14:42 install.log.syslog
drwxr-xr-x    2 root     root          4096 Sep 24 23:29 mydir
-rw-r--r--    1 root     root             0 Sep  8 17:19 myfile
```

注意：mkdir 不能像 DOS 中那样简化为 md。

2.4.2　拷贝目录命令 cp

拷贝目录的命令与拷贝文件的命令一样，都是 cp。

例如，想要将/root 下的子目录 mydir 拷贝到/下，可以使用以下命令：

```
cp -r /root/mydir /
```

操作如下：

```
[root@localhost root]# cp -r mydir /
[root@localhost root]# ls /
a.txt  chen     etc     lib         mnt     opt   sbin   usr
bin    Desktop  home    lost+found  mydir   proc  share  var
boot   dev      initrd  misc        myfile  root  tmp
```

2.4.3　删除子目录命令 rmdir

可以使用 rmdir 来删除目录（如 rmdir foo），但是目录必须是空目录。要使用 rm 来删除非空目录，必须指定-r 选项。

例如，如果想递归地删除目录 test，可以使用以下命令：

```
rm -r test
```

如果想组合选项，如强制一种递归的删除，可以使用以下命令：

```
rm -rf test
```

警告：rm 命令可以删除整个文件系统！如果登录为根用户，然后键入这个简单的命令：rm-rf /，这个命令会递归地删除系统上的一切。

关于 rmdir 的详情，请参阅 rmdir 的说明书页（键入 man rmdir）。

2.4.4　其他常用的目录操作命令

1. 改变工作目录命令 cd

cd 命令的一般格式：

```
cd [目录名]
```

该命令用来改变工作目录。当不带任何参数时，返回到用户的主目录。

例如：改变当前目录到/usr：

```
[root@localhost xu]# cd /usr
[root@localhost usr]#
```

再如：将当前目录改到用户主目录：

```
[root@localhost usr]# cd
[root@localhost root]#
```

将当前目录向上移动一级：

```
[root@localhost root]# cd ..
[root@localhost /]#
```

2. 显示当前工作子目录命令 pwd

下面这样的情况肯定会发生：用户坐到一台已经登录的计算机前，但是不知道自己在目录树的哪个位置。如果想获得这个信息，需要使用 pwd 命令。它没有参数，惟一的作用就是显示当前工作目录。DOS 下与此对应的命令是在命令行上单独输入 cd 命令，但是 BASH 的 cd 命令将把用户带回到初始登录目录中去。

如果想知道当前工作子目录，可以使用以下命令：

```
pwd
```

例如：

```
[root@localhost xu]# pwd
/home/xu
```

2.5　本章小结

如果把操作系统比喻成一座建筑，那么文件和目录就是这座建筑的框架。有了文件和目录，操作系统才能完成对系统资源的存储，从而操纵它们。

Linux 操作系统的目录结构与我们熟悉的 Windows 操作系统有很大差异，它的每一个标准目录，都存放着用于某种特殊用途的文件，目录划分十分严格。因此，必须十分了解其目录结构，否则，根本无法找到想要操纵的目录和文件。

在 Linux 操作系统中，在图形用户界面（GUI）下对于文件和目录的操作与在 Windows 下的操作基本一致，可以十分轻松地掌握。除此之外，还必须熟悉文件目录操作的常用命令与 vi 编辑器，因为在字符界面下只能借助这些工具完成对文件和目录的操纵，这对于没有安装图形用户界面只有字符界面的情况就显得尤为重要。

第 3 章　桌面应用

本章知识点：

- Linux 的桌面
- X Window 系统
- 集成桌面环境
- GNOME 和 KDE
- OpenOffice.org 办公套件
- 光盘、U 盘的挂载
- 其他分区的挂载
- 打印队列

本章重点：

- 使用 GNOME 面板
- 配置 GNOME 面板
- 使用 Nautils
- 目录及文件管理
- 使用 OpenOffice.org
- 使用光盘
- 使用 U 盘
- 本地打印机的使用

命令行界面（CLI，Command Line Interface）和图形用户界面（GUI，Graphic User Interface）是目前计算机工作者操作、使用计算机的两种主要方式。这两种界面各有各的应用场合，谁也不能替代另外一个。就普通计算机用户来说，使用最普遍的还是图形用户界面，也就是桌面。用户通过桌面对计算机进行操作和管理，通过桌面来实现日常工作和生活中对计算机的应用。Linux 发展到现在，同样提供了美观、功能强大的图形用户界面，以方便普通计算机用户对计算机的操作和使用。

X Window 是一种图形化应用系统标准，即通常所说的 GUI（Graphic User Interface）。它的实现机理不同于 Windows，它包括服务器端和客户端，两者可以对立开发、应用。也就是说，服务器端和客户端只要遵循一定的规范，两者可以在网络中不同的计算机上互相协作。

UNIX 下的图形界面有好几个标准，常见的 X 标准有：

- X：也称为 X Window，是 MIT 较早开发的 UNIX 图形界面，X 是按照版本顺序由 W 版本改进来的。虽然之后 X 又进行了许多改善，但 X 的名称一直沿用到现在。
- X Window System：主要是用来在操作系统中特指图形界面的显示系统。

- X11：如同 UNIX 拥有许多分支一样，X 也是遍地开花，各个 UNIX 的 X 没有统一，不能进行协同工作，需要为 UNIX 图形界面制定一个公开标准的呼声越来越高。在各个公司和组织的努力下，X version11（X11）标准应运而生。X11 是一种公开源代码的 X 窗口系统，使用的是 X Window 的图形协议和模型。
- X11 R6：也就是 X11 的 Release 6，是 X11 的最新发行版本，Red Hat Linux 使用的就是这个版本。

UNIX 系统最初就被设计为一个通用的多用户平台，这点与单用户环境不一样，需要考虑诸多用户共同的因素。X 系统不仅要考虑每一个用户界面的元素及组合，还需要考虑多用户共用的资源，因此要使用服务器/客户机的实施方式，才能满足这些需要。由一个服务器提供所有用户对图形设备资源的访问，各个用户通过客户端来使用系统图形资源。

X Window 并不是一个单一的软件，而是由一组软件协同工作的一个系统。主要是由 X Server 和 X Client 通过 X Protocol 在网络上通信完成应用任务。

- X Server：X Server 控制了所有的 X 资源和实体，同时负责一切由 Client 所传来的 X 事件。一般情况下，我们可以将 X Server 简化理解为 Display Server，就是管理显示器的。事实上，X Server 通常也是根据其管理的显卡类型来命名的，如 XF86_SVGA、XF86_VGA16、XF86_MONO 等。X Server 的实现可以是单线程的也可以是多线程的。现有的 X Server 种类包括 Workstation、X Terminal、PC X Server、Web Browser。
- X Client（X Application）：X Client 就是 X 中的应用程序。很多在其他桌面系统中属于系统的功能，在 X 中就只是一个 Client，特别是窗口管理器（WM，Windows Manager）。这种结构，使得 X 下的软件开发非常灵活。一个 X Client 若想要运行，必须打开一个显示器，连接一个 X Server，然后通过与 X Server 之间的通信来完成所有的工作。
- X Protocol：X Protocol 定义了应用和显示之间的客户/服务器关系。通过这个协议，应用与显示被分离开来。X Protocol 隐藏了操作系统和硬件的特殊性，这样大大简化了应用的开发和 X Window System 的可移植性。

GNOME（GNU Network Object Model Environment）是一个基于 UNIX 的桌面系统，最初的发展起源于 Linux 用户对一个方便桌面的需求。当时 Linux 虽然有 X 系统，但这与一个堪与 MS Windows 相媲美的桌面系统还相去甚远。Linux 的创始人 Linus 曾在不同的场合多次提到目前 Linux 发展的重点在桌面，而不在服务器。因为只有进入了桌面，才是真正的成功。

KDE（K Desktop Environment）是 Linux 上第一个真正的整合式 X Window 图形桌面环境，所有 KDE 计划的代码全部按 LGPL/GPL 发布。KDE 由以下三大部分组成：KDE 桌面环境、KDE 应用开发平台、KDE 办公套件。

GNOME 是 Red Hat Linux 安装时的默认选项，比起 KDE 其界面更加完整、友善，包含了开发工具、多媒体程序和其他工具组合。

Red Hat Linux 提供了切换这两种或更多种图形桌面系统的工具 Desktop Switcher，可由“主菜单”→System Settings→More System Settings→Desktop Switching Tool（如图 3-1 所示）来运行该工具，其窗口界面如图 3-2 所示。也可以在登录时，通过桌面底部的 Session 选项来切换桌面环境，如图 3-3 所示，并且可以设定启动时默认的图形桌面环境。

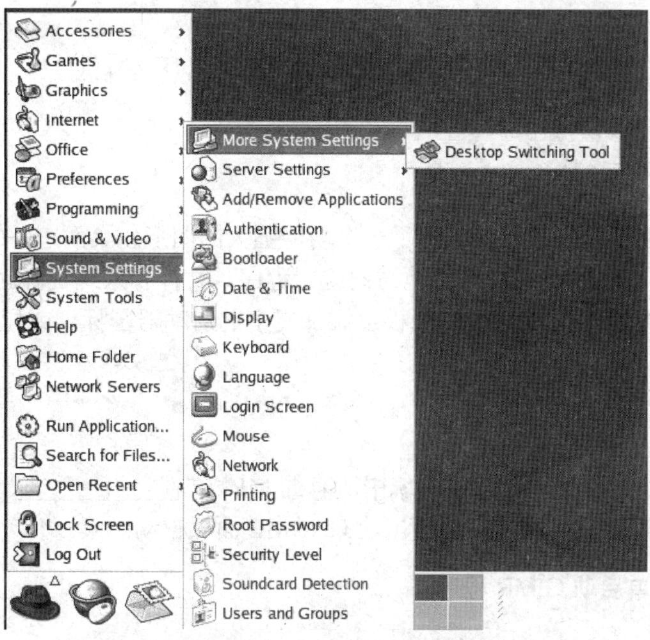

图 3-1　选择菜单命令 Desktop Switching Tool

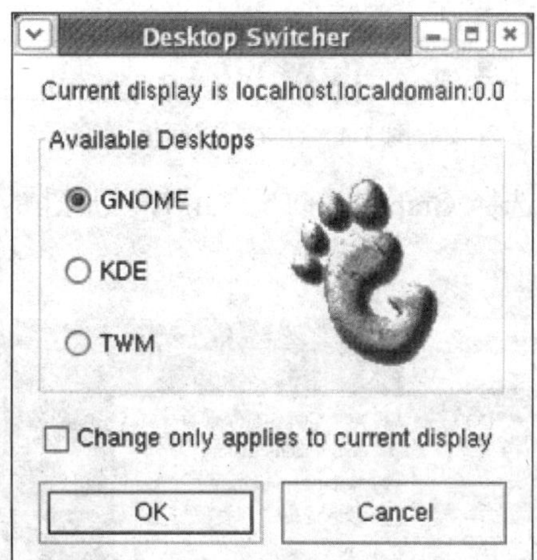

图 3-2　Desktop Switcher 对话框

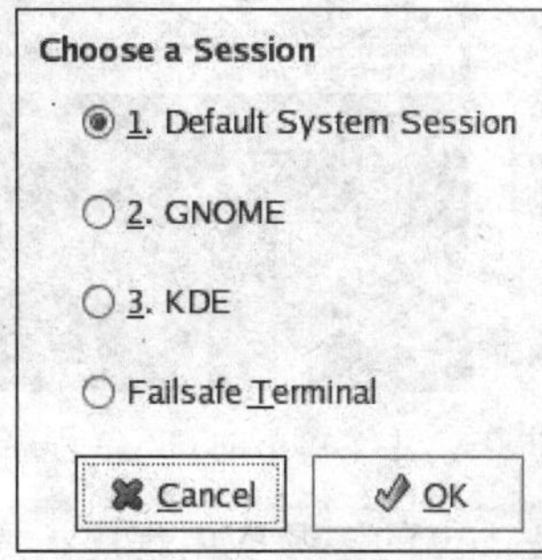

图 3-3　Session 对话框

3.1 任务 1 使用 GNOME 面板

任务说明：

Red Hat Linux 9 默认安装时就包括了一个功能强大的图形化桌面——GNOME。通过它可以像操作 Microsoft Windows 一样方便地访问应用程序、文件和系统资源。为了方便用户对桌面的应用，可以根据需要在 GNOME 面板上添加更多的启动器图标，或配置 GNOME 面板以方便操作。

任务要求：

- 会启动 GIMP 程序，查找出系统中所有的 MP3 文件。
- 在 GNOME 面板上添加启动器，让 GNOME 面板自动隐藏。

3.1.1 由主菜单启动 GIMP 程序

由主菜单启动 GIMP 程序的操作步骤如下：

（1）用鼠标单击如图 3-4 所示 GNOME 面板左侧的红帽子图标。

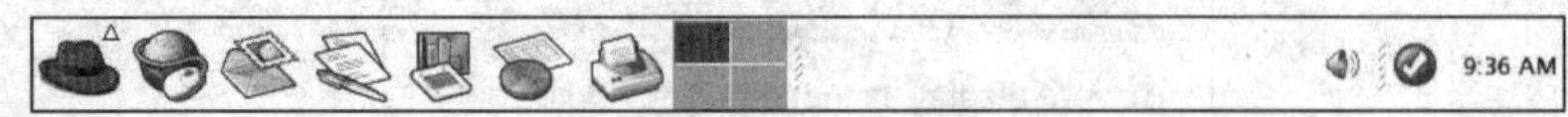

图 3-4 GNOME 面板

（2）在弹出的主菜单中选择 Graphics→The GIMP（如图 3-5 所示），就可以启动 GIMP 图形处理程序。

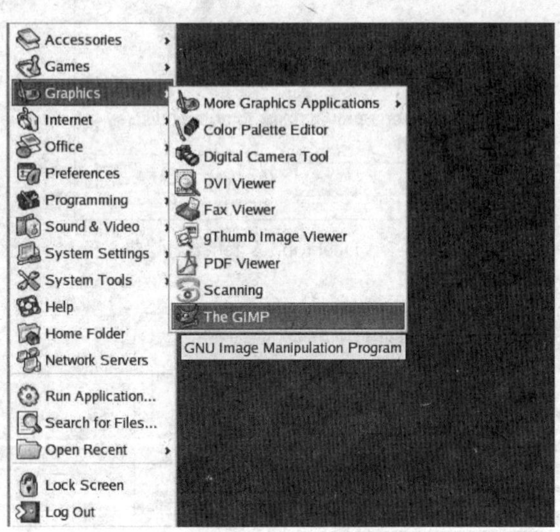

图 3-5 主菜单下的 GIMP 程序

在主菜单中可以启动 Red Hat Linux 的多数应用程序，还可以注销、锁住屏幕、从命令行运行应用程序及查找文件等。

3.1.2　查找 MP3 文件

为了将系统中所有的 MP3 文件（即以.mp3 结尾的文件）寻找出来，可以采用如下方法：

（1）单击 GNOME 面板左侧的红帽子图标，在弹出的主菜单中选择 Search for Files……。

（2）在如图 3-6 所示的应用程序窗口的“Name contains：”栏填写 mp3；为了能对整个 Linux 文件系统进行搜索，在“Look in folder：”栏将要搜索的路径改为根目录：/。

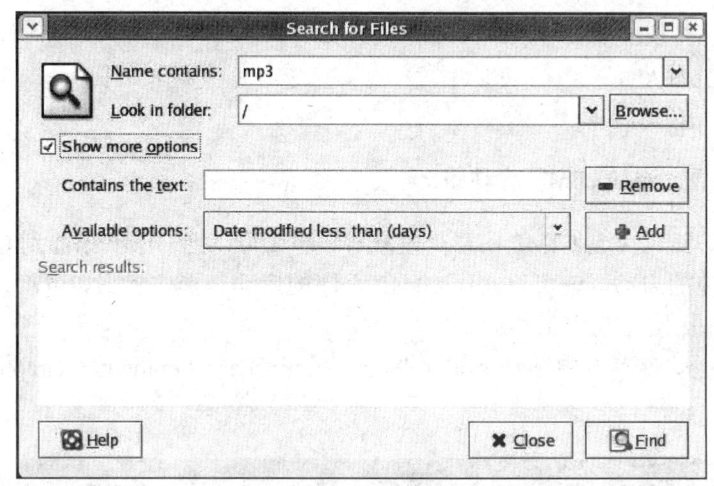

图 3-6　搜索文件的应用程序窗口

（3）单击 Find 按钮后，会显示所有查询到的文件。

3.1.3　使用面板上的启动器

启动器是放置在 GNOME 面板上的快捷方式，对于一些常用的应用软件，可以直接由这些启动器来运行，而不必进入到主菜单中一层一层地寻找程序。大大方便了桌面用户对各种图形软件的使用。在 GNOME 面板上放置有以下几个默认的启动器：

- Mozilla：网络浏览器。
- Evolution：电子邮件客户端软件。
- OpenOffice.org Writer：类似于 Word 的文字排版软件。
- OpenOffice.org Impress：类似于 PowerPoint 的电子幻灯片软件。
- OpenOffice.org Calc：类似于 Excel 的电子表格软件。
- 打印管理器：设置和监视打印机。

3.1.4　切换工作区

工作区就是可视的桌面区域，如图 3-7 所示。GNOME 面板上提供的工作区切换器是一个简单的小程序，在它的 4 个小区域中可以查看桌面上已打开窗口的缩略图，并且提供了切换使用多个工作区的能力，因此不必把所有运行着的应用程序都堆积在一个桌面区域。工作区切换器将会把每个工作区都显示为一个小方块，并在其上显示运行着的程序，深色的小方块对应着当前显示的桌面区域。

图 3-7 工作区切换器

可以用鼠标单击任何一个小方块来切换到对应的桌面区域上，也可以使用以下的键盘快捷键方式切换桌面：

- 上移：Ctrl+Alt+↑。
- 下移：Ctrl+Alt+↓。
- 左移：Ctrl+Alt+←。
- 右移：Ctrl+Alt+→。

3.1.5 在面板上添加 GIMP 启动器

如果桌面用户经常用到 GIMP 图形处理软件，那么可以把 GIMP 添加到 GNOME 面板上，以后只需点击对应的启动器就可以实现 GIMP 程序的启动。操作步骤如下：

（1）右击面板上未使用的区域。

（2）在弹出的快捷菜单中选择 Add to Panel→Launcher from menu→Graphics→The GIMP，如图 3-8 所示。

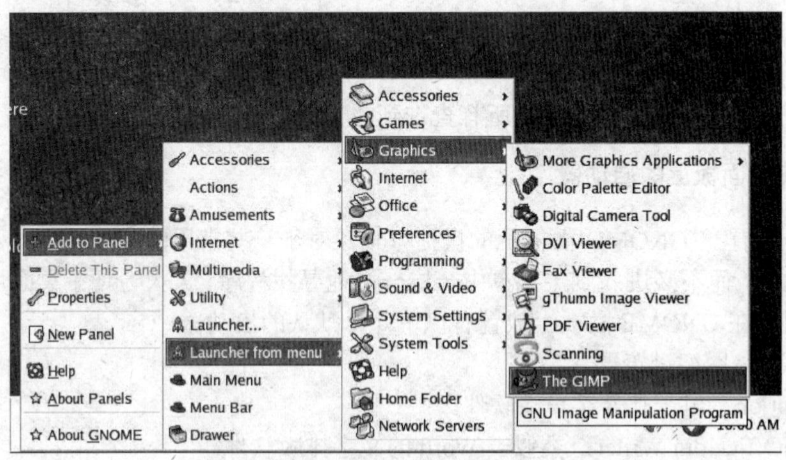

图 3-8 添加 GIMP 启动器

完成后，就会在 GNOME 面板上看见多出了一个启动器图标，如图 3-9 所示。

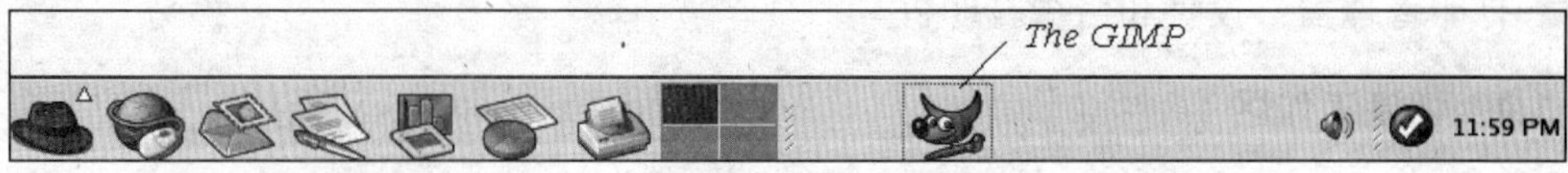

图 3-9 面板上的 GIMP 启动器

3.1.6 自动隐藏配置面板

在 Windows 操作系统中可以配置让任务栏自动隐藏。在 Linux 中也可以配置 GNOME 面板实现自动隐藏的功能，操作步骤如下：

（1）右击 GNOME 面板未使用的区域。

（2）在弹出的快捷菜单中选择 Properties 命令，如图 3-10 所示。

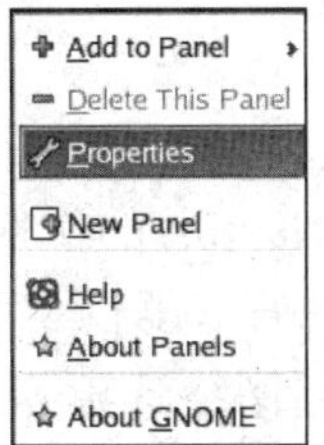

图 3-10　快捷菜单

（3）在弹出的 Panel Properties 对话框（如图 3-11 所示）中选中 Autohide 复选项，单击 Close 按钮完成设置。

图 3-11　Panel Properties 对话框

经过如此配置后的 GNOME 面板会自动隐藏起来，当鼠标移动到屏幕边缘的隐藏位置时，面板会自动浮现出来。

在 Panel Properties 对话框中还有许多其他的设置内容，如调整面板在屏幕上的位置（如图 3-12 所示），在高级设置中可以选择面板的样式、进行透明处理等。

图 3-12　设置面板的位置

3.2 任务 2 文件管理器 Nautils

任务说明：

Linux 的图形化桌面包含一个叫做 Nautils 的文件管理器，它提供了系统和个人文件的图形化显示。但它不仅仅是用于查看文件的管理器，还可以通过它进行桌面配置、系统配置、播放数码音乐和视频文件、浏览照片、访问网络资源等。

任务要求：

Nautils 的启动、通过 Nautils 管理文件和目录。

3.2.1 启动 Nautils

Nautils 不仅提供了高效的工作环境，还提供了一种漫游文件系统的方法。

可以通过双击桌面图标来启动 Nautils，当 Nautils 程序主窗口出现后，即可在主目录中或文件系统的其他位置漫游。单击 Home 按钮即可回到主目录。

在漫游文件系统的时候，可以随时通过侧栏来查看所在位置。设置显示侧栏的操作为选择 View→Side pane 命令或按 F9 键。侧栏里即时显示当前的目录，如图 3-13 所示。

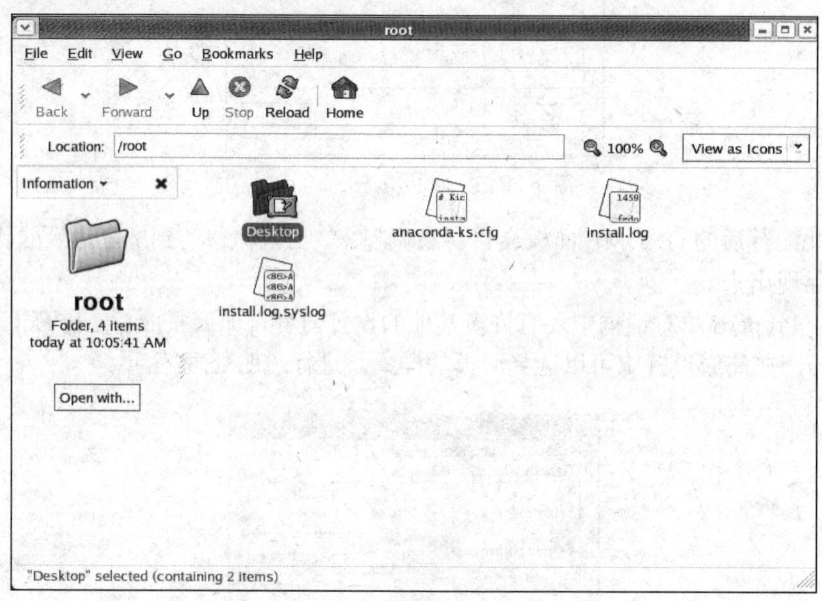

图 3-13 Nautils 工作窗口

3.2.2 新建目录

在 Nautils 中新建目录的步骤如下：

（1）右击 Nautils 主窗口的显示文件和目录缩略图区域的空白处，在弹出的快捷菜单中选择 Create Folder 命令。

（2）将 Untitled Folder 改为需要新建目录的名字。

（3）按回车键确认对目录名的更改。

3.2.3　复制、移动、删除文件和目录

在 Nautils 中复制、移动、删除文件和目录的操作与 Windows 一致，也有很多种操作方法。

1．键盘快捷键

复制：Ctrl+C

粘贴：Ctrl+V

剪切：Ctrl+X

删除：Del

2．鼠标右键

选定需要进行操作的文件和目录后，右击，在弹出的快捷菜单中有 Cut File、Copy File、Paste Files Into Folder、Move to Trash 等与文件及文件夹操作相关的命令，如图 3-14 所示。

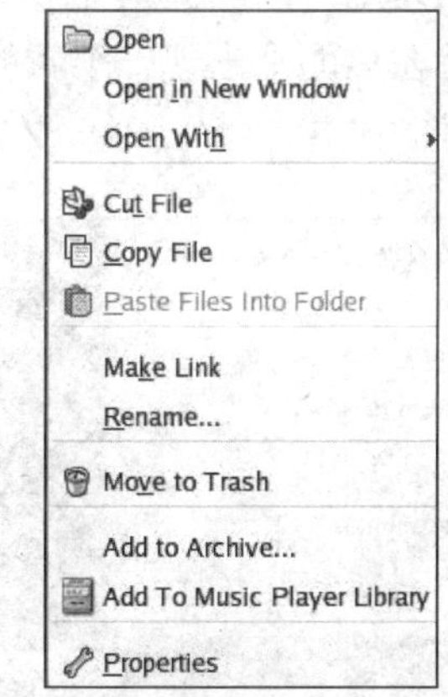

图 3-14　文件及目录的快捷操作菜单

3．鼠标左键

在两个 Nautils 窗口之间，可以通过鼠标拖放操作对文件和目录进行移动操作。在拖放的同时按住 Alt 键，则是对选定的文件和目录进行复制操作。

4．菜单命令

对文件和目录进行操作的菜单命令全部在 Nautils 主窗口的 Edit 下拉菜单中，其内容与图 3-14 的右键菜单类似。

在 Nautils 图形界面下删除的文件可以通过桌面上的回收站进行还原，对回收站中的文件和目录也可以进行复制、剪切和删除操作。

3.3　任务 3　使用 OpenOffice.org 办公软件

任务说明：

Red Hat Linux 9 提供的 OpenOffice.org 为一款功能强大的办公套件，其各种特性直逼

Windows 环境下的 Office 办公套件。我们可以通过 OpenOffice.org 在 Linux 中建立一个合适的办公环境，这样不仅可以处理文字、电子表格、演示文稿、图片，还能进行文件备份、传输、打印等操作。

任务要求：

doc 文档的编辑、xls 文档的编辑、U 盘中 ppt 文档的编辑、将文档转换为 PDF 文档、打印机的设置与使用。

3.3.1　使用 Writer 编辑光盘中的 doc 文档

OpenOffice.org 套件中的 Writer 可以实现编辑 Windows 操作系统中的 doc 文档。使用 OpenOffice.org Writer 来编写文档与使用 Word 文字处理器类似，允许格式化、设计、打印文档。在 Linux 中打开光盘中的 doc 文档，操作步骤如下：

（1）将软盘插入光驱后，右击桌面的空白区域。

（2）在弹出的快捷菜单中选择 Disks→CD-ROM 命令，如图 3-15 所示。该操作可以实现光盘的挂载（mount），挂载成功后就在桌面上出现一个新的 CD-ROM 图标，双击该图标，打开的新窗口内所查看到的就是光盘里的内容。

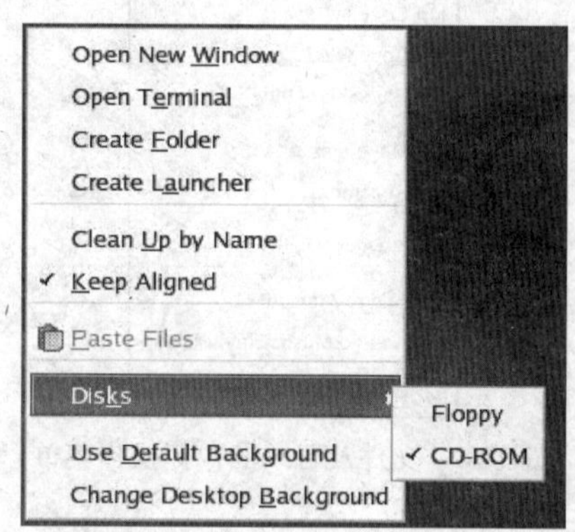

图 3-15　挂载光盘

如图 3-16 所示，其中有些文件的名字是“？”显示的，但实际上这些文件名在 Windows 操作系统中能正常显示为中文，而光盘也未损坏，中文文件名的显示存在一点问题。

为了让 Linux 正常显示光盘中的中文文件名，需要在终端中用命令的方式来挂载光盘。在重新挂载前，需要先对已挂载了的光盘进行卸载（umount）。右击桌面空白处，在弹出的快捷菜单中选择 Open Terminal 命令，在终端窗口中输入：

```
#mount -o iocharset=gb2312  /dev/cdrom /mnt/cdrom
```

其中，-o iocharset=gb2312 的作用就是让 Linux 支持光盘里文件名的中文显示。

挂载成功后，再浏览/mnt/cdrom 目录，就能正常显示中文文件名了。

（3）将光盘的 doc 文档复制到本地硬盘，双击打开 OpenOffice.org Writer 进行编辑。

（4）OpenOffice.org Writer 可以正常查看 doc 文档，如图 3-17 所示，并且可以在其中进行修改等一系列编辑操作。

图 3-16　显示光盘的内容

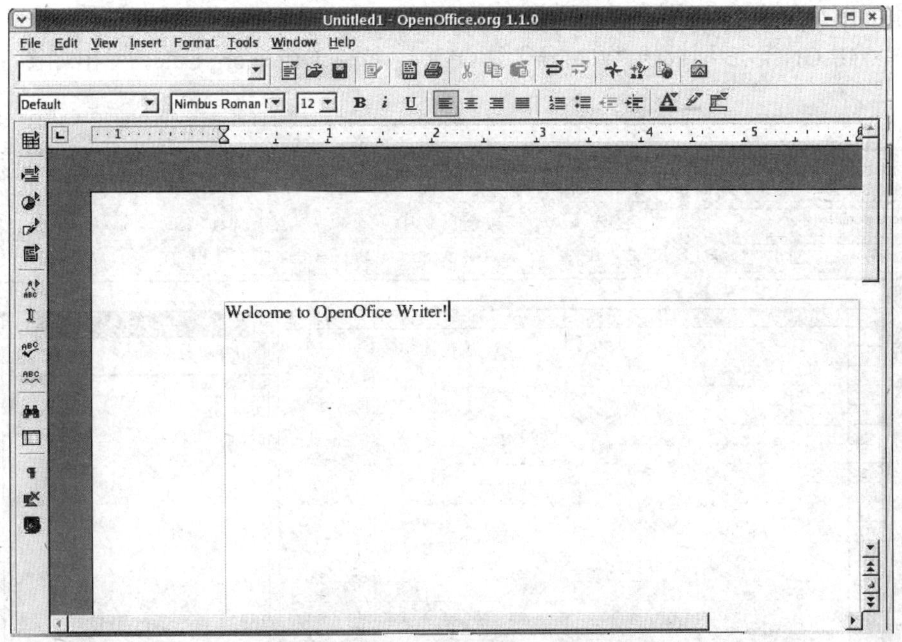

图 3-17　OpenOffice.org Writer 工作界面

（5）编辑完毕后，选择 File→Save as 命令进行保存。在 Linux 中虽然可以通过 Writer 打开 Word 文档，但有些排版格式还是不一样，如果提示是否保存为 OpenOffice.org 格式文档存盘，单击“否”按钮，将结果保存在原 doc 文档格式；如果单击“是”按钮，保存的就是 OpenOffice.org 的文档格式，Windows 下的 Word 是不能识别的。

（6）关闭 OpenOffice.org Writer 时，会出现如图 3-18 所示的提示信息，单击 Save 按钮即可。

图 3-18 退出 OpenOffice.org Writer

（7）最后要记得将光盘卸载掉。右击桌面上的 CDROM 图标，在弹出的快捷菜单中选择 Eject 命令；或右击桌面空白处，选择 Disks→CDROM 命令；或在终端中输入命令 umount /dev/cdrom 来实现光盘的卸载。

对外界存储设备中的文档进行过修改后，最后一定要记得卸载。因为 Linux 操作系统为了提高系统性能对文件采用了缓冲系统，这点与 Windows 是不一样的。

3.3.2 使用 Calc 编辑 xls 文档

从大型企业到家庭办公室，各行各业的专业人员都使用电子表格来保存记录、创建商业图标和处理数据。OpenOffice.org Calc 是一个软件电子表格应用程序，它允许在组织成行列的单元格（cell）中输入和处理数据。可以执行一组单元格的计算（如加减一列单元格），可根据单元格组来创建图表，甚至可以把电子表格数据融入文档来增加文档的可视性。

使用 Calc 来编辑 xls 文档的步骤如下：

（1）点击 GNOME 面板的“红帽子”→Office→OpenOffice.org Calc，弹出如图 3-19 所示的窗口。

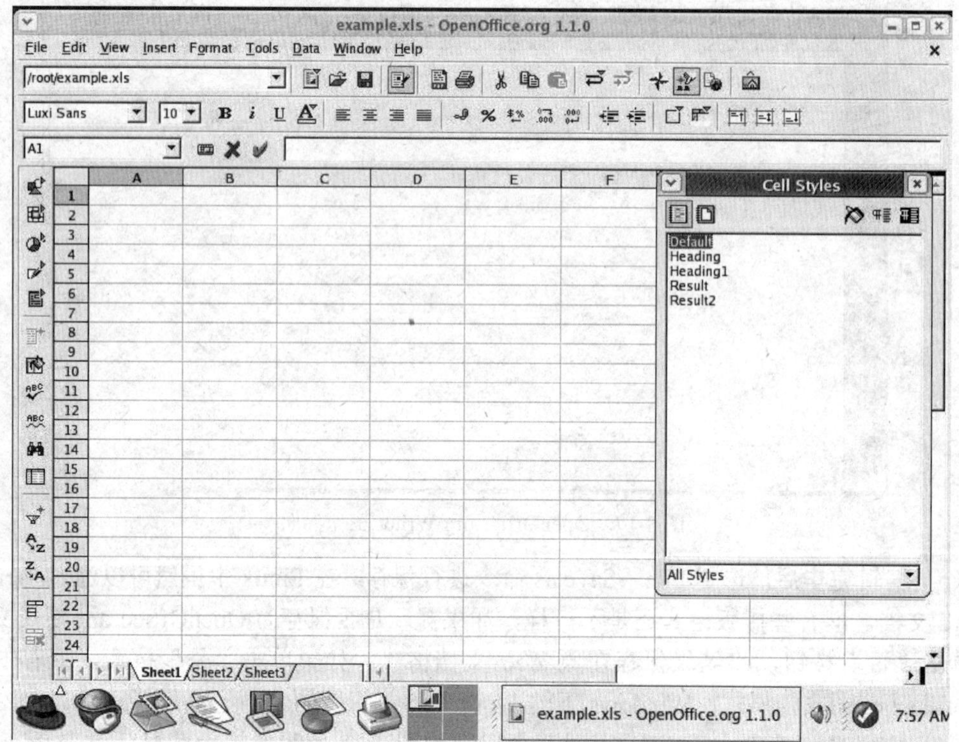

图 3-19 OpenOffice.org Calc 窗口

（2）编辑完毕后，选择 File→Save as 命令，弹出如图 3-20 所示的对话框。在 Linux 中虽然可能通过 Calc 打开 xls 文档，但有些排版格式还是不一样。将结果保存为原 xls 文档格式，也可以在 File type 中选择要保存的文件类型。

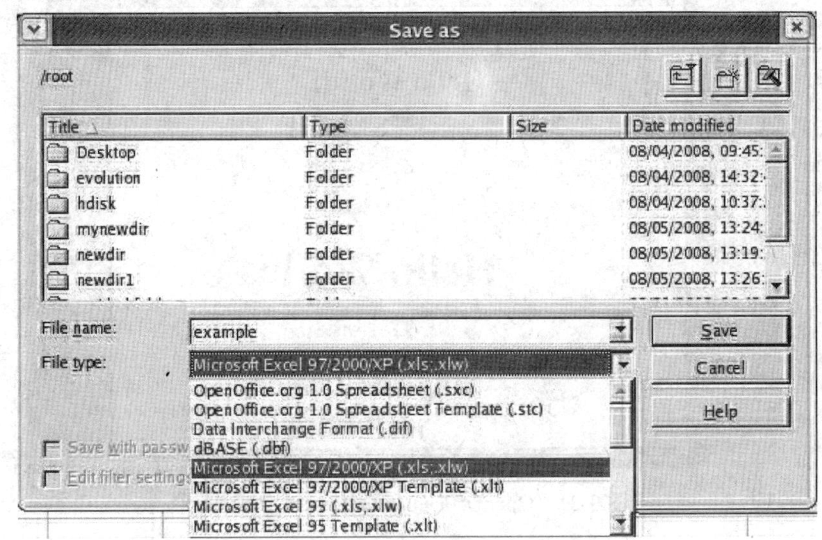

图 3-20　OpenOffice.org Calc 选择保存文件的类型

（3）关闭 Calc 程序。

3.3.3　使用 Impress 编辑 U 盘中的 ppt 文档

OpenOffice.org Impress 是一个软件电子幻灯片/演示文稿应用程序，它用于产品介绍、会议、演讲、教学培训等多种场合，类似于 Windows 下的 PowerPoint 办公软件。

使用 Impress 来编辑 U 盘中 ppt 文档的步骤如下：

（1）挂载 U 盘。在 Red Hat Linux 9 下会将 U 盘认为是 sds*设备，可以在终端中输入 dmesg 命令来获得具体的 U 盘设备名。在终端中输入命令：

```
#mount -O  iocharset=gb2312  /dev/sda   /mnt/u
```

以上命令将 U 盘挂载到 Linux 文件系统的/mnt/u 下，可以使用 Nautils 浏览/mnt/u 的结果。

（2）双击 example.ppt 文件，Impress 会自动打开它，如图 3-21 所示。

（3）编辑完毕后，选择 File→Save as 命令。在 Linux 中虽然可以通过 Impress 打开 PowerPoint 文档，但有些排版格式还是不一样，如有提示，单击“否”按钮，将结果保存为原 xls 文档格式；如果单击“是”按钮，保存的就是 OpenOffice.org 的文档格式，Windows 下的 Excel 是识别不了的。

（4）关闭 Impress 程序。

（5）为了使修改生效，还需要将挂载上的 U 盘卸载，在终端中输入命令：

```
#umount  /dev/sda
```

来实现对/dev/sda（也就是 U 盘）的卸载。

注意：在 Linux 下使用 U 盘，在拔出之前一定要先卸载，否则除了对文件的修改信息没有保存进 U 盘外，还可能会对 U 盘中原有的数据造成破坏。

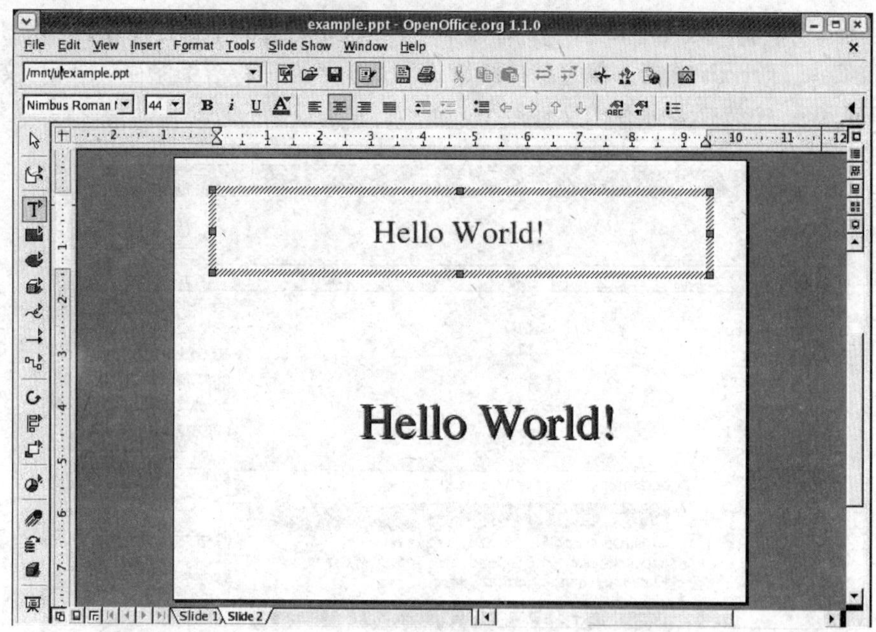

图 3-21 OpenOffice.org Impress 工作界面

3.3.4 将 doc 文档生成 PDF 文档

PDF（Portable Document Format，可移植文档格式）是一种电子文档映像标准，由 Adobe 公司开发并倡导使用，也是 Internet 上发行文档的标准格式之一。Adobe 公司的软件在出版界享有盛誉，特别在国际出版市场占有很大的份额。可以毫不夸张地说，没有 Adobe 的软件，美国的出版业将停止运转。

PDF 文档是国际出版业发行文档的标准，在 Internet 上也有许多电子书籍是采用 PDF 标准发布的。因为 PDF 已成为一种电子文档标准，在目前的 Windows、Mac OS 及 Linux 操作系统中都可以轻松查阅，而不用担心格式会发生改变等问题。因此在多种操作系统环境下交换及分发文档，PDF 是一个很好的解决方案。

在 Linux 中可以通过 Ghostview、xpdf 或 GGV 来阅读 PDF 文档，同时也可以非常方便地使用 OpenOffice.org 办公套件生成 PDF 文档。使用 Writer 可以将 doc 文档生成 PDF 文档、使用 Calc 可以将 xls 文档生成 PDF 文档、使用 Impress 可以将 ppt 文档生成 PDF 文档。

在 Linux 中将/root 目录中的一个 11.doc 文档生成 PDF 文档的步骤如下：

（1）使用 Nautils 浏览/root 目录，双击 Writer 打开其中的 11.doc 文档。

（2）选择 Writer 主菜单中的 File→Print…命令。

（3）如图 3-22 所示，在 Print 窗口中，选择打印机的 Name 为 PDF converter，再单击 OK 按钮。等待一段时间，就会在/root 下打印出一个 PDF 文件了。

（4）双击/root 下的 PDF 文件，就可以由 GGV 打开该 PDF 文档，如图 3-23 所示。

3.3.5 设置和使用本地打印机

打印机已被视为现代办公环境中必须的设备，而且随着网络在办公环境中的使用，一个办公室很可能是通过网络共享同一台打印机。Red Hat Linux 9 支持 5 种不同的打印机队列：

- 本地打印机：通过并口或 USB 端口直接连接在计算机上的打印机。
- UNIX 打印机（lpd 假脱机）：连接在一个 UNIX 系统上的打印机，可以通过 TCP/IP 的网络环境接入。
- Windows 打印机（SMB）：连接在通过 SMB 共享系统上的打印机。如连接在 Windows 操作系统上的打印机。
- Novell 打印机（NCP 队列）：连接在使用 Novell 的 NetWare 网络操作系统上的打印机。
- JetDirect 打印机：直接连接在网络上，而不是计算机上的打印机。

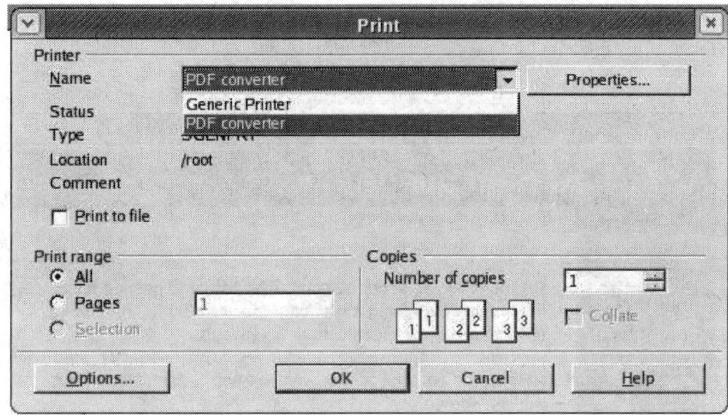

图 3-22　Print 对话框

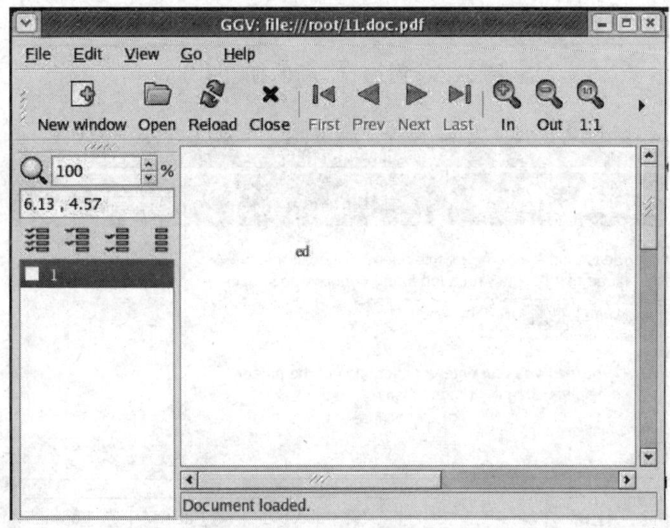

图 3-23　查看 PDF 文档

在 Linux 中添加一台本地打印机的步骤如下：

（1）单击面板上的“红帽子”图标，选择“主菜单”→System Settings→Printing。

（2）弹出如图 3-24 所示的窗口，单击工具栏上的 New 按钮。

（3）在弹出的如图 3-25 所示的 Add a new print queue 向导中，单击 Forward 按钮。

（4）在如图 3-26 所示的 Queue name 对话框中填写打印机名称等信息，单击 Foreward 按钮。

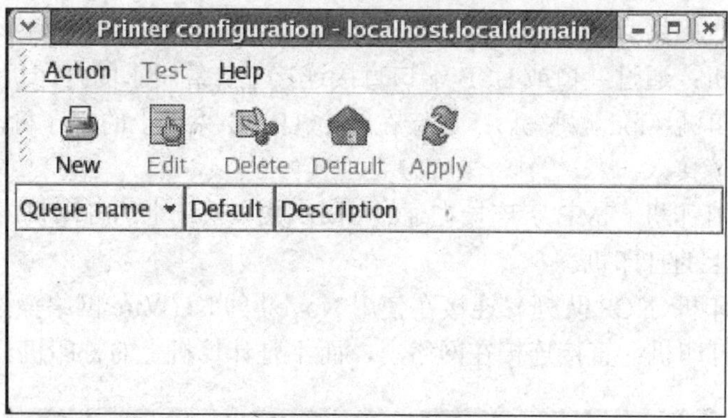

图 3-24　打印机配置

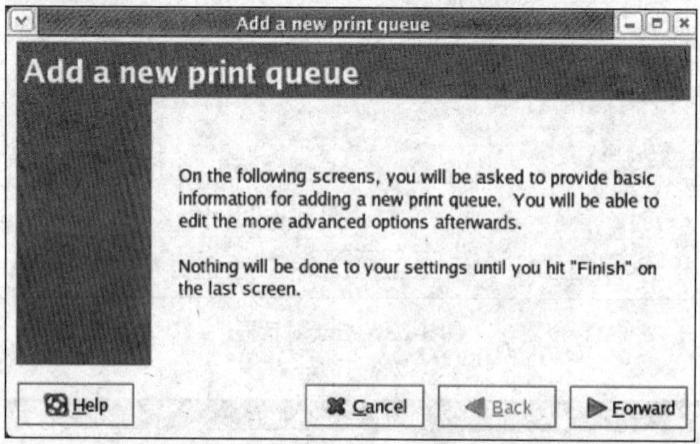

图 3-25　添加一个新的打印队列

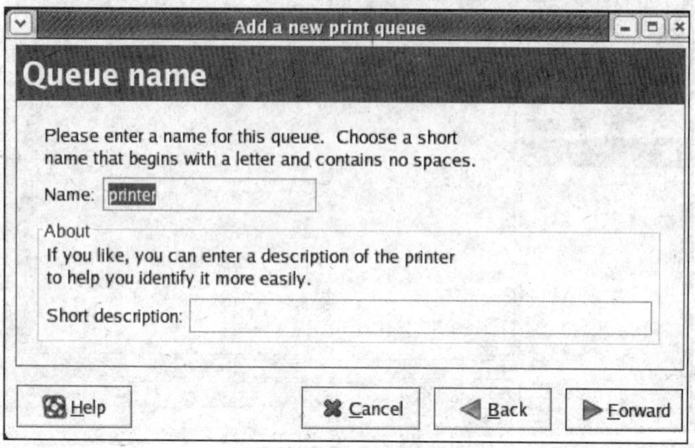

图 3-26　输入队列名称

（5）在如图 3-27 所示的 Queue type 对话框中，选择 Locally-connected，并确认选择的是 /dev/lpo（串口）设备，单击 Forward 按钮。

（6）在如图 3-28 所示的 Printer model 对话框中，选择对应的打印机制造商和型号，单击 Forward 按钮。

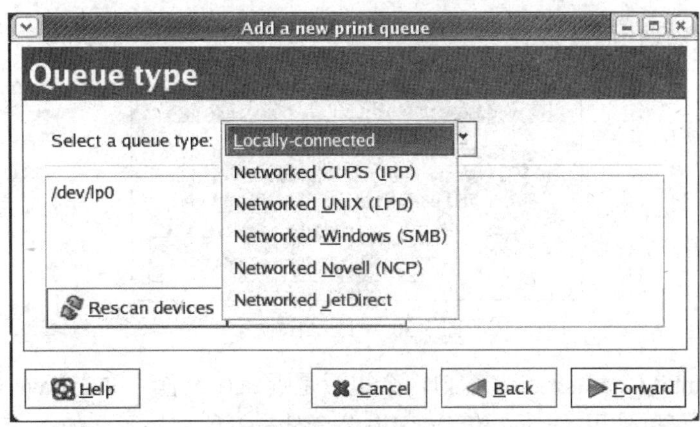

图 3-27　选择队列类型

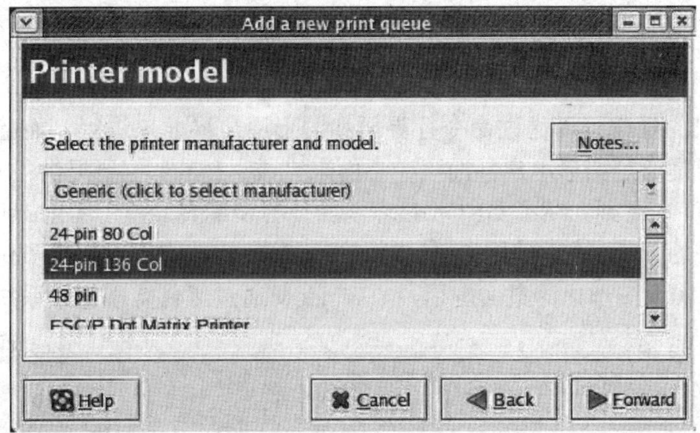

图 3-28　选择打印机型号

（7）确认对打印机队列的创建，如果没有问题，单击 Finish 按钮完成创建操作，如图 3-29 所示。

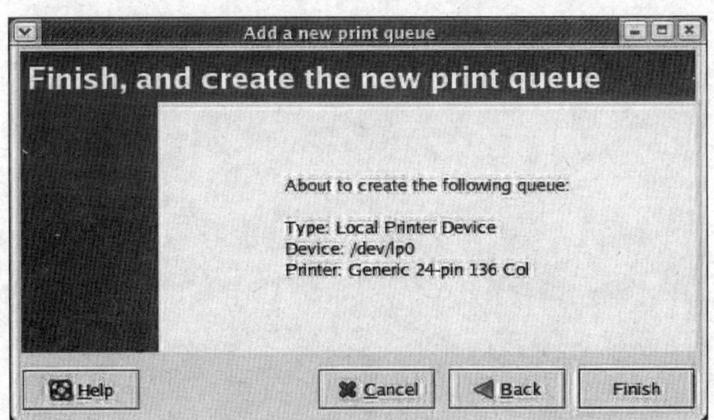

图 3-29　完成打印机的设置

（8）如图 3-30 所示，单击 Yes 按钮打印测试页。如果能正常打印出测试页，则说明刚刚创建的打印队列可以使用了。

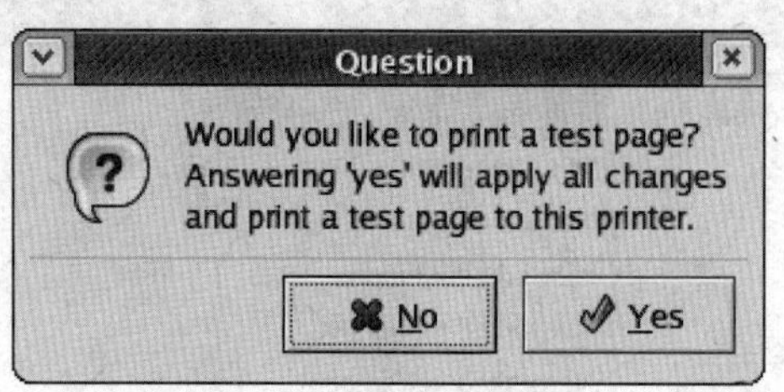

图 3-30 打印测试页

（9）关闭 Printer Configuration 窗口，会提示是否保存设置，单击 Save 按钮即可。

（10）现在就可以使用 OpenOffice.org 办公套件来打印文档了。如在 Writer 主界面选择 File→Print 命令，在弹出的对话框中可以选择刚配置的<printer>打印队列来实现文档的打印。

3.4 本章小结

用户对计算机的操作可以通过命令行界面和图形用户界面来进行，而普通计算机用户对计算机的操作主要是通过图形用户界面——桌面来完成。Linux 主要提供了 GNOME 和 KDE 两种集成桌面环境，本章则介绍了 GNOME 环境的使用和配置。在图形用户环境中使用 Nautils 进行文件和文件夹的管理。通过使用 OpenOffice.org 办公软件实现日常电子化办公操作。Linux 中通过 X Window 实现图形化的桌面应用，X Window 通过组件实现整个系统的协同工作。

第 4 章　文件系统管理

本章知识点：

- Linux 各种文件系统的特点
- 目录和结构
- 权限系统模型

本章重点

- 安装各种类型的文件系统
- 创建各种类型的文件系统
- 卸载各种类型的文件系统
- 修改文件和目录的权限

任何一个操作系统的运行都离不开对文件的操作，因此每一个操作系统都必然拥有并维护自己的文件系统；文件系统指文件存在的物理空间，Linux 系统中每个分区都是一个文件系统，都有自己的目录层次结构。Linux 会将这些分属不同分区的、单独的文件系统按一定的方式形成一个系统的、总的目录层次结构。

Linux 最重要的特征之一就是支持多种文件系统，这个特征赋予了它更大的灵活性，并可以和许多其他操作系统共存。Virtual File System（虚拟文件系统）使得 Linux 可以支持多个不同的文件系统。由于系统已将 Linux 文件系统的所有细节进行了转换，所以 Linux 核心的其他部分及系统中运行的程序将看到统一的文件系统。Linux 的虚拟文件系统允许用户同时能透明地安装许多不同的文件系统。虚拟文件系统是为 Linux 用户提供快速且高效的文件访问服务而设计的。

4.1　任务 1　了解 Linux 文件系统

Linux 文件系统使用索引节点来记录文件信息。

索引节点是一个结构，它包含了一个文件的长度、创建及修改时间、权限、所属关系、磁盘中的位置等信息。一个文件系统维护了一个索引节点的数组，每个文件或目录都与索引节点数组中的惟一一个元素对应。系统给每个索引节点分配了一个号码，也就是该节点在数组中的索引号，称为索引节点号。

Linux 文件系统将文件索引节点号和文件名同时保存在目录中。所以，目录只是将文件的名称和它的索引节点号结合在一起的一张表，目录中每一对文件名称和索引节点号称为一个连接。

对于一个文件来说，有惟一的索引节点号与之对应，但对于一个索引节点号却可以有多个文件名与之对应。因此，在磁盘上的同一个文件可以通过不同的路径去访问它。

4.1.1 了解文件系统类型

随着 Linux 的不断发展，它所支持的文件格式系统也在迅速扩充。特别是 Linux 2.4 内核正式推出后，出现了大量新的文件系统，其中包括日志文件系统 ext3、ReiserFS、XFSJIFS 和其他文件系统。Linux 系统核心可以支持十多种文件系统类型：JFS、ReiserFS、ext、ext2、ext3、ISO9660、XFS、Minx、MSDOS、UMSDOS、VFAT、NTFS、HPFS、NFS、SMB、SysV、PROC 等。

下面介绍 Linux 下几种最常用的文件系统，其中包括 ext、ext2、ext3、JFS、XFS、ReiserFS 等。

1. ext 文件系统

ext 是第一个专门为 Linux 开发的文件系统类型，叫做扩展文件系统。它是 1992 年 4 月完成的，对 Linux 早期的发展产生了重要作用。但是，由于其在稳定性、速度和兼容性上存在许多缺陷，现在已经很少使用了。

2. ext2 文件系统

ext2 是为解决 ext 文件系统的缺陷而设计的可扩展的、高性能的文件系统，它又被称为二级扩展文件系统。

ext2 是 1993 年发布的，设计者是 Rey Card。它是 Linux 文件系统类型中使用最多的格式，并且在速度和 CPU 利用率上较为突出，是 GNU/Linux 系统中标准的文件系统。它存取文件的性能极好，对于中、小型的文件更能显示出优势，这主要得益于其簇快取层的优良设计。ext2 支持 256 字节的长文件名，其单一文件大小和文件系统本身的容量上限与文件系统本身的簇大小有关。在常见的 Intel x86 兼容处理器系统中，簇最大为 4KB；单一文件大小上限为 2048GB，而文件系统的容量上限为 6384GB。尽管 Linux 可以支持种类繁多的文件系统，但是 2000 年以前几乎所有的 Linux 发行版本都使用 ext2 作为默认的文件系统。

不过 ext2 也有一些问题。由于它的设计者主要考虑的是文件系统性能方面的问题，而在写入文件内容的同时，并没有写入文件的 meta-data（和文件有关的信息，例如权限、所有者及创建和访问时间）。换句话说，Linux 先写入文件的内容，然后等到有空的时候才写入文件的 meta-data；如果出现写入文件内容之后，在写入文件的 meta-data 之前系统突然断电，就可能造成文件系统处于不一致的状态。在一个有大量文件操作的系统中，出现这种情况会导致很严重的后果。另外，由于目前 Linux 2.4 的内核所能使用的单一分区最大只有 2048GB，尽管文件系统的容量上限为 6384GB，但实际上能使用的文件系统容量最多也只有 2048GB。

3. ext3 文件系统

在讲解 ext3、JFS、XFS、ReiserFS 日志格式文件系统之前，先介绍一些日志式文件系统基础。

日志式文件系统起源于 Oracle、Sybase 等大型数据库。由于数据库操作往往是由多个相关的、相互依赖的子操作组成，任何一个子操作的失败都意味着整个操作的无效，对数据库数据的任何修改都要恢复到操作以前的状态。Linux 日志式文件系统就是由此发展而来的。日志文件系统通过增加一个叫做日志的、新的数据结构来解决这个 fsck 问题，这个日志就是位于磁盘上的结构。在对元数据做任何改变以前，文件系统驱动程序会向日志中写入一个条目，这个条目描述了它将要做些什么，所以日志文件具有可伸缩性和健壮性。在分区中保存日志记录文件的好处是：文件系统写操作首先是对记录文件进行操作；若整个写操作由于某种原因（如系统断电）而中断，则在下次系统启动时就会读日志记录文件的内容，恢复到没有完成的写操作，这个过程一般只需要两三分钟的时间。

ext3 是由开放资源社区开发的日志文件系统，早期的主要开发人员是 Stephen Tweedie。ext3 被设计成是 ext2 的升级版本，尽可能方便用户从 ext2 向 ext3 迁移。ext3 在 ext2 的基础上加入了记录元数据的日志功能，努力保持向前和向后的兼容性，也就是在保有目前 ext2 的格式之下再加上日志功能。和 ext2 相比，ext3 提供了更佳的安全性，这就是数据日志和元数据日志之间的不同。ext3 是一种日志式文件系统，日志式文件系统的优越性在于由于文件系统都有快取层参与运作，如不使用时必须将文件系统卸下，以便将快取层的资料写回磁盘中。因此，每当系统要关机时，必须将其所有的文件系统全部卸下后才能进行关机。如果在文件系统尚未卸下前就关机（如停电），那么重开机后就会造成文件系统的资料不一致，故这时必须做文件系统的重整工作，将不一致与错误的地方修复。然而，这个过程是相当耗时的，特别是容量大的文件系统不能百分之百保证所有的资料都不会流失，特别在大型的服务器上可能会出现问题。除了与 ext2 兼容之外，ext3 还通过共享 ext2 的元数据格式继承了 ext2 的其他优点。比如，ext3 用户可以使用一个稳固的 fsck 工具。由于 ext3 基于 ext2 的代码，所以它的磁盘格式和 ext2 的相同，这意味着一个干净卸装的 ext3 文件系统可以作为 ext2 文件系统毫无问题地重新挂装。如果现在使用的是 ext2 文件系统，并且对数据安全性要求很高，这里建议考虑升级使用 ext3。

ext3 最大的缺点是它没有现代文件系统所具有的、能提高文件数据处理速度和解压的高性能。此外，使用 ext3 文件系统要注意硬盘限额问题。

4. JFS 文件系统

JFS 是一种提供日志的字节级文件系统。该文件系统主要是为满足服务器（从单处理器系统到高级多处理器和群集系统）的高吞吐量和可靠性需求而设计、开发的。JFS 文件系统是为面向事务的高性能系统而开发的。在 IBM 的 AIX 系统上，JFS 已经过较长时间的测试，结果表明它是可靠、快速和容易使用的。2000 年 2 月，IBM 宣布在一个开放资源许可下移植 Linux 版本的 JFS 文件系统。JFS 也是一个有大量用户安装使用的企业级文件系统，具有可伸缩性和健壮性。与非日志文件系统相比，它的突出优点是快速重启能力，JFS 能够在几秒或几分钟内就把文件系统恢复到一致状态。虽然 JFS 主要是为满足服务器（从单处理器系统到高级多处理器和群集系统）的高吞吐量和可靠性需求而设计的，但还可以用于想得到高性能和可靠性的客户机配置，因为在系统崩溃时 JFS 能提供快速文件系统重启时间，所以它是因特网文件服务器的关键技术。使用数据库日志处理技术，JFS 能在几秒或几分钟之内把文件系统恢复到一致状态；而在非日志文件系统中，文件恢复可能要花费几小时或几天时间。

JFS 的缺点是使用 JFS 日志文件系统性能上会有一定损失，系统资源占用的比率也偏高，因为当它保存一个日志时，系统需要写许多数据。

5. ReiserFS 文件系统

ReiserFS 的第一次公开亮相是在 1997 年 7 月 23 日，Hans Reiser 把他的基于平衡树结构的 ReiserFS 文件系统在网上公布。

ReiserFS 3.6.x（作为 Linux 2.4 一部分的版本）是由 Hans Reiser 和他的 Namesys 开发组共同开发设计的，SuSELinux 也对它的发展起了重大的作用。Hans 和他的组员们相信最好的文件系统是能够有助于创建独立的共享环境或命名空间的文件系统，应用程序可以在其中更直接、有效和有力地相互作用。为了实现这一目标，文件系统就应该满足使用者对性能和功能方面的需要。那样使用者就能够继续直接地使用文件系统，而不必建造运行在文件系统之上（如数据库之类）的特殊目的层。ReiserFS 使用了特殊的、优化的平衡树（每个文件系统一个）来组织所有的文件系统数据，这为其自身提供了非常不错的性能改进，也能够减轻文件系统设计上的人为约束。另一个使用平衡树的好处就是，ReiserFS 能够像其他大多数的下一代文件系统一样，根据需要动态地分配索引节点，而不必在文件系统创建时建立固定的索引节点；这有助于文件系统更灵活地适应面临的各种存储需要，同时提供附加的空间有效率。

ReiserFS 被看做一个更加激进和现代的文件系统。传统的 UNIX 文件系统是按磁盘块来进行空间分配的，对于目录和文件等的查找使用了简单的线性查找。这些设计在当时是合适的，但随着磁盘容量的增大和应用需求的增加，传统文件系统在存储效率、速度和功能上已显得落后。在 ReiserFS 的下一个版本——Reiser4，将提供对事务的支持。ReiserFS 突出的地方还在于其设计上着眼于实现一些未来的插件程序，这些插件程序可以提供访问控制列表、超级链接以及一些其他非常不错的功能。

ReiserFS 一个最受批评的缺点是，每升级一个版本都要将磁盘重新格式化一次，而且它的安全性和稳定性与 ext3 相比有一定的差距。因为 ReiserFS 文件系统还不能正确处理超长的文件目录，如果创建一个超过 768 字符的文件目录，并使用 ls 或其他 echo 命令，将有可能导致系统挂起。

6. XFS 文件系统

XFS 是一种非常优秀的日志文件系统，它是由 SGI 于 20 世纪 90 年代初开发的。XFS 推出后被业界称为先进的、最具可升级性的文件系统技术。它是一个全 64 位、快速、稳固的日志文件系统，多用于 SGI 的 IRIX 操作系统。当 SGI 决定支持 Linux 社区时，它将关键的基本架构技术授权于 Linux，以开放资源形式发布了他们自己拥有的 XFS 的源代码，并开始进行移植。此项工作进展得很快，目前已进入 beta 版阶段。作为一个 64 位文件系统，XFS 可以支持超大数量的文件（9000×1GB），可在大型 2D 和 3D 数据方面提供显著的性能。XFS 有能力预测其他文件系统薄弱环节，同时提供了在不妨碍性能的情况下增强可靠性和快速的事故恢复。

XFS 可为 Linux 和开放资源社区带来如下新特性：

- 可升级性。XFS 被设计成可升级，以面对大多数的存储容量和 I/O 存储需求；可处理大型文件和包含巨大数量文件的大型目录，以满足 21 世纪快速增长的磁盘需求。XFS 有能力动态地为文件分配索引空间，使系统形成高效支持大数量文件的能力。在它的支持下，用户可使用的文件远远大于现在最大的文件系统。
- 优秀的 I/O 性能。典型的现代服务器使用大型的条带式磁盘阵列，以提供达数 GB/秒的总带宽。XFS 可以很好地满足 I/O 请求的数量。XFS 可作为 root 文件系统，并被 LILO 支持，也可以在 NFS 服务器上使用，并支持软件磁盘阵列（RAID）和逻辑卷管理器（LVM，Logical Volume Manager）。SGI 最新发布的 XFS 为 1.0.1 版。

由于 XFS 比较复杂，实施起来有一些难度（包括人员培训等），所以目前 XFS 主要应用于 Linux 企业应用的高端。

7. 其他文件系统

上面介绍了 6 种主要文件系统，下面简单介绍一些其他文件系统。

- Minix 是 Linux 支持的第一个文件系统，对用户有很多限制，性能低下，有些没有时间标记，文件名最长 14 个字符。Mink 文件系统最大的缺点是只能使用 64MB 的硬盘分区，所以目前已经没有人使用它了。
- Xia 是 Mimix 文件系统修正后的版本，在一定程度上解决了文件名和文件系统大小的局限。但是没有新的特色，目前很少有人使用。
- ISO9660 标准 CDROM 文件系统，通用的 Rockmdge 增强系统，允许长文件名。
- NFS Sun 公司推出的网络文件系统，允许多台计算机之间共享同一文件系统，易于从所有这些计算机上存取文件。
- SysV 是 System V/Coherent 在 Linux 平台上的文件系统。

除了上面这些 Linux 文件系统外，Linux 也支持基于 Windows 和 Netware 的文件系统，例如 UMSDOS、MSDOS、VFAT、HPFS、SMB 和 NCPFS 等；兼容这些文件系统对 Linux 用户也是很重要的，毕竟在桌面环境下 Windows 文件系统还是很流行的，而 Netware 网络也有许多用户，Linux 用户也需要共享这些文件系统的数据。下面简单介绍一下基于 Windows 和 Netware 的文件系统。

- UMSDOS Linux 下的扩展 MSDOS 文件系统驱动，支持长文件名、所有者、允许权限、连接和设备文件。允许一个普通的 MSDOS 文件系统用于 Linux，而且无须为它建立单独的分区。
- MSDOS 是在 DOS、Windows 和某些 OS/2 操作系统上使用的一种文件系统，其名称采用“8+3”的形式，即 8 个字符的文件名加上 3 个字符的扩展名。
- VFAT 是 Windows 9x 和 Windows NT/2000 下使用的一种 DOS 文件系统，其在 DOS 文件系统的基础上增加了对长文件名的支持。
- HPFS：高性能文件系统（High Performance File System，HPFS）是微软的 LAN Manager 中的文件系统，同时也是 IBM 的 LAN Server，和 OS/2 的文件系统。HPFS 能访问较大的硬盘驱动器，提供了更多的组织特性，并改善了文件系统的安全特性。
- SMB 是一种支持 WindowsforWorkgroups、Windows NT 和 LAN Manager 的基于 SMB 协议的网络操作系统。
- NCPFS 是一种 Novell NetWare 使用的协议的网络操作系统。
- NTFS 是 Windows NT/2000 操作系统支持的、一个特别为网络和磁盘配额、文件加密等管理安全特性设计的磁盘格式。

4.1.2　观察 Linux 目录结构

在 Linux 系统的默认状态下，在根目录中输入：

```
ls  -l
```

可以看到如图 4-1 所示的画面。

从属性的角度来看，上面的文件名每个都是“目录名称”，较为特殊的是 root，由于 root 这个目录是管理员 root 的主目录。一般要设定成较为严密的 700(rwx----)这个属性才认为是安全的。如果以较为完整的树状目录来观察的话，可以将整个 Linux 的树状目录绘制成如图 4-2 所示的目录树。

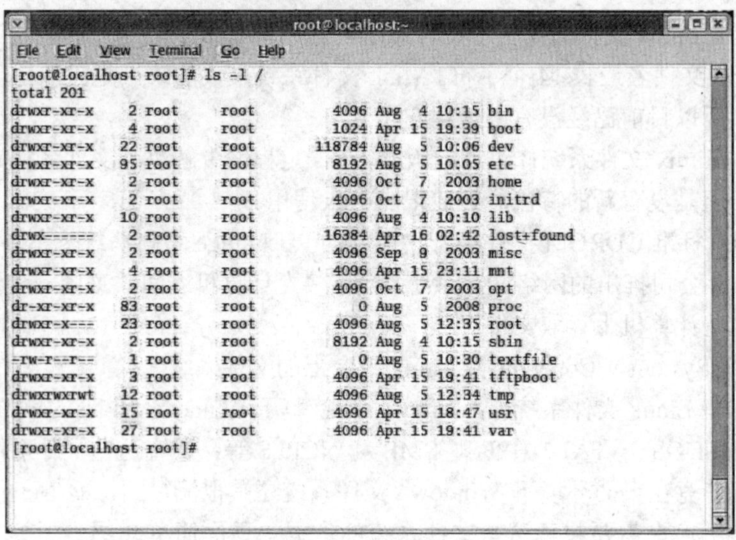

图 4-1 根目录下的目录

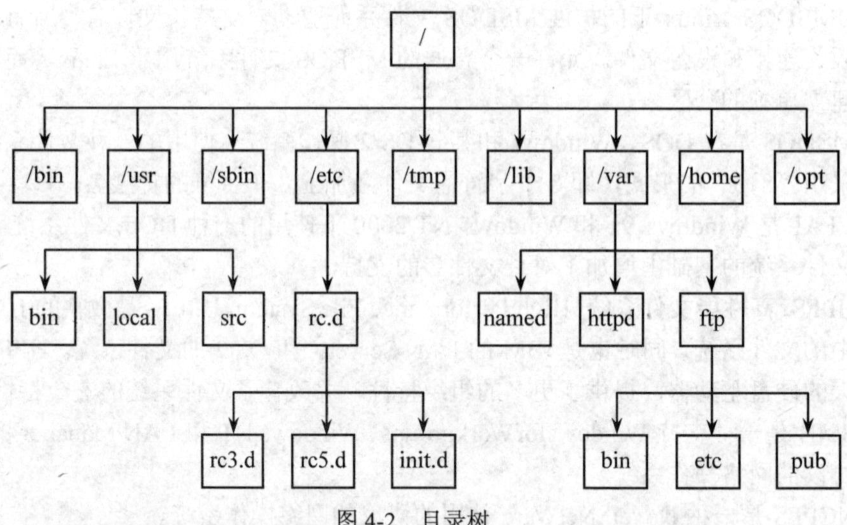

图 4-2 目录树

注意：每个目录都是依附在“/”这个根目录下的，所以在安装时一定要有一个“/”对应的分区才能安装的原因即在于此，这也就是我们常称的“树状目录”。

每个目录的大致内容如表 4-1 所示。

表 4-1 Linux 主要的目录内容

目录	说明
/bin	这是放置 ls、mv、mkdir、rmdir、gzip、tar、telnet 及 ftp 等常用的可执行文件的地方（这些可执行文件的执行方法会在后面提到），有时这个目录的内容与/usr/bin 是一样的（有时甚至会使用符号连结），是给一般使用者存放使用命令程序的地方
/boot	这里是放置 Linux 核心与开机相关文件的地方，这个目录下的 vmlinuz-xx 就是 Linux 的 Kernel 非常重要的文件。如果开机时管理程序选择 grub，那么这个目录内还有/boot/grub 子目录

续表

目录	说明
/dev	存放一些与设备有关的文件。基本上 UNIX 或 Linux 系统均把设备当成一个文件来对待，例如/dev/fd0 代表软盘驱动器，即 Windows 系统下的 A 驱动器，而/dev/cdrom 则代表光盘驱动器等。如上所述，在这个目录下的文件类型通常分为两种，分别是管理磁盘 Input/Output 的 Block 文件与周边的 Character 文件
/etc	系统在开机过程中需要读取的文件均在这个目录中，例如 Lilo 的参数、用户的账号与密码、系统的主要配置文件、一些常用服务器的配置文件等都在这个目录中，所以在这个目录下工作的时候，请牢记一定备份，否则文件被改掉了是很麻烦的
/etc/rc.d	这个路径主要记录一些开关机过程中的 scripts 文件，scripts 有点像 DOS 下的批处理文件（.bat 扩展名）
/etc/rc.d/init.d	服务默认的启动脚本都是放在这里的，例如要启动和关闭 iptables，则可以用： /etc/rc.d/init.d/iptables start /etc/rc.d/init.d/iptables stop
/etc/xinetd.d	这个路径在较新的 Linux 发布版本中才有，由于早期的版本用来开启服务的档案是 inetd.conf，但在较新的版本中，开启服务的项目已经变成使用 xinetd.conf 这个文件，因此，若需要启动一些额外的服务，在 Mandrake 9.0 或者是 Red Hat 7.0 以后就要到/ect/xinetd.d 这个目录下了
/etc/X11	这是与 X Windows 有关的设定文件所在的目录，尤其里面的 XF86Config-4 更是重要
/home	基本上，这是系统默认的使用者的主目录（Home Directory），在新增一般使用者账号时，默认的使用者主目录都在这里设置好
/lib	在 Linux 执行或编译一些程序的时候，均会使用到一些程序类库（Library），它们就在这个目录下
/lost+found	系统不正常产生错误时，会将一些遗失的片段放置于此目录下，通常这个目录会自动出现在设备目录下。例如在/disk 中加装一个硬盘，那么在这个目录下就会自动产生一个目录/disk/lost+found
/mnt	这是软盘与光盘默认挂载点的地方，通常软盘挂在/mnt/floppy 下，而光盘挂在/mnt/floppy 下。不过也不是一成不变的，也可以按照自己的意愿找一个地方来挂载
/proc	系统核心与执行程序的一些信息，例如网络状态的问题。这个目录将在启动 Linux 时自动地被挂上，而且该目录不占据硬盘空间，因为里面都是内存资料
/root	系统管理员的主目录
/sbin	存放一些系统管理常用的程序，例如：fdisk、mke2fs、fsck、mkswap、mount 等。与/bin 不太一样的地方，这个目录下的程序通常是给 root 等系统管理员使用的程序
/tmp	这是一般使用者暂时存放文件的地方，例如在安装 Linux 下的软件时，可能软件默认的工作目录就是/tmp，所以应该养成定期清理的好习惯，当然，重要资料最好不要放在这里
/usr	这是最重要的一个目录，里面含有相当多的系统信息，里面有许多目录用来存放程序与指令。这个目录与 Windows 下的 Program Files 目录相似
/ usr/bin	放置可执行程序，如前所说，这个目录的文件与/bin 几乎是相同的
/usr/include	一些套件的 header 文件。基本上，当在以 tarball 方式（*.tar.gz 的方式安装软件）安装某些资料时，会使用到的一些函数库都在这个目录下

续表

目录	说明
/usr/lib	内含许多程序与子程序所需的函数库
/usr/local	在安装完了Linux之后，基本上所有的功能配置都有了，但是软件总是可以升级的，例如要升级proxy服务，通常软件预设的安装地方就是在/usr/local中（local是"当地"的意思）。同时，安装完毕之后所得到的执行文件，为了与系统原先的执行文件有分别，升级后的可执行文件通常放在/usr/local/bin目录下。 为便于管理，建议将后来才安装上去的软件放置在这里
/usr/sbin	放置管理者使用程序，与/sbin的功能类似
/usr/share/doc	放置一些系统说明文件的地方，例如安装了lilo，在该目录下就可以查找到lilo的说明文件了
/usrshare/man	放置一些程序的说明文件的地方，就是使用man命令的时候，会去查询的路径。例如使用man ls这个指令时，就会查出/usr/share/man/man/ls.1.bz2这个说明文件的内容，也就是ls这个命令的说明文件了
/usrsrc	这是存放核心源代码的默认目录，将来要编译核心的时候，就必须到这个目录下进行
/usr/X11R6	X Windows System存放相关文件的目录
/var	所有服务的登录文件或错误信息文件（Log Files）都在/var/log里面（也叫日志文件）。一些数据库（如MySQL数据库）则在/var/lib里，此外，用户的未读邮件的默认存放目录为/var/spool/mail，所以说这个目录非常重要

在Linux系统中，下面几个目录是特别需要注意的：

- /etc：这个目录相当重要，如前所述，开机与系统数据文件均在这个目录之下，因此如果这个目录被破坏，那么系统也就无法正常运行了。在一些系统文件中，会发现我们常常使用这个目录下的/etc/rc.d/init.d子目录，因为这个init.d子目录是启动一些Linux系统服务的脚本（可以当成是批处理文件）的地方，而在/etc/rc.d/rc.local的这个文件是开机的自动执行文件，有点像是旧Windows系统下的autoexec.bat及config.sys文件，所以，如果需要在开机加载服务或执行文件，可以写在这个文件的最后一行，开机时就会自动加载执行文件了。
- /bin、/sbin、/usr/bin、/usr/sbin：这是系统默认的执行文件的放置目录，例如root常使用的userconf、netconf、perl、goc、c++等资料都放在这几个目录中，所以如果在提示字符下找不到某个可执行文件时，可以在这4个目录中查找。其中，/bin是给系统使用者使用的指令，而/sbin、/usr/bin则是给系统管理员使用的指令。
- /usr/local：这是系统默认的用来安装后来升级的程序的目录。通常会将/usr/local/bin这个路径加到系统的path变量中，以方便使用这个目录里的应用程序。
- /home：这个目录是普通用户的主目录。
- /var：这个路径相当重要，不论是用户登入、各类服务的问题发生时的记录以及一般性的服务记录等，都存放在这个目录。所以当系统有问题时，就需要来这个目录记录的日志文件中查看产生问题的具体原因。而mail的默认存放目录也在这里，所以再一次强调这个目录的重要性。

- /usr/share/man，/usr/local/man：这两个目录是放置各类程序套件说明文件的地方，例如，如果执行 manman，系统会自动去找这两个目录下的所有说明文件。

4.2　任务 2　Linux 系统中对硬盘的操作

4.2.1　物理安装硬盘

关掉电源，对硬盘进行跳线，并安装新硬盘。这个步骤比较简单，就不多讲了。开机后 BIOS 能识别双硬盘就表示成功。根据跳线方式的不同，硬盘对应的设备名称也不同（以 IDE 硬盘为例，设备名称为/dev/had、hdb、hdc…）。

4.2.2　对硬盘进行分区

作为数据盘，可以创建一个分区或者多个分区。以 root 用户登录系统，使用以下命令进入 fdisk 模式的操作界面（如图 4-3 所示）：

```
fdisk /dev/sda
```

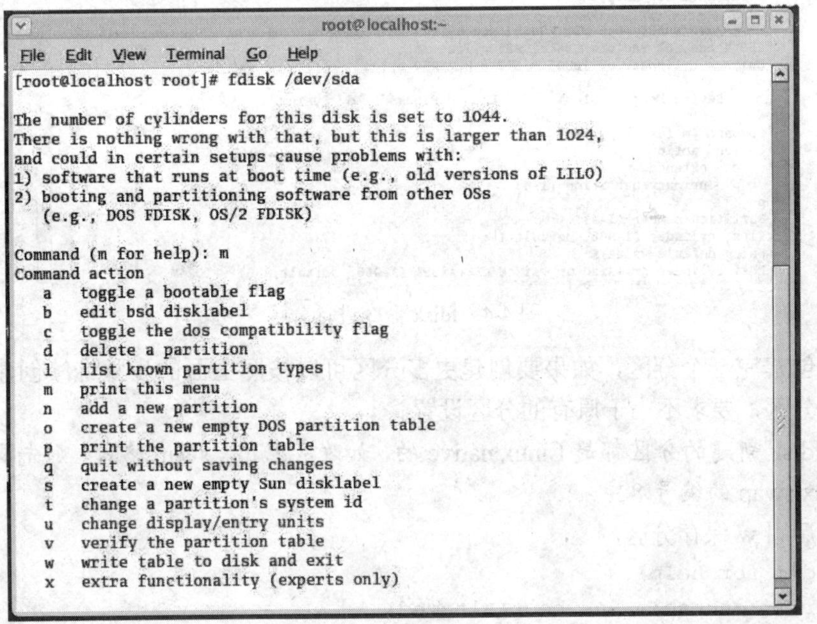

图 4-3　fdisk 常用命令

fdisk 的常用命令有：

- 删除分区：d
- 增加分区：n
- 保存退出：w
- 激活分区：a
- 显示分区：p
- 改变区类型：t

如图 4-4 所示，执行以下步骤：

```
fdisk /dev/sda2
Command(m for help):p                        //查看新硬盘的分区
Command(m for help):n                        //创建新分区
Command action
e extended                                   //输入 e 为创建扩展分区
p primary partition(1-4)                     //输入 p 为创建主分区，这里选择 p
Partion number(1-4):1                        //第一个扩展分区，按需求可以最多分 4 个主分区
First Cylinder(1-966,default 1):1            //第一个主分区起始的磁盘块数
Last cylinder or +size or +sizeM or +sizeK: +1024MB
                                             //可以是以 MB 为单位的数字或者磁盘块数，这里
                                             //输入+1024MB 表示分区大小为 1G
```

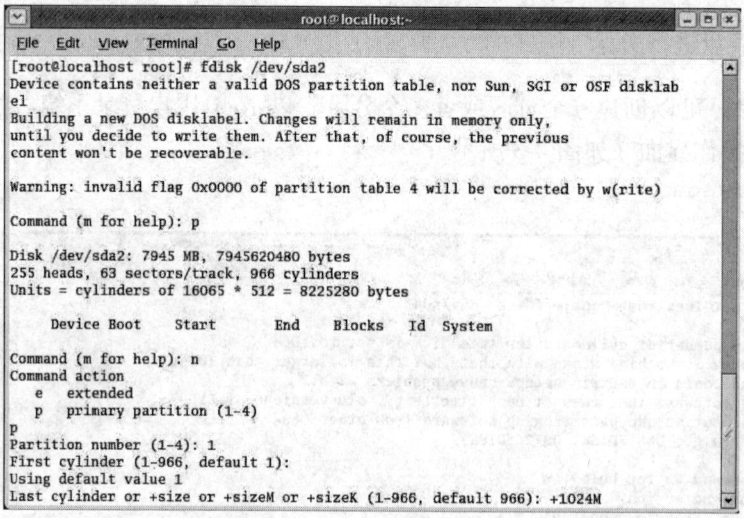

```
root@localhost:~
File Edit View Terminal Go Help
[root@localhost root]# fdisk /dev/sda2
Device contains neither a valid DOS partition table, nor Sun, SGI or OSF disklab
el
Building a new DOS disklabel. Changes will remain in memory only,
until you decide to write them. After that, of course, the previous
content won't be recoverable.

Warning: invalid flag 0x0000 of partition table 4 will be corrected by w(rite)

Command (m for help): p

Disk /dev/sda2: 7945 MB, 7945620480 bytes
255 heads, 63 sectors/track, 966 cylinders
Units = cylinders of 16065 * 512 = 8225280 bytes

    Device Boot    Start       End    Blocks   Id  System

Command (m for help): n
Command action
   e   extended
   p   primary partition (1-4)
p
Partition number (1-4): 1
First cylinder (1-966, default 1):
Using default value 1
Last cylinder or +size or +sizeM or +sizeK (1-966, default 966): +1024M
```

图 4-4　fdisk 命令进行分区

这样就创建完一个分区，如果要创建更多分区可以按照上面的步骤继续创建。分区时先参考原有的分区，要求不小于原有的分区设置。

注意：fdisk 新建的分区都是 Linux native 的，如改成 Linux swap 格式，则先要输入命令 t，再输入 Linux swap 的编号 82。

创建完后用 w 保存分区。

```
Command(m for help):w
The partition table has been altered!
Calling ioctl() to read partition table.
Syncing disks.
```

这样就完成了分区，之后还要再进行格式化。

4.2.3 创建文件系统

可以采用 ext3 文件系统，在新硬盘上创建 ext3 文件系统，输入如下命令：

```
mkfs -t ext3 -c /dev/sda2               //如果有多个分区，也用同样的方法格式化
```

当硬盘完成分区后，应该在分区上建立文件系统。这一步工作是通过 mkfs 工具来完成的。例如，如果需要在分区/dev/hda1 上建立 ext2 文件系统，并检查坏块，应该使用以下命令：

```
mkfs -c  /dev/sda2
```

注意：只有 root 用户才能建立或安装/卸载文件系统。

1. 创建新的 ext3 文件系统

例如要把磁盘上的 hda5 分区格式化为 ext3 文件系统，并将日志记录在/dev/hda1 分区，那么操作过程如下：

```
mke2f s -j  /dev/hda5
mke2fs 1.24a(02-Sep-2001)
Filesystem label=
OS type: Linux
Block size=1024(log=0)
......
Creating journal(8192 blocks): done
Writing superblocks and filesystem accounting information: done
This filesystem will be automatically checked every 30 mounts or
180 days,whichever comes first.Use tune2fs -c or -i override.
```

2. 转换文件系统

以转换文件系统为例，将 ext2 文件系统转换为 ext3 文件系统，命令如下：

```
tune2fs -j  /dev/sda6
tune2fs 1.24a (02-Sep-2001)
Creating journal inode: done
This filesystem will be automatically checked every 31 mounts or
180 days,whichever comes first.Use tune2fs -c or -i override.
```

这样，原来的 ext2 文件系统就转换成了 ext3 文件系统。

注意：将 ext2 文件系统转换为 ext3 文件系统时，不必将分区卸载下来转换。

4.2.4 建立挂载点

在根目录下建立一个挂载点，以后新的数据盘将安装在此目录下（以 data 目录为例）：

```
mkdir /data                          //在根目录下新建一个名字叫作 data 的目录
mount -t ext3 /dev/sda2  /data       //挂载 sda 设备到 data 目录
df                                   //用 df 命令查看现有的分区信息
filesystem     1K-blocks     Used Available        Use%    Mounted on
/dev/sda2        3771316          1388956    2190788         39%/
/dev/sda1         101089             9463      86407       10%/boot
None               62988                0      62988       0%/dev/shm
/dev/hda1         485906             8239     452580         2%/data
//这就是刚才新挂载的分区
```

4.2.5 修改/etc/fstab 文件

通过以下的手工方式进行安装，已经可以使用新的硬盘了（也就是/data 子目录），输入命令 df 就可以看到已安装的所有文件系统信息。但是，还要修改/etc/fstab，以使每次计算机重新启动时自动安装这一新的硬盘。用 vi 打开这个文件并修改，如图 4-5 所示。/etc/fstab 文件的第一列是设备位置，第二列是挂载点：

```
vi  /etc/fstab
```

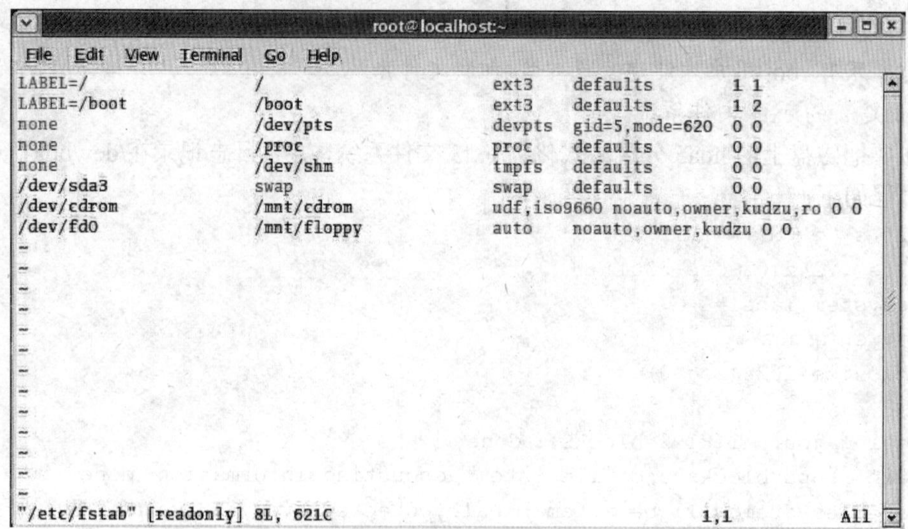

图 4-5 编辑/etc/fstab 文件

在文件的末尾添加如下内容：

```
/dev/sda2        /data        ext3        defaults    1  2
```

如有多个分区，可修改 sda2 和/data，修改完成后保存，重新启动服务器。至此，已经可以使用新的硬盘了。

4.3 任务 3 安装和卸载 Linux 文件系统

这里以 Red Hat Linux 系统中在命令提示符方式下的操作为例。

一个硬盘上可以同时存在多个文件系统，每个文件系统占据硬盘的一个独立分区。Linux 文件系统可以根据需要随时装卸，从而实现文件存储空间的动态扩充和信息安全。在系统初启时，往往只有一个文件系统被安装上，即根文件系统，其上的文件主要是保证系统正常运行的操作系统的代码文件，以及若干语言编译程序、命令解释程序和相应的命令处理程序等构成的文件。此外，还有大量的用户文件空间。根文件系统一旦安装上，在整个系统运行过程中是不能卸下的，它是系统的基本部分。

其他的文件系统（例如，由软盘构成的文件系统）可以根据需要（如从硬盘向软盘复制文件）作为子系统动态地安装到主系统中。

4.3.1 安装 Linux 文件系统

使用 mount 挂载命令把文件系统安装到文件树上。挂载命令把现有文件树中的一个目录映射为新加入的文件系统的根，这个目录叫做安装点或者挂载点（Mount Point）。只要有另一个文件系统被安装在挂载点上，就不能再访问到这个挂载点以前的内容了。不过挂载点通常是一些空目录。命令如下：

```
mount /dev/hda5 /mnt/files
```

运行这个命令将把存储在磁盘分区上由/dev/hda5 表示的文件系统安装在路径/mnt/files 下。随后就可以使用 ls /mnt/files 来查看这个文件系统的内容了。

注意：挂载点必须是一个目录。

4.3.2　确认安装的 Linux 文件系统类型

一般情况下，Linux 会识别出这个被挂载的文件系统是什么类型的，当然也可以指定挂载的文件系统的类型，命令如下：

```
mount -t ext3 /dev/hda5 /mnt/files
```

这是挂载一个 ext3 类型的文件系统。

```
mount -t vfat /dev/hda5 /mnt/files
```

这是挂载一个 Windows 的 FAT32 类型的文件系统。

在实际操作中，直接挂载一个 Windows 的分区，中文的文件名和目录名会出现乱码。为了避免这种情况，可以通过如下的命令指定字符集：

```
mount /dev/hda6 /mnt/d -codepage=936,iocharset=cp936
```

或者：

```
mount -t vfat /dev/hda6 /mnt/d -codepage=936,iocharset=cp936
```

注意：cp936 是指简体中文。

在目前多数的 Linux 版本上，需要重新编译 Linux 核心才能挂载 Windows 的 NTFS 文件系统，重新编译核心且支持 NTFS 后，可以用以下命令挂载：

```
mount -t ntfs /dev/hda2 /mnt/c
```

同样，对于中文的文件名和目录名会出现乱码的问题可以指定字符集，不过和挂载 vfat 分区不同，实际中用以下命令是可行的：

```
mount -t ntfs -o iocharset=cp936 /dev/hda2 /mnt/c -r
mount -t ntfs -o iocharset=cp936,rw /dev/hda2 /mnt/c
```

现在 U 盘在 Windows 操作系统下的使用越来越普及，其实在 Linux 下使用 U 盘也非常简单，Linux 对 USB 设备有很好的支持。在插入 U 盘后，U 盘被识别为一个 SCSI 盘，通常用以下命令就能挂载 U 盘上的文件系统：

```
mount /dev/sdal /usb
```

同样，对于中文的文件名和目录名会出现乱码的问题可以指定字符集，命令类似于上面对 FAT32 介绍的：

```
mount /dev/sdal /usb -o pagecode=936,iocharset=cp936
```

以上都是以命令行的方式，每次使用时都要输入一次。如果想在系统启动时自动挂载，应该如何操作呢？通常，安装在某个特定系统上的文件系统清单保存在/etc/fstab 文件中，包含在这个文件中的信息让这些文件系统在引导时被自动安装。

4.3.3　卸载文件系统

在关闭系统之前，为了保证文件系统的完整性，所有安装的文件系统都必须被卸载。通常在/etc/fstab 文件中定义的文件系统都能够自动卸载。但是，对于手工安装的文件系统，在关闭系统之前必须手工卸载。有时也需要在系统工作过程中手工卸载某个文件系统。手工卸载文件系统必须使用 umount 命令，umount 命令将分区名或分区的挂载点作为参数，格式如下：

```
umount<分区名或分区的挂载点>
```

例如，需要将已经安装到/mnt/floppy 目录下的软盘卸载，可以使用以下命令：

```
umount  /mnt/floppy
```

注意：对于正在使用的文件系统，不能使用 umount 命令卸载。

4.4 任务 4 控制文件和目录的存取权限

使用文件命令对文件进行操作的前提是拥有相应的权限。下面学习如何控制这些权限。

4.4.1 准备知识

1. 用户和权限

Linux 为每个文件都分配了一个文件所有者，称为文件主，并赋予文件主惟一的注册名。对文件的控制取决于文件主或超级用户（root）。文件或目录的创建者对创建的文件或目录拥有特别使用权。

文件的所有关系是可以改变的，可以将文件或目录的所有权转让给其他用户，但只有文件主或 root 用户才有权改变文件的所有关系。文件所有权的标志是用户 ID（UID）。

利用 chown 命令可以更改某个文件或目录的所有权。例如，超级用户把自己的一个文件 myfile 拷贝给 xu。为了让用户 xu 能够存取这个文件，超级用户（root）应该把这个文件的属主设为 xu，否则，用户 xu 无法存取这个文件，操作如图 4-6 所示，命令如下：

```
chown xu myfile
```

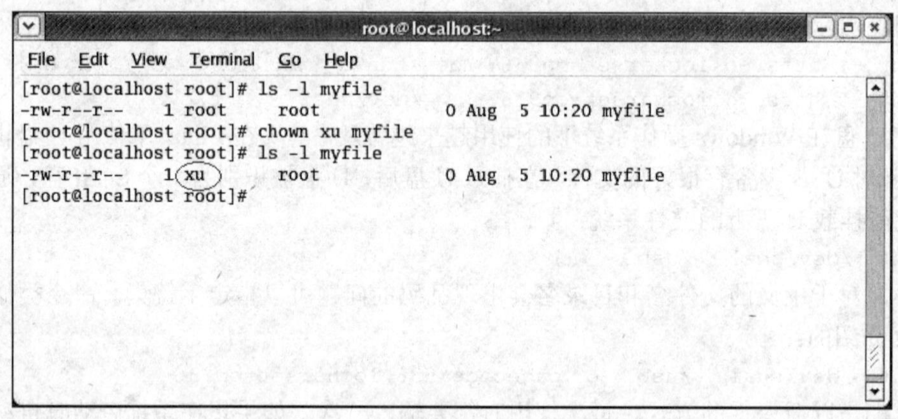

图 4-6 修改文件的文件属主

如果改变了文件或目录的所有权，原文件主将不再拥有该文件或目录的权限。

系统管理员经常使用 chown 命令，以便将文件拷贝到另一个用户的目录下以后，让该用户拥有使用该文件的权限。

2. 用户组

在 Linux 下，每个文件又同时属于一个用户组。当创建一个文件或目录时，系统会赋予它一个用户组关系，用户组的所有成员都可以使用此文件或目录。

文件用户组关系的标志是 GID。文件的 GID 只能由文件主或超级用户（root）来修改。chgrp 命令可以改变文件的 GID，例如在图 4-7 中将 myfile 文件的 GID 修改成为 xu 用户。

Linux 系统中的每个文件和目录都有存取许可权限，用它来确定谁可以通过何种方式对文件和目录进行访问和操作。

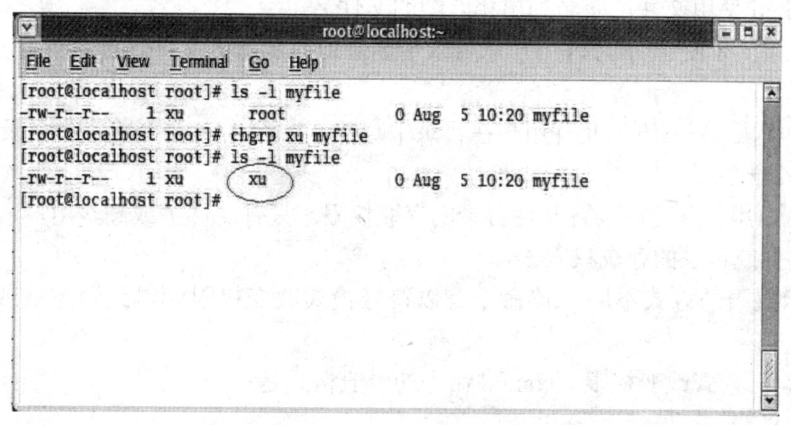

图 4-7　修改文件的 GID

Linux 系统中规定了 4 种不同类型的用户，即文件主（owner）、同组用户（group），可以访问系统的其他用户（others）和超级用户（root，具有管理系统的特权）。

存取权限规定三种访问文件或目录的方式：读（r）、写（w）、可执行或查找（x）。

当用“ls　-l”命令显示文件或目录的详细信息时，最左边的一列为文件的存取权限，其中各位的含义如图 4-8 所示。

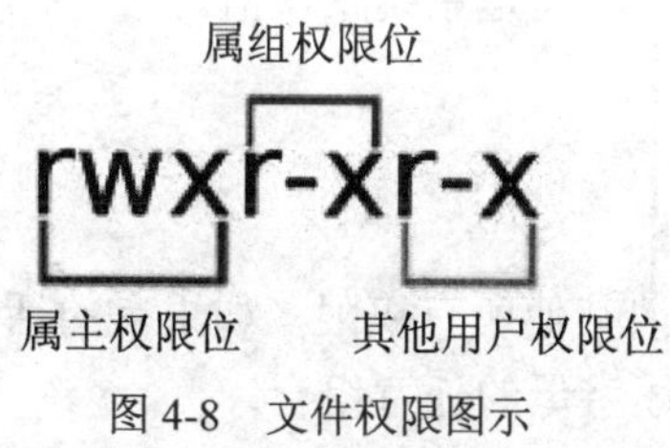

图 4-8　文件权限图示

3. 文件的存取权限

- 读权限（r）：表示只允许指定用户读取相应文件的内容，而禁止对它做任何的更改操作。将所访问文件的内容作为输入命令都需要有读权限。例如 cat、more 等。
- 写权限（w）：表示允许指定用户打开并修改文件。例如命令 vi、cp 等。
- 执行权限（x）：表示允许指定用户将该文件作为一个程序执行。

4. 目录的存取权限

在 ls 命令后加上-d 选项，可以了解目录文件的使用权限，如图 4-9 所示，第一个字母 d 代表了这是一个目录文件。

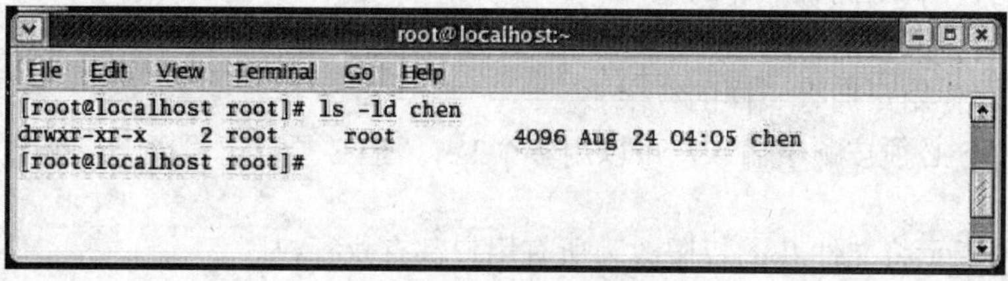

图 4-9　查看目录文件的权限

- 读权限（r）：表示可以列出存储在该目录下的文件，即读目录内容列表。这一权限允许 Shell 使用文件扩展名列出相匹配的文件名。
- 写权限（w）：表示允许用户从目录中删除或添加新的文件，通常只有文件主才有写权限。
- 执行权限（x）：表示允许用户在目录中查找，并能用 cd 命令将工作目录改到该目录。

5. chmod 命令

chmod 命令用于改变或设置文件目录的存取权限。只有文件主或超级用户 root 才有权用 chmod 改变文件或目录的存取权限。

根据表示权限的方式不同，该命令有以符号模式改变权限和以绝对方式改变权限两种用法。

（1）以符号模式改变权限。chmod 命令的一般格式是：

```
chmod key 文件名
```

其中，key 由以下各项组成：

[who] [操作符号] [mode]

操作对象 who 可以是下述字母中的任一个或它们的组合：

- u：表示用户（user），即文件或目录的所有者。
- g：表示词组（group）用户，即与文件属主有相同组 ID 的所有用户。
- o：表示其他（others）用户。
- a：表示所有（all）用户，它是系统默认值。

操作符号可以是下述符号：

- +：添加某个权限。
- -：取消某个权限。
- =：赋予给定权限并取消其他所有权限（如果有的话）。

mode 所表示的权限可用下述字母的任意组合：

- r：表示可读。
- w：表示可写。
- x：表示可执行。
- X：表示只有目标文件对某些用户是可执行的，或者该目标文件是目录时才追加 x（可行）属性。
- S：在文件执行时把进程的属主或组 ID 置为该文件的属主。方式“u+s”设置文件用户 ID 位，“g+s”设置组 ID 位。
- t：保存程序的文本到交换设备上。
- u：与文件属主拥有一样的权限。
- g：拥有一文件属主同组用户一样的权限。
- o：与其他用户拥有一样的权限。

上面这三部分必须按顺序输入，可以用多个 key，但必须以逗号隔开。例如：

```
chmod u+x f1
```

上面的代码表示将文件 fl 的权限改为所有用户都有执行权限。

```
chmod g=w,o+x exl
```

上面的代码表示将文件 f1 的权限重新设置为组用户可以写，其他用户无权可执行，操作如图 4-10 所示。

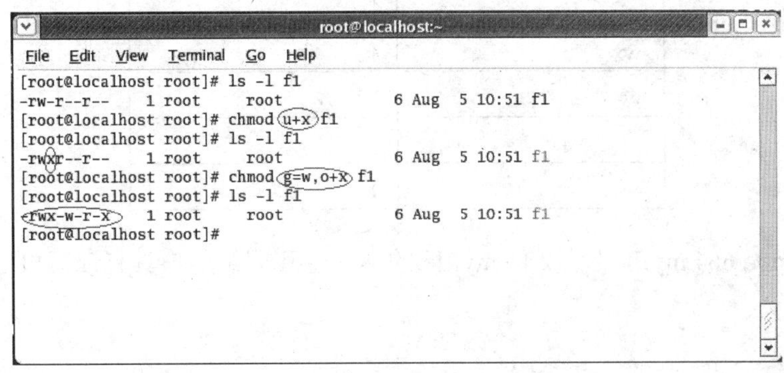

图 4-10　符号模式修改文件的存取权限

（2）以绝对方式改变权限。以绝对方式改变权限的一般格式是：

chmod mode 文件名

用绝对方式设置或改变文件的存取权限就是用数字“1”和“0”表示图 4-8 中所示的 9 权限位，置为“1”表示有相应权限，置为“0”表示没有相应权限。例如，某个文件的存取权限是文件主有读、写和执行的权限，组用户有读和执行的权限，其他用户仅有读的权限。用符号模式表示就是 rwxr-xr-x，用二进制数字表示就是 111101100。为了方便记忆和表示，通常将这 9 位二进制数用等价的 3 个 0～7 的八进制数表示，从右到左 3 个二进制数换成一个八进制数。这样，上述二进制数就等价于八进制数 755。操作如图 4-11 所示。

```
root@localhost:~
File Edit View Terminal Go Help
[root@localhost root]# ls -l f2
-rw-r--r--    1 root    root    6 Aug  5 10:51 f2
[root@localhost root]# chmod 755 f2
[root@localhost root]# ls -l f2
-rwxr-xr-x    1 root    root    6 Aug  5 10:51 f2
[root@localhost root]# chmod 777 f2
[root@localhost root]# ls -l f2
-rwxrwxrwx    1 root    root    6 Aug  5 10:51 f2
[root@localhost root]#
```

图 4-11　绝对方式修改文件的存取权限

也就是说，mode 是以 3 位八进制数字出现的，最左位表示文件主权限，中间位表示组用户权限，最右位表示其他用户权限。可以参阅一下表 4-2 所示的“模式到数字”映射表。

表 4-2　“模式到数字”映射表

模式	数字
rwx	7
rw-	6
r-x	5

续表

模式	数字
r--	4
-wx	3
-w-	2
--x	1
---	0

例如，“chmod 664 myfile”使文件 myfile 的文件主和同组用户具有读写权限，但其他用户不可读。

6. umask 命令

umask 命令用来设置限制新建文件权限的掩码，其一般格式是：

```
umask mode
```

当新文件被创建时，其最初的权限由文件创建掩码决定。用户每次注册进入系统时，umask 命令都被执行，并自动设置掩码 mode 来限制新文件的权限。用户可以通过再次执行 umask 来改变默认值，新的权限将会把旧的覆盖。

利用 umask 命令可以指定哪些权限将在新文件的默认权限中被删除。例如，可以使用下面的命令创建掩码，取消组用户的写权限以及其他用户的读、写和执行权限：

```
umask u=, g=w, o=rwx
```

执行该命令以后，下面所建新文件的文件主权限未作任何改变，而组用户没有写权限，其他用户的所有权限都被取消。

注意：在 umask 命令和 chmod 命令中，操作符“=”的作用恰恰相反。在 chmod 中，利用它来设置指定的权限，而其余权限都被取消；在 umask 命令中，它将在原有权限的基础上把指定的权限删除。

不能直接利用 umask 创建一个可执行的文件，用户只能在其后利用 chmod 命令使它具有执行权限。假设执行了下面的命令：

```
umask u=,g=w,o=rwx
```

虽然在命令行中，文件主和组用户的执行权限没有被删去，但默认的文件权限还是 640，而不是 750。但是，如果创建的是目录，或者通过编译程序创建一个可执行文件，将不受此限制。在这种情况下，文件的执行权限会被设置。

此外，也可以使用八进制数值来设置 mode。在 umask 中所指定的权限表示要删除的权限，所以，如果一个文件原来的初始权限是 777，那么执行命令 umask 022，以后，该文件的权限将变为 755；如果该文件原来的初始权限是 666，那么该文件的权限将变为 644。

使用下面的命令可以检查新创建文件的默认权限：

```
umask  -s
```

其中，选项-s 表示以字符形式显示当前的掩码。

如果直接输入 umask 命令，不带任何参数，那么将以八进制形式显示当前的掩码。系统默认的掩码是 0022。

操作示例如图 4-12 和图 4-13 所示。图 4-12 显示了当 umask 为系统默认的 0022 时，创建一个新的文件 newfile 和一个新的目录 newdir，权限分别为 644 和 755。图 4-13 显示了当 umask 的值修改为 0000 时，创建一个新的文件 newfile1 和一个新的目录 newdir1，权限分别为 666 和 777。

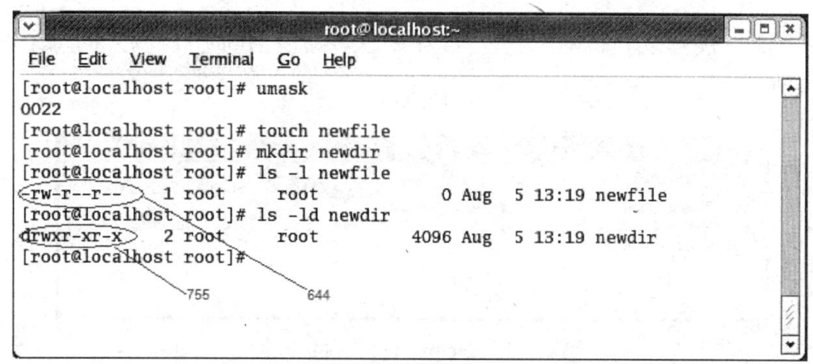

图 4-12　umask 为 0022 时创建新目录和文件

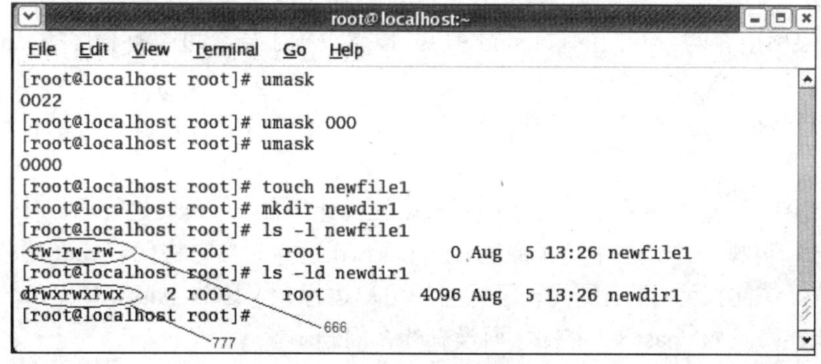

图 4-13　umask 为 0000 时创建新目录和文件

4.4.2　修改并查看文件的属性及权限

1. 改变用户和组所有权

为了改变文件或其他文件系统对象的所有者或组，分别使用 chown 或 chgrp。这两个命令都要一个用户名或组名作参数，后面跟上一个或多个文件名。举例如下：

```
chown  xu /etc/passwd
Chgrp  xu /etc/passwd
```

还可以用 chown 命令的另一种形式同时设置所有者和组：

```
chown  root.xu /etc/passwd
```

只有超级用户才可以使用 chown，然而任何人都可以使用 chgrp 来将文件的组所有权改为他们所属的组。

chown 和 chgrp 可以用来改变文件系统对象的所有者和组，而另一个 chmod 命令是用来改变我们可以在“ls -l”清单中看到的 rwx 权限。chmod 带有两个或多个参数用来描述怎样改变权限，参数后面是需要修改的对象文件或文件列表：

```
chmod  +x  file.sh
```

在上面的示例中，“mode”是+x。+x 模式告诉 chmod，使该特殊文件对于用户、组以及其他任何人都是可执行的。如果想要除去一个文件的所有执行权限，则应该这样做：

```
chmod  -x  file.sh
```

2. suid 和 sgid

一般用户不能直接修改 passwd 文件，因为 w 权限对除 root 用户以外的每个用户都是关闭的，如图 4-14 所示。

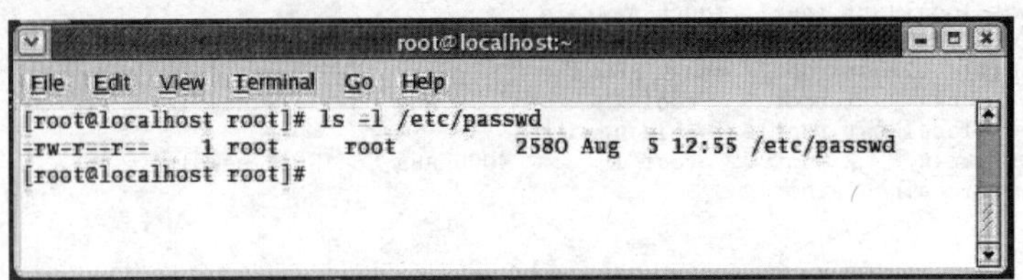

图 4-14　/etc/passwd 文件的权限

但是，一般用户确实需要在他们想要改变其密码的任何时候，能够修改/etc/passwd（至少间接地）。但是，如果用户不能修改该文件，究竟怎样完成这个工作呢？

Linux 权限模型有两个专门的位：suid 和 sgid。当设置了一个可执行程序的 suid 这一位时，它将代表可执行文件的所有者运行。

现在，回到/etc/passwd 问题。如果看一看 passwd 可执行文件，我们可以看到它属于 root 用户。

在图 4-15 中，这里有一个 s 取代了用户权限三元组中的一个 x。这表明，对于这个特殊程序设置了 suid 和可执行位。由于这个原因，当 passwd 运行时，它将代表 root 用户执行（具有完全超级用户：访问权），而不是代表运行它的用户运行。又因为 passwd 以 root 用户访问权运行，所以能够修改/etc/passwd 文件，而没有什么问题。

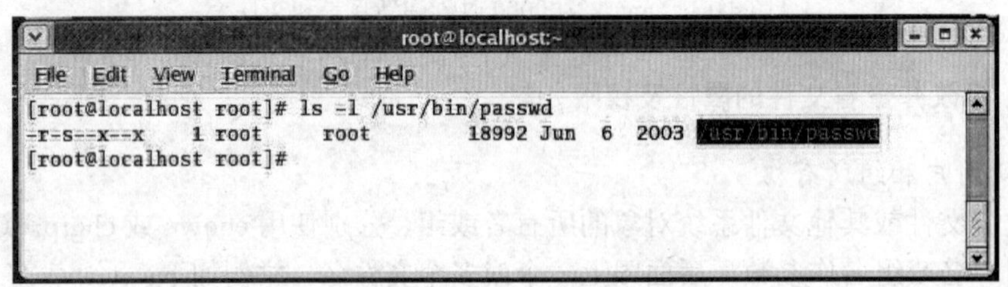

图 4-15　/usr/bin/passwd 文件的权限

3. 改变 suid 和 sgid

设置和除去 suid 与 sgid 位相当简单。这里设置 suid 位：

```
chmod  u+s  /usr/bin/myapp
```

如果从一个目录/home/chen 除去 sgid 位，进行下面的操作：

```
chmod  g-s /home/chen
```

如果启用了目录的 sgid 标志，在目录内创建的任何文件系统对象将继承目录的组。当需要创建一个属于同一组的一组人使用的目录树时，这种特殊的功能很管用。只需要使用如下命令：

```
mkdir  /home/groupspace
```

```
chgrp  mygroup  /home/groupspace
chmod  g+s    /home/groupspace
```

现在，mygroup 组中的所有用户都可以在/home/groupspace 内创建文件或目录。同样，它们也将自动地分配到 mygroup 的组所有权。根据用户的 umask 设置，新文件系统对象对于 mygroup 组的其他成员来说，可以或不可以是可读、可写或可执行的。

默认情况下，Linux 目录以一种不是在所有情况下都很理想的方式表现。一般来说，只要对一个目录有写访问权，任何人都可以重命名或删除该目录中的文件。对于个别用户的目录，这种行为是很合理的。

但是，对于很多用户使用的目录来说，尤其是/tmp 和/var/tmp，这种行为可能会产生麻烦。因为任何人都可以写这些目录，任何人都可以删除或重命名任何其他人的文件——即使是不属于他们的。

Linux 提供了“粘滞位”（Sticky Bit）来解决这一问题。当给/tmp 设置了粘滞位（用 chmod +t），惟一能够删除或重命名/tmp 中文件的是该目录的所有者（通常是 root 用户）、文件的所有者或 root 用户。事实上，所有 Linux 分发包都默认地启用了/tmp 的粘滞位，粘滞位在其他情况下也很管用。

最后来看一看数字模式的难以理解的第一位数。在表 4-3 中，第一位数用来设置 sticky、suid 和 sgid 位。

表 4-3　数字模式权限第一位数含义

suid	sgid	sticky	模式数字
on	on	on	7
on	on	off	6
on	off	on	5
on	off	off	4
off	off	on	3
off	off	off	2
off	off	on	1
off	off	off	0

可以用 4 位数字模式来设置一个目录权限：

```
chmod  1775  /home/mydir
```

4.5　本章小结

挂载和卸载文件系统在工作中是很常用的操作。现在 Linux 被越来越广泛地应用于企业级应用领域，更多的爱好者和开发者转到了 Linux 系统上来进行工作和开发。学好本章的内容，将使读者对 Linux 文件系统和权限有比较深入的了解。

始终引起关注和争论的总是 Linux 的权限系统，而这一切都建立在大文件系统之上。权限系统的复杂带来的是更好的安全性。因此很好地了解 Linux 的权限系统是很有必要的。

第 5 章　用户管理

本章知识点：

- 多用户系统下的用户管理
- 用户管理、用户组管理
- 与用户、用户组管理相关的文件
- 磁盘配置

本章重点：

- 使用 adduser 和 vipw 命令来添加用户
- 删除和禁用某个用户
- 设置用户属性
- 对用户组进行管理
- 配置磁盘配额的启用与设置

Linux 是一个多用户的网络操作系统，不同的用户在系统中具有不同的权限。Linux 中用户管理包括对用户和用户组的创建、删除、属性设置等。因为 Linux 是一个多用户的环境，用户和用户组对系统资源的占用也是用户管理的一部分，这可以用配置磁盘配额来实现。

5.1　任务 1　用户和用户组的配置管理

在 UNIX 和 Linux 多用户系统大家庭中，都是用账户来进行用户访问控制的。不同的用户具备不同的操作权限，如系统用户（root）具备管理系统的最高权限，而普通用户只能在对其开放的用户空间内操作。用户管理就是给用户账户分配恰当的权限，包括创建用户、激活用户、修改用户、查看用户、删除用户、禁用账户、用户与用户组管理、磁盘配额等。

在 Linux 中每个用户都有一个用户名（有时也称 login name，即登录名）来标识该用户。当把一个新的用户账户加入系统时，系统管理员给账户指定一个惟一的用户标识符（UID）。UID 是系统内部一个用户的标志。系统管理员同时也把用户加入到一个或多个组（Group）中。组是拥有相似权限的一组用户（例如，他们可能是同一个项目组的成员）。每个组都有一个类似于 UID 的组标识符（GID），它是系统内部一个组的标志。总的来说，一个用户的 UID 和 GID 决定该用户对文件和其他系统资源的使用权限。

5.1.1　与用户管理相关的文件

1．/etc/passwd

用户的账户信息都保存在口令文件/etc/passwd 中，这是一个 ASCII 文本文件，它包含用户的完整列表以及它们的 UID、GID 等信息。

每个用户名对应文件的一行，并且用冒号分成 7 个字段，具体格式如下：

（1）用户名（username）：系统对每个用户的惟一标志，可以是字母、数字组成的字符串，并且区分大小写。

（2）密码（password）：此字段一般为字符 x，真正加密过的密码保存在/etc/shadow 文件中。

（3）用户 ID（UID）：系统用于标识用户的数字。

（4）组 ID（GID）：用户组的 ID，每个用户都会属于某一组，一个用户可以属于多个组。

（5）用户信息（User Information）：通常包含用户的全名。

（6）主目录（Home Directory）：用户的主目录，用户登录后所在的初始工作目录，这个目录属于用户个人。

（7）登录 Shell：用户命令解析器。用户登录后，系统自动执行该程序。

Linux 系统安装完成后，会自动创建一些特殊的账户，除了 root 外都不能直接登录进系统，它们承担了系统管理的一些任务，这些账户的 UID 都小于 500。普通用户需要 root 用户来创建，它们的 UID 是从 500 开始的。如图 5-1 所示是一个典型的/etc/passwd 文件实例。

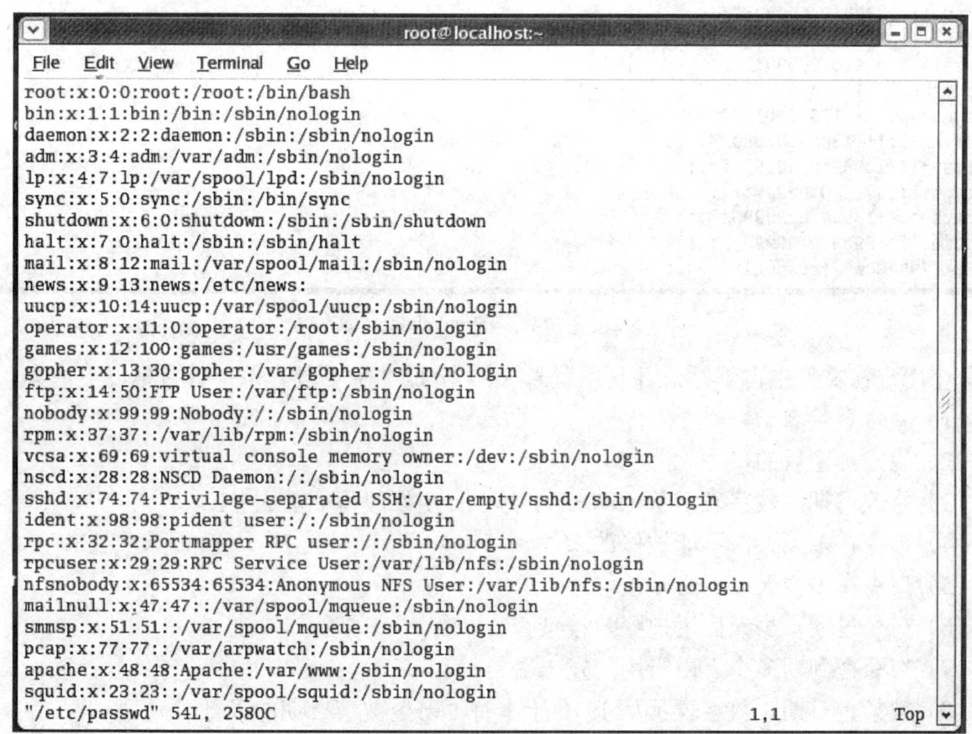

图 5-1　一个典型的/etc/passwd 文件

2. /etc/shadow

为了保证系统的安全性，Linux 系统通常会对用户的口令进行 shadow（影子）处理，也就是把用户口令保存到只有 root 用户才可读的/etc/shadow 文件中，这个文件也称为影子文件。该文件包含的用户名与/etc/passwd 文件中的相同，并且存储了用户加密口令等相关信息。如图

5-2 所示是一个典型的/etc/shadow 文件。

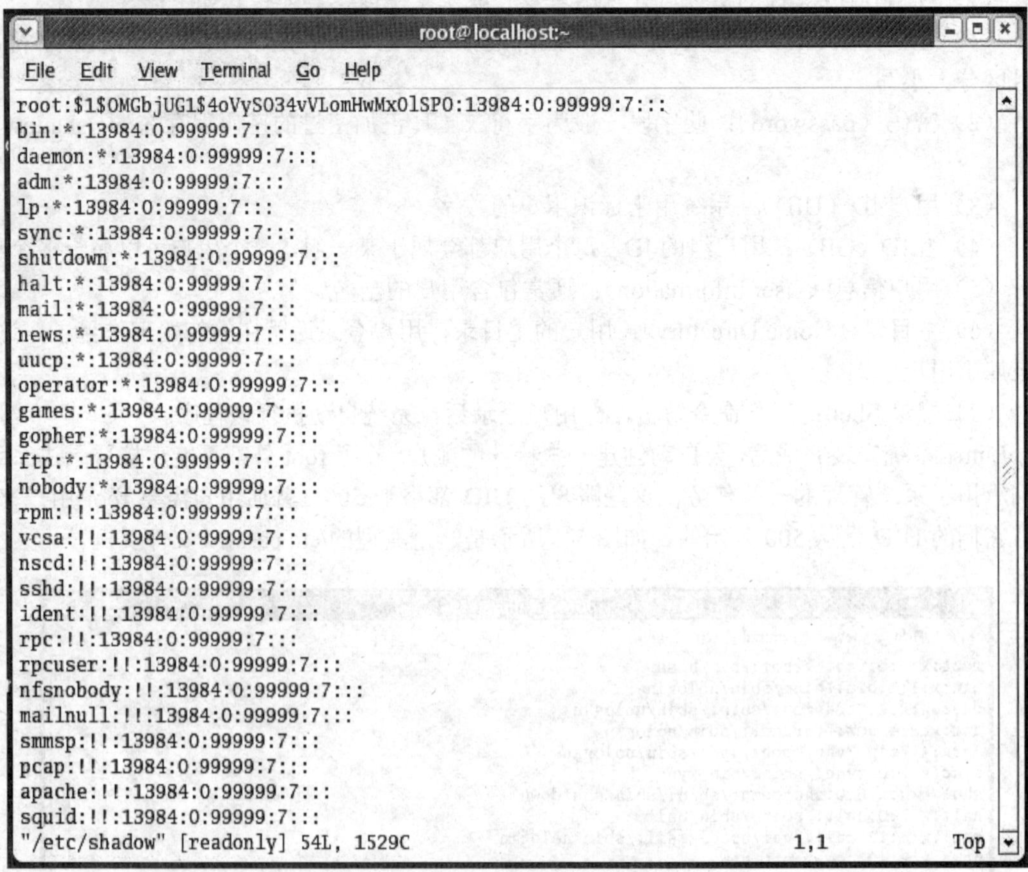

图 5-2　一个典型的/etc/shadow 文件

每个用户在文件中占一行，并且用冒号（:）分成 9 个字段。每一行包括以下内容：

（1）用户登录名。

（2）用户加密后的口令。

（3）修改日期，数字表示从 1970 年 1 月 1 日至修改日期的天数。

（4）口令在多少天内不能被修改。

（5）口令在多少天以后必须被修改。

（6）口令过期多少天后用户账户被禁止。

（7）口令在到期多少天内给用户发出警告。

（8）被禁止日期，数字表示从 1970 年 1 月 1 日至被禁日期的天数。

（9）保留字段，尚未使用。

3. /etc/group

Linux 系统使用用户组来逻辑地组织用户的账户。每个用户至少属于一个组，由/etc/passwd 文件中的 GID 字段指定。一个用户可以属于多个用户组。就像/etc/passwd 文件一样，/etc/group 文件由许多字段组成，每个记录存储一个用户组的各种信息。它的格式是：

用户组名：口令：组 ID 号：用户列表

如图 5-3 所示是一个典型的/etc/group 文件。

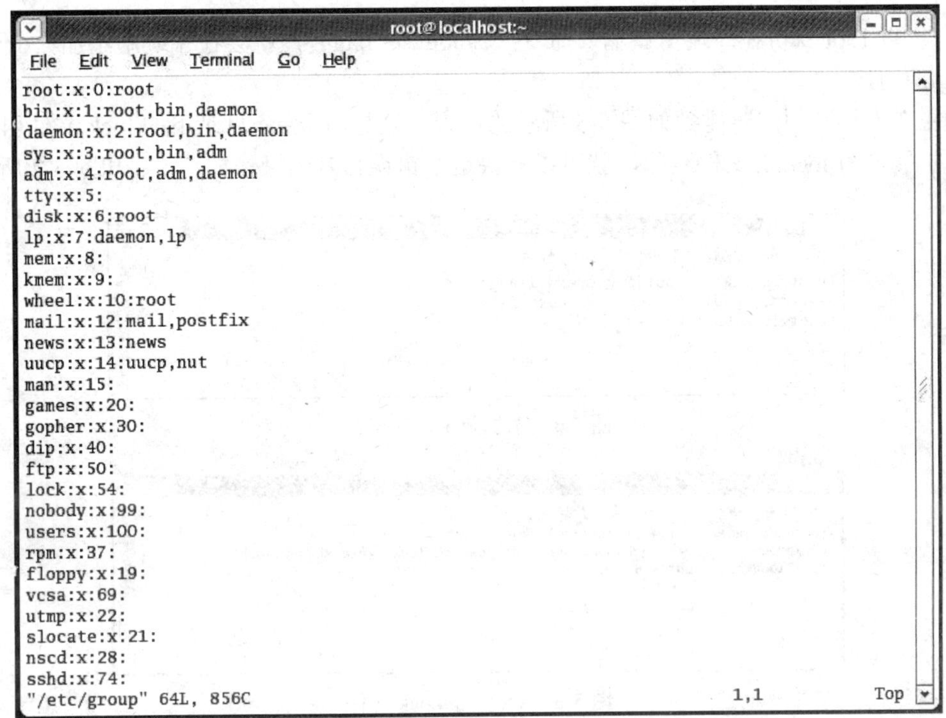

图 5-3　一个典型的/etc/group 文件

5.1.2　使用 adduser 增加用户

对用户的各种管理工作也可以通过图形界面来进行，在 GNOME 环境下，通过“主菜单”→System Settings→Users and Groups，由 Red Hat User Manager 进行图形化的用户管理，如图 5-4 所示。

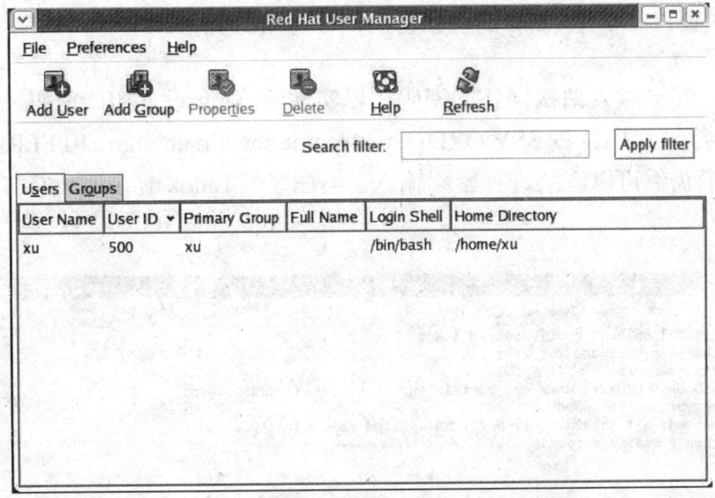

图 5-4　Red Hat User Manager 用户管理器

最通用的方法还是在终端使用命令来进行用户管理。使用 adduser 命令增加用户的操作步骤如下：

（1）以 root 身份在终端窗口输入命令："#adduser liang"，就会在系统中添加一个用户名为 liang 的用户。

如果在添加新用户时碰到如图 5-5 所示的错误，这是由于/etc 目录下的 lock 文件引起的。将这些扩展名为 lock 的文件删除，就可以解决这个错误。具体操作如图 5-6 和图 5-7 所示。

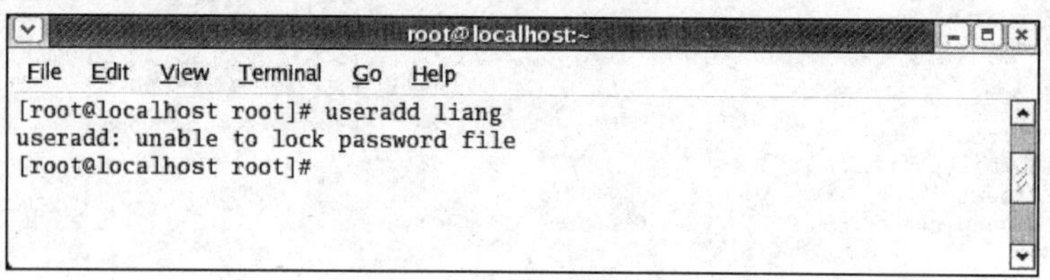

图 5-5 添加新用户时出错

```
root@localhost:~
File  Edit  View  Terminal  Go  Help
[root@localhost root]# ls /etc/*.lock
/etc/group.lock  /etc/gshadow.lock  /etc/passwd.lock  /etc/shadow.lock
[root@localhost root]#
```

图 5-6 /etc 下的 lock 文件

```
root@localhost:~
File  Edit  View  Terminal  Go  Help
[root@localhost root]# ls /etc/*.lock
/etc/group.lock  /etc/gshadow.lock  /etc/passwd.lock  /etc/shadow.lock
[root@localhost root]# rm -rf /etc/*.lock
[root@localhost root]# useradd liang
[root@localhost root]#
```

图 5-7 删除*.lock 文件后添加用户正常

（2）在终端窗口中设置 liang 的初始密码，命令格式如下：

```
#passwd liang
```

在图 5-8 中，需要输入两次同样的密码，以实现给 liang 设置初始密码。因为设置的密码比较简单，所以会有"BAD PASSWORD：it does not contain enough DIFFERENT characters"的提示，不过我们仍然可以继续进行密码输入。与在终端 Linux 登录时一样，输入密码时是不会回显的。

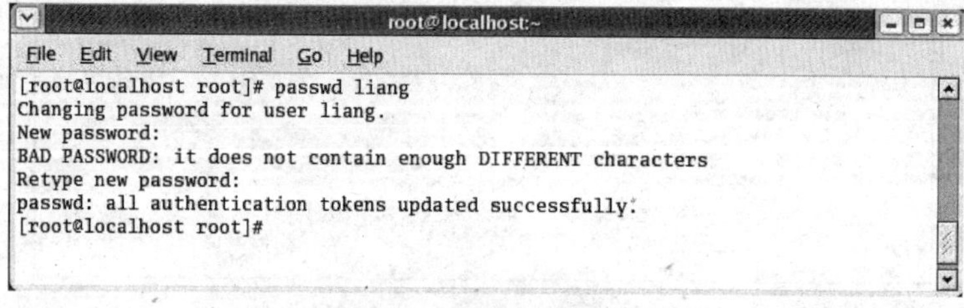

图 5-8 为用户设置密码

（3）新账户创建完毕后，就可以通过 Ctrl+Alt+Fn（n=1,2,…6）组合键切换到第 n 个虚拟终端来验证 mary 的登录。

5.1.3　用户的删除与禁用

1. 用 userdel 命令删除用户

如要将之前创建的 liang 用户删除，可以使用下列命令：

```
#userdel  liang
```

如果要比较干净地删除 mary 用户，在删除用户的同时将 liang 的主目录也删除，可以使用下列命令：

```
userdel  -r  liang
```

如果用户所创建的文件并不全部保存在主目录中，系统管理员就必须手工搜索并删除用户的文件，可以通过 find 命令来实现。

搜索系统/home 目录中用户 liang 所拥有的文件并将其删除的命令如下：

```
#find  /home  -user  liang  -exec  rm {}\;
```

这个操作必须在 userdel 对用户进行删除操作前进行，否则找不到属主的文件（因为用户已经不存在了）。

2. 用户的禁用与启用

公司中一位员工因为回家休长假，为了安全起见我们可以将该用户账户禁用，待其休假结束、重新上班后再启用。这就是对账户进行禁用操作，进行相应操作之前这个账户必须已经存在于系统中。如对系统中已有账户 liang 进行禁用与启用，操作步骤如下：

（1）禁用 liang。以 root 身份在终端命令行中输入如下命令：

```
#passwd -l  liang
```

操作结果如图 5-9 所示。

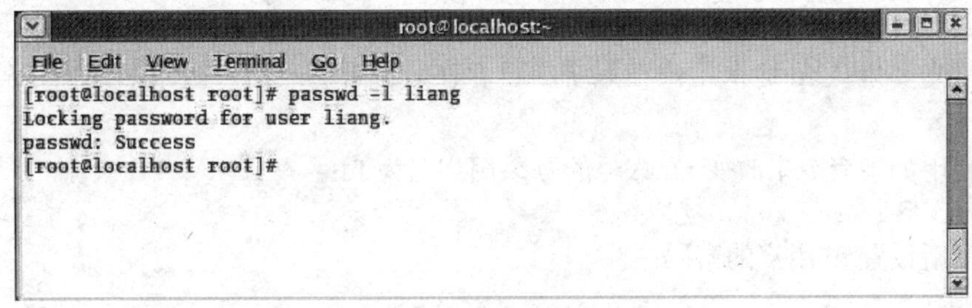

图 5-9　禁用用户

liang 被禁用后就不能再登录系统了。

（2）启用 liang。以 root 身份在终端命令行中输入如下命令：

```
#passwd -u  liang
```

操作结果如图 5-10 所示。

5.1.4　设置用户属性

用户创建后，除了时常要更改密码外，有时根据用户工作的变动等原因需要改变用户的组或工作目录，usermod 命令就是完成这些任务的工具。

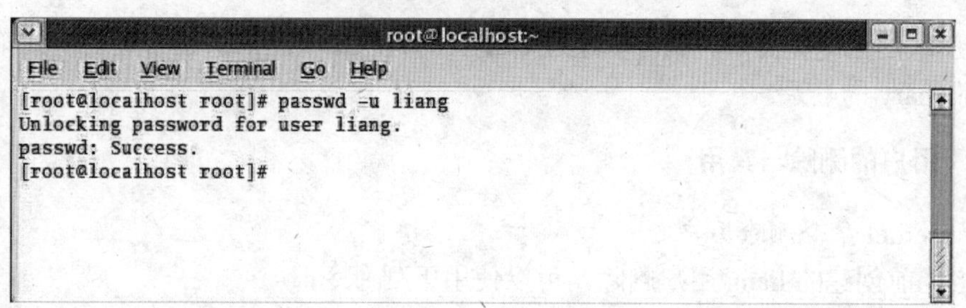

图 5-10　启用用户

1. 修改用户工作目录

因为/home 文件系统的空间有限，而用户 xu 的主目录下需要存放许多大文件，为了解决这个问题，想把 xu 账号的主目录由默认的/home/xu 改变为/newdisk/xu，操作步骤如下：

（1）创建 xu 新的工作目录，命令如下：

```
#mkdir /newdisk/xu
```

（2）改目录/newdisk/xu 的所有者和组为 xu：

```
#chown  xu:xu /newdisk/xu
```

（3）改变 xu 的工作目录，并将/home/xu 下的原内容复制到新工作目录下，只需 usermod 命令即可：

```
#usermod  -m  -d /newdisk/xu
```

2. 更改用户命令外壳 Shell

Shell 是 Linux 用户与系统的接口，用户输入命令给 Shell，Shell 将命令传递给系统，从而完成相应的工作。不同的 Shell 具有不同的风格，各个用户对于 Shell 的选择都有自己的偏好。使用如下命令将 xu 用户的 Shell 更改为 tcsh：

```
#usermod  -s  /bin/tcsh  xu
```

3. 更改用户登录名

把 xu 账号转换为新登录名 fu，操作步骤如下：

（1）首先要确认 fu 这个用户在系统中已存在，否则更改用户登录名的操作就不能成功完成。

（2）使用如下命令来改变 xu 账号的登录用户名为 fu：

```
#usermod  -l  fu  xu
```

（3）重新设置 fu 用户的密码：

```
#passwd   fu
```

5.1.5　管理用户组

用户组将一组有特定联系的用户集合到一起。通过用户组，系统管理员可以更容易地管理用户，用户组可以设定组权限，允许同组内的用户相互访问对方的信息数据。

1. 建立新组

新组的建立与新用户的建立类似，最简单的操作就是使用 groupadd 命令：

```
#groupadd  newclass
```

以上终端命令建立了一个名为 newclass 的新组。

2. 在组中添加用户

（1）改变用户的初始组。Linux 中新建用户都对应一个与用户名相同的组，这也就是用户的初始组。改变用户 liang 初始组的命令如下：

```
#usermod  -g  newclass  liang
```

以上终端命令将用户 liang 的初始组由原来的 liang 改变为 newclass。

（2）将用户添加到新组。Linux 系统中一个用户可以属于多个组，即用户除了属于初始组外，还可以加入到其他组。将用户 xu 加入到其他组中的命令如下：

```
#usennod  -G  newclass,liang  xu
```

以上终端命令将用户 xu 又添加到了组 newclass 和 liang 中。

当然，将用户添加到新组中，也可以通过编辑/etc/group 文件来实现，只需将用户名添加到对应想加入组的行后即可。

3. 删除组

对于不需要的用户组可以删除，要删除的组使用终端命令 groupdel，如要删除 newclass 组的

格式如下：

```
#groupdel  newclass
```

也可以手工删除组，操作步骤如下：

（1）以 root 身份在终端运行 vi 编辑器，打开/etc/group 文件。

（2）在编辑状态下，找到以 newclass 起始的行，并将其删除。

（3）保存对/etc/group 的修改，并退出 vi。

5.2　任务 2　配置磁盘配额

任务说明：

在 Linux 这种多用户的系统中，限制各个用户对磁盘空间的占用率具有非常重要的意义。如果不进行限定，一个用户就可能通过许多大文件占用整个磁盘，这将给系统运行带来许多问题。在 Linux 中通过实现磁盘配额来限制磁盘空间，当用户使用了过多的磁盘空间或分区将要被文件充满时，系统管理员就会接到警告。

任务要求：

对用户 mary 进行磁盘配额限制、对用户组 students 进行磁盘配额限制、修改过渡期。

磁盘配额允许在两种磁盘管理方式下定义磁盘的限制，一种是基于文件节点（inode）的磁盘管理方式，在该方式下它可以限制一个用户或一组用户可以拥有的最多文件节点数，换句话说，就是限制一个用户或一组用户可以拥有的最多文件数目（此处不包括符号连接文件）；另一种方式是基于磁盘存储块（block）的磁盘管理方式，在此方式下限制允许分配给一个用户或是一组用户的最多磁盘存储块数，其实也就是限制一个用户或一组用户可以使用的最大磁盘空间。

使用磁盘配额，系统管理员可以对磁盘空间进行管理，对不同用户在文件和磁盘容量上

加以限制，这样就能有效地利用磁盘有限的容量。

在使用磁盘配额以后，用户将不再拥有对一个系统磁盘空间的无限使用权力和创建无限多文件的权力，他们最多只能使用系统管理员为他们限制的磁盘空间，也最多只能创建为他们限制数目的文件。

磁盘配额是在每个用户、每个文件系统的基础上被处理的。如果用户在不止一个文件系统下创建了文件，则必须对不同的文件系统为该用户设置磁盘配额，限制该用户在不同文件系统上的使用权利。

5.2.1 启用磁盘配额

启用磁盘配额的方法如下：

（1）以根用户（root）身份使用文本编辑器来给需要启用配额的文件系统（如根：/）添加 usrquota 和 grpquota 选项。编辑好的/etc/fstab 实例文件的内容如图 5-11 所示。

```
root@localhost:~
File  Edit  View  Terminal  Go  Help
LABEL=/          /             ext3    defaults,usrquota,grpquota      1 1
LABEL=/boot      /boot         ext3    defaults        1 2
none             /dev/pts      devpts  gid=5,mode=620  0 0
none             /proc         proc    defaults        0 0
none             /dev/shm      tmpfs   defaults        0 0
/dev/sda3        swap          swap    defaults        0 0
/dev/cdrom       /mnt/cdrom    udf,iso9660 noauto,owner,kudzu,ro 0 0
/dev/fd0         /mnt/floppy   auto    noauto,owner,kudzu 0 0
~
~
~
~
~
~
~
"/etc/fstab" 8L, 639C written                              1,82          All
```

图 5-11　启用磁盘配额

（2）使用 reboot 命令重新启动 Linux 系统，让/etc/fstab 中的选项生效。

（3）为根/文件系统创建配额文件（aquota.user 和 aquota.group），在终端中输入如下命令：

```
#quotacheck  -cmug  /
```

查看根目录下的文件，可以看到多了两个文件，如图 5-12 所示。

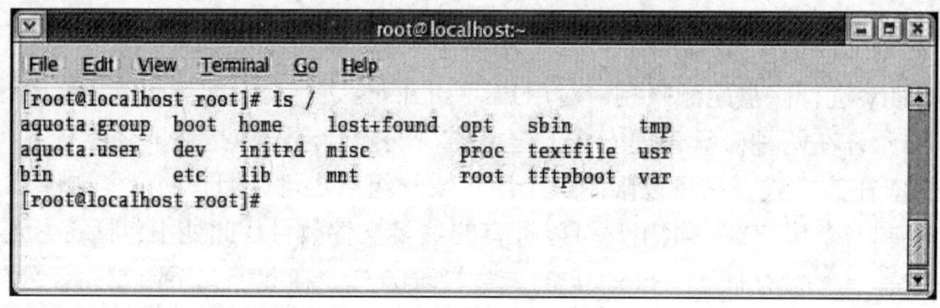

```
root@localhost:~
File  Edit  View  Terminal  Go  Help
[root@localhost root]# ls /
aquota.group  boot  home    lost+found  opt   sbin      tmp
aquota.user   dev   initrd  misc        proc  textfile  usr
bin           etc   lib     mnt         root  tftpboot  var
[root@localhost root]#
```

图 5-12　根目录下的磁盘配额文件

（4）配额文件被创建后，运行以下命令来生成每个启用了配额的文件系统的当前磁盘用量表：

```
#quotacheck  -amvug
```

运行结果如图 5-13 所示。

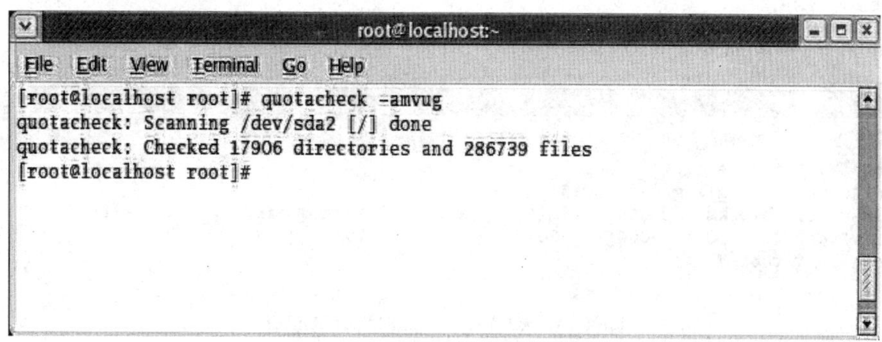
[root@localhost root]# quotacheck -amvug
quotacheck: Scanning /dev/sda2 [/] done
quotacheck: Checked 17906 directories and 286739 files
[root@localhost root]#

图 5-13　生成磁盘用量表

5.2.2　对用户指定磁盘配额

系统磁盘配额虽然启用了，但还需要具体指定到用户账户上。给用户 liang 指定磁盘配额的步骤如下：

（1）以根用户（root）身份在终端中执行以下命令：

```
#edquota liang
```

系统默认会使用 vi 编辑器显示如图 5-14 所示的内容。

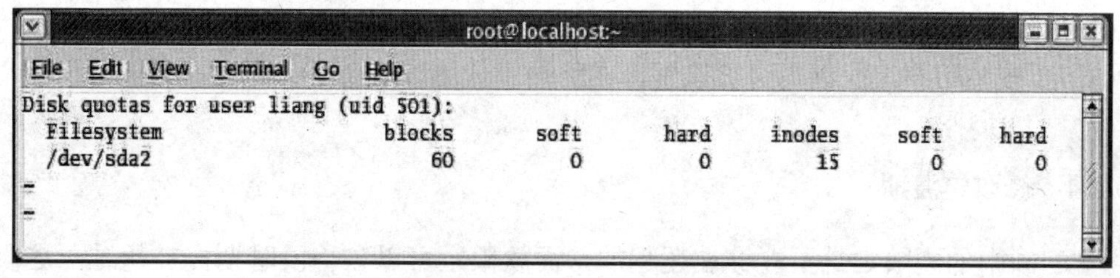
Disk quotas for user liang (uid 501):

Filesystem	blocks	soft	hard	inodes	soft	hard
/dev/sda2	60	0	0	15	0	0

图 5-14　为用户指定磁盘配额

图 5-14 中的第一列是启用了磁盘配额的文件系统的名称。第二列显示了用户当前使用的磁盘块数（系统在默认设置下 1block 就是 1024B），随后的两列用来设置用户在该文件系统上的软硬块限度。inodes 列显示了用户当前使用的节点数量。最后两列用来设置用户在该文件系统上的软硬节点限度。

硬限定（hard）是用户或组群可以使用的磁盘空间的绝对最大值。达到了该限度后，磁盘空间就不能再被用户或组群使用了。

软限定（soft）是定义可被使用的最大磁盘空间量。和硬限定不同的是，软限定可以在一段时期内被超过。这段时期被称为过渡期（Grace Period）。过渡期可以用秒钟、分钟、小时、天数、周数或月数表示。

如果以上值中的任何一个被设置为 0，那个限度就不会被设置（相当于不限定 unlimited）。

（2）在文本编辑器中，改变想要的限定数。如：

```
Disk quotas for user liang (uid 501):
Filesystem    blocks     soft     hard     inodes     soft     hard
```

```
/dev/sda2        60        5000        5500        15        0        0
```

（3）保存对内容的修改。最后，使用以下命令校验用户的配额是否被设置：

```
#quota liang
```

输出结果如图 5-15 所示，与修改的内容一致，说明 liang 已被配置了磁盘配额。

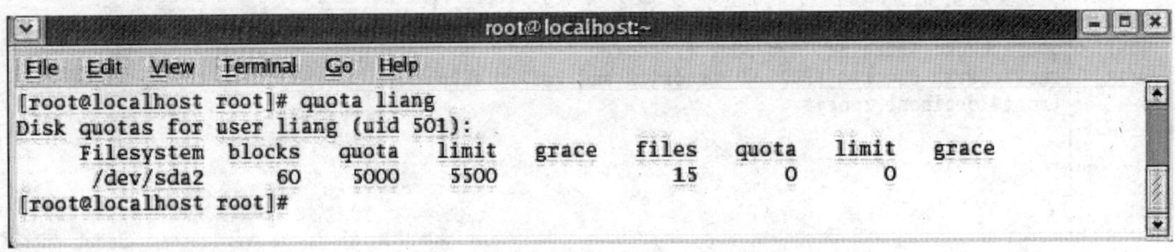

图 5-15 配置用户 liang 的磁盘配额

5.2.3 对用户组指定磁盘配额

配额还可以根据用户组来分配。例如要为 xu 组设置组配额，操作步骤如下：

（1）以根用户（root）身份在终端中执行以下命令：

```
#edquota  -g  xu
```

以上命令在文本编辑器中显示现存的用户组配额如下：

```
Disk quotas for group xu (gid 500):
Filesystem        blocks     soft     and     inodes   soft      hard
/dev/sda2          64          0        0      16        0        0
```

（2）修改限度数，保存结果，退出编辑器。

（3）要校验用户组配额是否被设置，在终端中使用以下命令：

```
#quota  -g  xu
```

5.2.4 修改过渡期

磁盘配额中的硬限定是不能够被超越的，而软限定可以在一段时期内被超过，这段时期称为过渡期（Grace Period）。修改磁盘配额过渡期的步骤如下：

（1）以根用户（root）身份在终端中执行以下命令：

```
#edquota -t
```

以上命令会在文本编辑器中显示系统默认的过渡期，如图 5-16 所示。

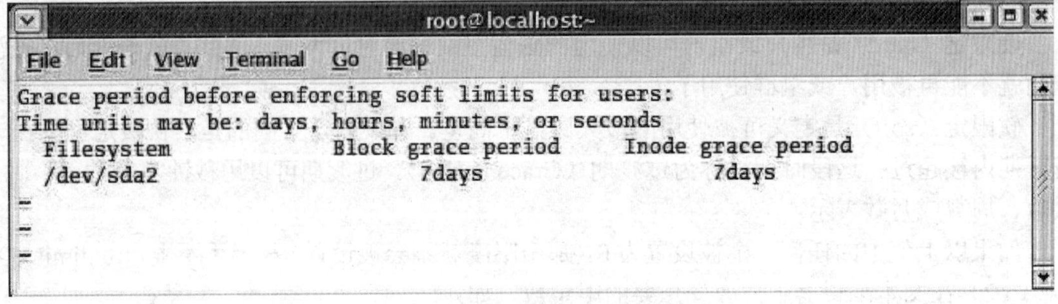

图 5-16 磁盘配额的过渡期

（2）由上一步的操作可知，系统默认对块和节点配额的过渡期限制都是 7 天，修改数值为 14 天：

```
Grace period before enforcing soft limits for users:
Time units may be:days,hours,minutes,or seconds
Filesystem            Block grace period          Inode grace period
/dev/sda2                14days                      14days
```

（3）保存结果，退出编辑器。

5.2.5　其他磁盘配额命令

如果配置了磁盘配额，就需要经常对其进行维护，而主要的维护方式就是观察，查看配额是否被超出，并确保配额的正确性。当然，如果用户屡次超出他们的配额或者持续地达到他们的软限定，系统管理员就可以根据用户类型和磁盘空间对他们工作的影响来做出几种决策。管理员可以帮助用户来检索对磁盘空间的使用，也可以按需要增加用户的磁盘配额。

1．*报告磁盘配额*——repquota

创建磁盘用量报告需要运行 repquota 终端命令。例如，“repquota　/”命令会生成如图 5-17 所示的输出。

```
root@localhost:~
File  Edit  View  Terminal  Go  Help
[root@localhost root]# edquota -t
[root@localhost root]# repquota /
*** Report for user quotas on device /dev/sda2
Block grace time: 14days; Inode grace time: 14days
                        Block limits                File limits
User            used    soft    hard  grace    used  soft  hard  grace
----------------------------------------------------------------------
root      --  5308828      0       0         298794     0     0
bin       --    15040      0       0             43     0     0
daemon    --        8      0       0              3     0     0
lp        --       40      0       0             10     0     0
news      --     4304      0       0            195     0     0
uucp      --     9640      0       0             18     0     0
games     --        0      0       0             59     0     0
rpm       --    77000      0       0            109     0     0
vcsa      --        8      0       0            129     0     0
rpcuser   --       20      0       0              5     0     0
smmsp     --        8      0       0              2     0     0
pcap      --      188      0       0             13     0     0
apache    --       20      0       0              5     0     0
squid     --        8      0       0              2     0     0
webalizer --      152      0       0              6     0     0
xfs       --        4      0       0              2     0     0
named     --       80      0       0             23     0     0
ntp       --        8      0       0              2     0     0
```

图 5-17　磁盘配额的报告

要查看所有启用了配额的文件系统的磁盘用量，使用以下命令：

```
#repquota -a
```

上面的报告虽然看起来很简单，有几点仍需要说明。显示在每个用户后面的“-”是一种判断用户是否超出其块限度或内节点限定的快速方法。如果任何一个软限定被超出，相应的“-”行就会被“+”代替；第一个“-”代表块限定，第二个“-”代表节点限定。

grace 列通常是空白。如果某个软件限定被超出，这一列就会包含过渡期中的剩余时间。

如果过渡期已超过了，其中就会显示 none。

2. 保持配额的正确性——quotacheck

当某文件系统没有被完整地卸载（如，由于系统崩溃）时，这就有必要运行 quotacheck。不过，即便系统没有崩溃，quotacheck 也可以被定期经常运行，以保持配额的正确性：

```
#quotacheck -avug
```

3. 启用和禁用——quotaon/quotaoff

要关闭所有用户和组的磁盘配额，需要使用以下命令：

```
#quotaoff  -avug
```

如果只指定了-u 选项，则只有用户配额被禁用；如果只指定了-g 选项，只有组配额被禁用。

要重新启用配额，使用带有同样选项的 quotaon 命令。如要为所有文件系统启用用户和组群配额，输入命令：

```
#quotaon  -avug
```

要为指定文件系统（如/home）启用配额，输入命令：

```
#quotaon  -avug  /home
```

如果只指定-u 选项，那么仅用户配额会被启用；如果只指定了-g 选项，仅组配额被启用。

4. 查看磁盘配额——quota

在与磁盘配额有关的命令中，大部分是由系统管理员（root）来运行的，而 quota 命令则是一般用户也可以运行的命令，它显示用户自己的磁盘配额数据。

因为配额文件/ aquota.group 和/ aquota.user 只对 root 用户可读写，其他用户还不能对其进行访问。为了让其他用户可以正常使用 quota 命令，还需要通过如下的命令来修改这两个配额文件的权限：

```
#chmod 644 /aquota.*
```

5.3 本章小结

对 Linux 操作系统进行用户管理包括添加用户、删除用户、禁用用户、启用用户、改变用户属性、添加用户、删除用户、将用户加入到用户组、将用户从用户组中删除等常规操作。为了限制用户和用户组对系统资源的无限制占用，还需要配置磁盘配额。在 Linux 中启用磁盘配额后，就可以直接对用户或用户组进行磁盘配额了。

第 6 章　进程管理

本章知识点：

- 进程的组成
- 进程的生命周期
- 进程的启动和调度
- 向进程发送信号的方法
- 进程的优先级
- 周期性进程

本章重点：

- 使用 ps 命令监视系统进程
- 使用 top 命令监视系统进程
- 使用 kill 命令向进程发送信号
- 使用 nice 和 renice 命令设置更改进程的优先级
- 使用 crontab 命令为系统制定作业

进程是 Linux 用来表示正在运行的程序的一种抽象概念。Linux 和 UNIX 设计思想的一部分内容就是让尽可能多的工作在进程的上下文（context）中完成，而不是由内核专门来进行处理。系统进程和用户进程都遵守同样的规则，因此用户可以使用一套工具控制这两种进程。

Linux 系统上所有运行的东西都可以称之为一个进程。每个用户任务、每个系统管理守护进程都可以称之为进程。Linux 用分时管理的方法使所有的任务共同分享系统资源。我们所关心的是如何去控制这些进程，让它们能够很好地为用户服务。

进程是一个随执行过程不断变化的实体。与程序要包含指令和数据一样，进程也包含程序计数器和所有 CPU 寄存器的值，同时它的堆栈中存储着如子程序参数、返回地址以及变量之类的临时数据。进程具有独立的权限与职责，如果系统中某个进程崩溃，它不会影响到其他的进程。每个进程运行在其各自的虚拟地址空间中，通过可靠的通信机制，它们之间才能发生联系。进程在生命期内将使用系统中的资源，利用系统中的 CPU 来执行指令，在物理内存放置指令和数据，使用文件系统提供的功能打开并使用文件，同时直接或者间接地使用物理设备。Linux 必须跟踪系统中的每个进程以及资源，以便在进程间实现资源的公平分配。如果系统有一个进程独占了大部分物理内存或者 CPU 使用时间，这种情况对系统中的其他进程是不公平的。

6.1　任务 1　监视进程

作为一个合格的系统管理员，需要定时地监视系统中的进程，了解各个进程的状态、占用资源等信息，对进程的状态、优先级等进行必要的修改设置。例如，如果系统管理员监视到某个进程过多地占用 CPU 资源而影响计算机正常运行，就要将该进程挂起或者干脆先结束它，过后再重新启动这个进程。要想很好地监视系统的进程，必须从了解进程的组成和进程的生命周期开始。

6.1.1 了解进程的组成和生命周期

1. 进程的组成

一个进程由一个地址空间和内核内部的一组数据结构组成。地址空间是由内核标记出来供进程使用的一组内存页面。它包含进程正在执行的代码和库、进程变量、进程堆栈以及在进程运行的同时内核所需要的各种其他信息。因为 Linux 支持虚拟内存，因此内存页面在地址空间中的位置和它在机器的物理内存或交换空间中的位置之间并不一定具有相关性。

内核的内部数据结构记录了有关每个进程的各种信息，其中一些非常重要的信息有：

- 进程的地址空间映射。
- 进程的当前状态（睡眠状态、停止状态、可运行状态等）。
- 进程执行的优先级。
- 进程已经使用的资源信息。
- 进程的信号掩码（记录确定要封锁哪些信号）。
- 进程的创建者。

进程还要跟踪 CPU 当前正在执行那些指令。Linux 允许多个进程共享一个地址空间，从而达到多线程执行的效果。到目前为止，多线程机制尚未对系统管理造成太大的影响。

2. 进程的生命周期

为了创建一个新进程，一个进程就会用系统调用 fork 来复制自身。fork 创建原进程的一个副本，这个副本在很大程度上与父进程相同。新进程拥有一个不同的 PID 和它自己的统计信息。

fork 具有返回两个不同值的特性。从子进程角度来看，它返回 0。另一方面对于父进程来说，则返回新创建的子进程的 PID。由于这两个进程在其他方面是相同的，因此它们都必须检查返回值来确定它们要扮演什么角色。

在 fork 以后，子进程经常使用系统调用 exec 家族的一个成员开始执行新的程序。这些调用能改变进程正在执行的程序正文(text)，并把数据和堆栈段重新设定到预先定义的初始状态。exec 各个不同形式的区别仅在于它们为新程序指定命令行参数和环境时，所采用的方式不同。

当系统引导时，内核会自主创建并安装几个进程。其中最知名的就是 init，它的进程编号总是 1。init 负责执行系统的启动脚本。除了内核创建的那几个进程以外，其他所有进程都是 init 的后代。

init 在进程管理中还担负着另外一个重要角色。当一个进程执行完毕时，它调用一个名为 exit 的例程来通知内核它已经做好"消亡"的准备了。它提供一个退出码表明它准备退出的原因。按照惯例，0 用来表示正常的或者说"成功"的终止。

在允许进程完全消失以前，Linux 要求该进程的消亡得到其父进程的确认，父进程是通过调用 wait 来确认的。父进程接收到子进程退出码的一个副本，如果父进程愿意，它也可以得到子进程对资源使用情况的一个总结。

如果父进程比子进程的生命期长并能负责调用 wait 清理死亡的进程，那么这种方案可以工作得很好。但是，如果父进程比子进程先消亡，那么内核则会意识到将来不会有 wait 调用处理子进程了，于是就调整子进程使它成为 init 的子进程。内核要求 init 接受进程，并在它们消亡的时候执行 wait 删除它们。

6.1.2　ps——监视进程

ps 是系统管理员监视进程的主要工具。ps 工具可以显示进程列表以及关于进程的分类信息，不仅可以显示进程的 PID、UID、优先级和控制终端，还给出了有关一个进程正在使用多少内存、已经消耗了多少 CPU 时间以及它的当前状态（运行中、已停止、在睡眠等）等。

可以用命令 ps aux 了解在系统上运行的所有进程的全貌。下面是 ps aux 命令的运行结果，如图 6-1 所示。

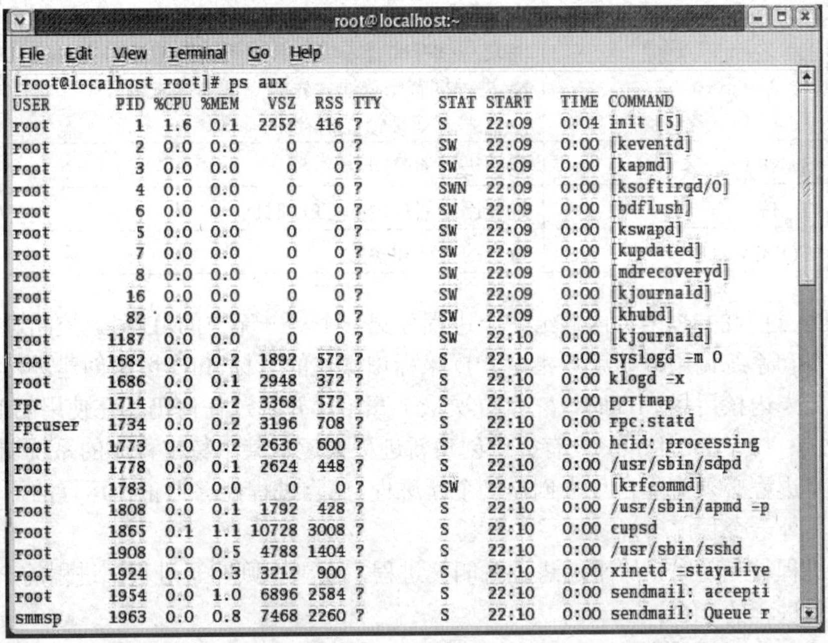

```
root@localhost:~
File  Edit  View  Terminal  Go  Help
[root@localhost root]# ps aux
USER        PID %CPU %MEM   VSZ  RSS TTY      STAT START   TIME COMMAND
root          1  1.6  0.1  2252  416 ?        S    22:09   0:04 init [5]
root          2  0.0  0.0     0    0 ?        SW   22:09   0:00 [keventd]
root          3  0.0  0.0     0    0 ?        SW   22:09   0:00 [kapmd]
root          4  0.0  0.0     0    0 ?        SWN  22:09   0:00 [ksoftirqd/0]
root          6  0.0  0.0     0    0 ?        SW   22:09   0:00 [bdflush]
root          5  0.0  0.0     0    0 ?        SW   22:09   0:00 [kswapd]
root          7  0.0  0.0     0    0 ?        SW   22:09   0:00 [kupdated]
root          8  0.0  0.0     0    0 ?        SW   22:09   0:00 [mdrecoveryd]
root         16  0.0  0.0     0    0 ?        SW   22:09   0:00 [kjournald]
root         82  0.0  0.0     0    0 ?        SW   22:09   0:00 [khubd]
root       1187  0.0  0.0     0    0 ?        SW   22:10   0:00 [kjournald]
root       1682  0.0  0.2  1892  572 ?        S    22:10   0:00 syslogd -m 0
root       1686  0.0  0.1  2948  372 ?        S    22:10   0:00 klogd -x
rpc        1714  0.0  0.2  3368  572 ?        S    22:10   0:00 portmap
rpcuser    1734  0.0  0.2  3196  708 ?        S    22:10   0:00 rpc.statd
root       1773  0.0  0.2  2636  600 ?        S    22:10   0:00 hcid: processing
root       1778  0.0  0.1  2624  448 ?        S    22:10   0:00 /usr/sbin/sdpd
root       1783  0.0  0.0     0    0 ?        SW   22:10   0:00 [krfcommd]
root       1808  0.0  0.1  1792  428 ?        S    22:10   0:00 /usr/sbin/apmd -p
root       1865  0.1  1.1 10728 3008 ?        S    22:10   0:00 cupsd
root       1908  0.0  0.5  4788 1404 ?        S    22:10   0:00 /usr/sbin/sshd
root       1924  0.0  0.3  3212  900 ?        S    22:10   0:00 xinetd -stayalive
root       1954  0.0  1.0  6896 2584 ?        S    22:10   0:00 sendmail: accepti
smmsp      1963  0.0  0.8  7468 2260 ?        S    22:10   0:00 sendmail: Queue r
```

图 6-1　显示进程

如表 6-1 所示，有关每个进程的主要参数都有一个简要的解释。与进程有关的这些参数直接影响进程的执行，如进程所得到的处理时间数量、进程能够访问的文件等。下面将就这些参数的具体意义及其重要性逐一详尽阐述。

表 6-1　与进程有关的参数

字段	内容
USER	进程属主的用户名
PID	进程的 ID
%CPU	该进程正在使用的 CPU 时间百分数
%MEM	该进程下在使用的实际内存百分数

续表

字段	内容
VSZ	进程的虚拟大小
RSS	驻留集的大小（内存中页的数量）
TTY	控制终端的 ID
STAT	当前进程的状态 R=可运行 D=在等待磁盘（或者短期等待） S=在睡眠 T=被跟踪或者被停止 Z=僵进程 附加标志： W=进程被交换出去 <=进程拥有比普通优先级更高的优先级 N=进程拥有比普通优先级更低的优先级 L=有些页面被锁在内存中
START	启动进程的时间
TIME	进程已经消耗掉的 CPU 时间
COMMAND	命令的名称和参数

- PID：进程的 ID 号。内核给每个进程分配一个独一无二的 ID 号。控制进程的大多数命令和系统调用需要用户指定 PID 来标识操作的目标。PID 按照创建进程的顺序来分配，当内核用尽 PID 时，它就再次从 1 开始，并跳过任何仍然在使用的 PID。
- PPID：父 PID。Linux 没有提供创建新进程去运行某个特定程序的系统调用。相反，现有进程必须克隆自身去创建一个新进程。克隆进程能够把正在运行的那个程序替换成另外一个程序。

当一个进程被克隆时，原来的进程就叫父进程，而副本则叫子进程。进程的 PPID 属性就是克隆它的父进程的 PID。

从上面 ps aux 命令的运行结果可以看到，ps 截断了一些命令，从而能让每个进程只占一行。为了避免截断而能看到尽可能多的 ps aux 信息，可以给 ps 命令加上 w 选项（代表 wide）。

另一组有用的选项是 lax，它提供了技术性更强的信息。而且运行的速度更快，因为它不必把每个 UID 都转换为用户名，如果系统已经因为某个别的进程而停顿了，那么效率就显得很重要了。运行 ps 命令的开销一般都相当大。

下面是 ps lax 命令的运行结果，如图 6-2 所示，输出包括父进程的 ID（PID）、谦让值（NI）字段，以及进程正在等待的资源（WCHAN）。

6.1.3 top——更好的监视进程

由于 ps 这样的命令只提供系统过去时间的一次性快照，因此，要获得系统上正在发生事情的“全景”往往是非常困难的。top 命令对活动进程以及其所使用的资源情况提供定期更新的汇总信息，如图 6-3 所示。

```
[root@localhost root]# ps lax
F   UID   PID  PPID PRI  NI   VSZ  RSS WCHAN  STAT TTY        TIME COMMAND
4     0     1     0  16   0  2252  416 schedu S    ?          0:04 init [5]
1     0     2     1  15   0     0    0 contex SW   ?          0:00 [keventd]
1     0     3     1  15   0     0    0 schedu SW   ?          0:00 [kapmd]
1     0     4     1  34  19     0    0 ksofti SWN  ?          0:00 [ksoftirq
1     0     6     1  25   0     0    0 bdflus SW   ?          0:00 [bdflush]
1     0     5     1  15   0     0    0 kswapd SW   ?          0:00 [kswapd]
1     0     7     1  15   0     0    0 schedu SW   ?          0:00 [kupdated
1     0     8     1  25   0     0    0 md_thr SW   ?          0:00 [mdrecove
1     0    16     1  15   0     0    0 end    SW   ?          0:00 [kjournal
1     0    82     1  15   0     0    0 end    SW   ?          0:00 [khubd]
1     0  1187     1  15   0     0    0 end    SW   ?          0:00 [kjournal
5     0  1682     1  16   0  1892  572 schedu S    ?          0:00 syslogd -
5     0  1686     1  16   0  2948  372 do_sys S    ?          0:00 klogd -x
5    32  1714     1  16   0  3368  572 schedu S    ?          0:00 portmap
5    29  1734     1  18   0  3196  708 schedu S    ?          0:00 rpc.statd
5     0  1773     1  17   0  2636  600 schedu S    ?          0:00 hcid: pro
5     0  1778     1  19   0  2624  448 schedu S    ?          0:00 /usr/sbin
1     0  1783     1  19   0     0    0 end    SW   ?          0:00 [krfcommd
5     0  1808     1  17   0  1792  428 schedu S    ?          0:00 /usr/sbin
5     0  1865     1  16   0 10728 3012 schedu S    ?          0:00 cupsd
5     0  1908     1  19   0  4788 1404 schedu S    ?          0:00 /usr/sbin
5     0  1924     1  16   0  3212  900 schedu S    ?          0:00 xinetd -s
5     0  1954     1  16   0  6896 2588 schedu S    ?          0:00 sendmail:
1    51  1963     1  17   0  7468 2260 pause  S    ?          0:00 sendmail:
```

图 6-2　显示进程

```
[root@localhost root]# top

 23:25:58  up  1:16,  2 users,  load average: 0.20, 0.18, 0.08
64 processes: 63 sleeping, 1 running, 0 zombie, 0 stopped
CPU states:  cpu    user    nice  system    irq  softirq  iowait    idle
           total    2.5%    0.0%    3.5%   0.0%     0.0%    0.0%   93.9%
Mem:   255504k av,  242752k used,   12752k free,       0k shrd,   24972k buff
       111552k active,             110248k inactive
Swap:  522104k av,     280k used,  521824k free                  106284k cached

  PID USER     PRI  NI  SIZE  RSS SHARE STAT %CPU %MEM   TIME CPU COMMAND
 2178 root      15   0 33188  14M  4756 S     3.9  5.7   0:14   0 X
 2271 root      15   0  7120 7120  5836 S     0.7  2.7   0:01   0 metacity
 2341 root      15   0 11068  10M  7516 S     0.5  4.3   0:02   0 gnome-terminal
 2313 root      16   0 15120  14M 10264 S     0.3  5.9   0:02   0 nautilus
 2322 root      25  10 15748  15M  9364 S N   0.1  6.1   0:01   0 rhn-applet-gui
 2330 root      15   0  6244 6244  5360 S     0.1  2.4   0:00   0 notification-ar
 2475 root      16   0  1080 1080   888 R     0.1  0.4   0:00   0 top
    1 root      16   0   416  416   360 S     0.0  0.1   0:04   0 init
    2 root      15   0     0    0     0 SW    0.0  0.0   0:00   0 keventd
    3 root      15   0     0    0     0 SW    0.0  0.0   0:00   0 kapmd
    4 root      34  19     0    0     0 SWN   0.0  0.0   0:00   0 ksoftirqd/0
    6 root      25   0     0    0     0 SW    0.0  0.0   0:00   0 bdflush
    5 root      15   0     0    0     0 SW    0.0  0.0   0:00   0 kswapd
    7 root      15   0     0    0     0 SW    0.0  0.0   0:00   0 kupdated
    8 root      25   0     0    0     0 SW    0.0  0.0   0:00   0 mdrecoveryd
```

图 6-3　监视进程

默认设置下，这些显示信息每 10 秒更新一次。那些最活跃的进程显示在顶部。top 还接收键盘的输入并允许用户向进程发送信号和调整进程的谦让值，因此用户可以观察自己的操作是如何影响到机器的整体状态的。

top 必须消耗一小部分的 CPU 时间，每 10 秒更新一次显示信息。它通常只用于诊断目的，而不是作为一个用来夸耀的玩具。

root 用户能够以 q 选项去运行 top，以便把它提升到可能的最高优先级。当试图跟踪一个已经把系统拖垮的进程时，这种提升就非常有用。

6.2 任务 2 启动进程

键入需要运行的程序名，执行一个程序，其实也就是启动了一个进程。在 Linux 系统中每个进程都具有一个进程号，用于系统识别和调度进程。启动一个进程有两个主要途径：手工启动和调度启动，后者是事先进行设置，根据用户要求自行启动。

6.2.1 手工启动

手工启动进程是由用户输入命令，直接启动一个进程。但手工启动进程又可分为很多种，根据启动的进程类型和性质不同，实际结果也不一样，下面分别介绍。

1. *前台启动*

这是手工启动进程的最常用的方式。一般地，用户键入命令“ls -l”，这就已经启动了一个进程，而且是前台的进程。这时系统其实已经处于一个多进程状态。或许有些用户会疑惑，从用户角度来看只启动了一个进程而已，但实际上有许多运行在后台的、系统启动时就自动启动的进程正在悄悄运行着。还有的用户在键入“ls -l”命令后紧接着使用“ps -x”查看，却没有看到 ls 进程，也觉得很奇怪。其实这是因为 ls 这个进程结束太快，使用 ps 查看时该进程已经执行结束了。如果启动一个比较耗时的进程，可以使用如下命令：

```
find / -name view.jpg
```

然后打开另一个终端，使用“ps -ef”查看，就会看到一个 find 进程在里面，如图 6-4 所示。

```
root@localhost:~
File  Edit  View  Terminal  Go  Help
root      2255  2187  0 Aug24 ?        00:00:00 /usr/bin/ssh-agent /etc/X11/xini
root      2265     1  0 Aug24 ?        00:00:02 /usr/libexec/gconfd-2 11
root      2269     1  0 Aug24 ?        00:00:00 /usr/libexec/bonobo-activation-s
root      2271     1  0 Aug24 ?        00:00:01 /usr/bin/metacity --sm-client-id
root      2273     1  0 Aug24 ?        00:00:00 gnome-settings-daemon --oaf-acti
root      2280  1924  0 Aug24 ?        00:00:00 fam
root      2299     1  0 Aug24 ?        00:00:01 gnome-panel --sm-client-id defau
root      2313     1  0 Aug24 ?        00:00:02 nautilus --no-default-window --s
root      2315     1  0 Aug24 ?        00:00:00 magicdev --sm-client-id default4
root      2318     1  0 Aug24 ?        00:00:00 eggcups --sm-client-id default6
root      2320     1  0 Aug24 ?        00:00:00 pam-panel-icon --sm-client-id de
root      2322     1  0 Aug24 ?        00:00:02 /usr/bin/python /usr/bin/rhn-app
root      2323  2320  0 Aug24 ?        00:00:00 /sbin/pam_timestamp_check -d roo
root      2327     1  0 Aug24 ?        00:00:00 /usr/libexec/mapping-daemon
root      2330     1  0 Aug24 ?        00:00:00 /usr/libexec/notification-area-a
root      2332     1  0 Aug24 ?        00:00:00 /usr/libexec/mixer_applet2 --oaf
root      2336     1  0 Aug24 ?        00:00:00 /usr/libexec/wnck-applet --oaf-a
root      2341     1  0 Aug24 ?        00:00:07 /usr/bin/gnome-terminal
root      2342  2341  0 Aug24 ?        00:00:00 gnome-pty-helper
root      2343  2341  0 Aug24 pts/0    00:00:00 bash
root      2578  2343 10 00:39 pts/0    00:00:01 find / -name view.jpg
root      2581  2341  3 00:39 pts/1    00:00:00 bash
root      2613  2581  0 00:39 pts/1    00:00:00 ps -ef
[root@localhost root]#
```

图 6-4 前台启动进程

2. *后台启动*

直接从后台手工启动一个进程用得比较少一些，除非是该进程特别耗时，且用户也不急着需要结果的时候。假设用户要启动一个需要长时间运行的格式化文本文件的进程，为了不使整个 shell 在格式化过程中都处于“瘫痪”状态，从后台启动这个进程是明智的选择。

例如：

```
du  -sh  /usr  &
```

由图 6-5 可见，从后台启动进程其实就是在命令结尾加上一个“&”符号。键入命令以后，出现一个数字 2624，这个数字就是该进程的编号，也称为 PID，然后就出现了提示符。用户可以继续其他工作。

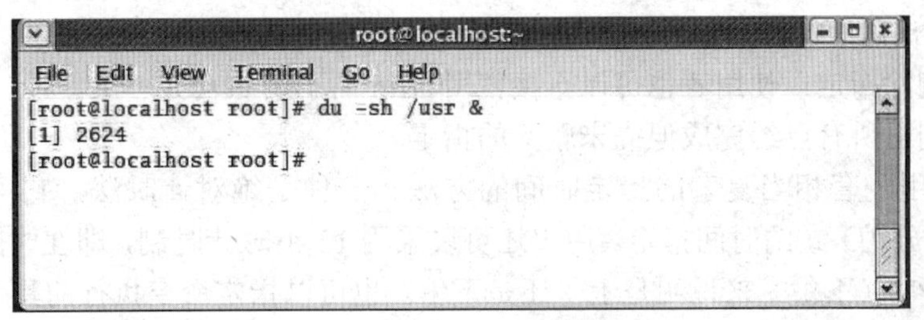

图 6-5　后台启动进程

上面介绍了前台和后台启动的两种情况。实际上这两种启动方式有一个共同的特点，就是新进程都是由当前 shell 这个进程产生的。也就是说，是 shell 创建了新进程，于是就称这种关系为进程间的父子关系。这里 shell 是父进程，而新进程是子进程。一个父进程可以有多个子进程，一般地，子进程结束后才能继续父进程。当然，如果是从后台启动，那就不用等待子进程结束了。

一种比较特殊的情况是在使用管道符的时候。例如：

```
ls  -l |grep kill |more
```

这时候实际上是同时启动了三个进程。请注意是同时启动的，所有放在管道两边的进程都将被同时启动，它们都是当前 shell 的子程序，互相之间可以称为兄弟进程。

以上介绍的是手工启动进程的一些内容，作为一名系统管理员，很多时候都需要把事情安排好以后让其自动运行。因为管理员不是机器，也有离开的时候，所以有些必须要做的工作而恰好管理员不能亲自操作，这时就需要使用调度启动进程了。

6.2.2　调度启动

有时需要对系统进行一些比较费时而且占用资源的维护工作，这些工作适合在深夜进行，这时用户就可以事先进行调度安排，指定任务运行的时间或场合，到时系统会自动完成这一切工作。

要使用自动启动进程的功能，需要掌握下面几个启动命令。

1. at 命令

用户使用 at 命令在指定时刻执行指定的命令序列。也就是说，该命令至少需要指定一个命令、一个执行时间，才可以正常运行。at 命令可以只指定时间，也可以时间和日期一起指定，使用组合键 Ctrl+d 来结束命令输入。

下面是 at 命令的语法格式：

```
at [-V][-q 队列][-f 文件名][-mldbv]时间
at -c 作业[作业...]
```

其中各参数的作用是：

- -V：印出版本编号。

- -q：使用指定的储列（queue）来存储，at 的资料是存放在所谓的 queue 中，使用者可以同时使用多个 queue，queue 的编号为 a, b, c… z 以及 A, B, … Z，共 52 个。
- -f file：读入预先写好的文件。使用者不一定要使用交互模式来输入，可以先将所有的指定先写入文件后再一次读入。
- -m：即使程序/指令执行完成后没有输出结果，也要寄封信给使用者。
- -l：列出所有的指定（使用者也可以直接使用 atq 而不用 at -l）。
- -d：删除指定（使用者也可以直接使用 atrm 而不用 at -d）。
- -v：列出所有已经完成但尚未删除的指定。

at 允许使用一套相当复杂的指定时间的方法。一种是绝对计时法，它可以接受当天的 hh:mm（小时：分钟）式的时间指定。用户还可以采用 12 小时计时制，即在时间后面加上 AM（上午）或者 PM（下午）来说明是上午还是下午。也可以指定命令执行的具体要求日期，指定格式为 month day（月 日）或者 mm/dd/yy（月/日/年）或者 dd/mm/yy（日/月/年）。指定的日期必须跟在指定时间的后面。

对于即将要执行的命令，可以使用相对计时法，指定格式为：now+count time-units，now 就是当天时间，time-units 是时间单位，这里可以是 minutes（分钟）、hours（小时）、days（天）、weeks（星期）。count 是时间的数量，究竟是几天，还是几小时等。

还有一种计时方法就是直接使用 today（今天）、tomorrow（明天）来指定完成命令的时间。下面通过一些例子来说明具体用法。

例如，指定在今天下午 5:30 执行某命令。假设现在时间是中午 12:30，2005 年 2 月 10 日，其命令格式如下：

```
at 5:30pm
at 17:30
at 17:30 today
at now+5 hours
at now+300 ninutes
at 17:30 10.2.2005
at 17:30 2/10/2005
at 17:30 Feb 10
```

以上这些命令表达的意义是完全一样的，所以在安排时间的时候完全可以根据个人喜好和具体情况自由选择。一般采用绝对时间的 24 小时计时法可以避免由于用户自己的疏忽造成计时错误的情况发生，例如，上例可以写成：at 17:30 2/10/2005，这样非常清楚，而且别人也看得懂。

例（1）在三天后下午 4 点执行文件 work 中的作业。

```
at  -f  work  4pm+3 days
```

例（2）在 7 月 31 日上午 10 点执行文件 work 中的作业。

```
at -f  work 10am  Jul 31
```

2. batch 命令

batch 用低优先级运行作业，该命令几乎和 at 命令的功能完全相同，惟一的区别在于，at 命令是在指定时间的很精确的时刻执行指定命令；而 batch 却是在系统负载较低，资源比较空闲的时候执行命令。该命令适合于执行占用资源较多的命令。

batch 命令的语法格式也和 at 命令十分相似，即：

```
batch[-V][-q 队列][-f 文件名][-mv][时间]
```

具体的参数解释请参考 at 命令。一般来说，不用为 batch 命令指定时间参数，因为 batch 本身的特点就是由系统决定执行任务的时间，如果用户再指定一个时间，就失去了本来的意义。

找出系统中所有以 txt 为扩展名的文件，并且进行打印。打印结束后给用户 xu 发出通知，使用 batch 命令处理的过程如下：

```
$ batch
at>find  /  -name  *.txt |lpr
at>echo"xu:All texts have been printed."|mail  -s  "job done" xu
```

仍然使用组合键 Ctrl+d 来结束命令输入。而且 batch 和 at 命令都将自动转入后台，所以启动的时候也不需要加上“&”符号。

3. cron 命令

at 和 batch 两条命令都会在一定时间内完成一定的任务，但是要注意它们都只能执行一次。也就是说，当指定了运行命令后，系统在指定时间完成任务，一切就结束了。但是在很多时候需要不断重复使用 cron 命令来完成任务。

cron 命令在系统启动时就由一个 shell 脚本自动启动，进入后台（所以不需要使用“&”符号）。一般的用户没有运行该命令的权限，虽然超级用户可以手工启动 cron，不过还是建议将其放到 shell 脚本中由系统自行启动。

首先 cron 命令会搜索/var/spool/cron 目录，寻找以/etc/passwd 文件中的用户名命名的 crontab 文件，被找到的这种文件将载入内存。例如，一个用户名为 foxy 的用户，它所对应的 crontab 文件就应该是/var/spool/cron/foxy。也就是说，以该用户命名的 crontab 文件存放在/var/spool/cron 目录下面。cron 命令还将搜索/etc/crontab 文件，这个文件是用不同的格式写成的。

cron 启动以后，它将首先检查是否有用户设置了 crontab 文件，如果没有就转入“休眠”状态，释放系统资源。所以该后台进程占用资源极少。它每分钟“醒”过来一次，查看当前是否有需要运行的命令。命令执行结束后，任何输出都将作为邮件发送给 crontab 的所有者或者是/etc/crontab 文件中 MAILTO 环境变量中指定的用户。

上面简单介绍了一下 cron 的工作原理，但是 cron 命令的执行不需要用户干涉，需要用户修改的是 crontab 中要执行的命令序列，所以下面介绍 crontab 命令。

4. crontab 命令

crontab 命令用于安装、删除或者列出用于驱动 cron 后台进程的表格。也就是说，用户把需要执行的命令放到 crontab 文件中以获得执行。每个用户都可以有自己的 crontab 文件。下面就来看看如何创建一个 crontab 文件。

在/var/spool/cron 下的 crontab 文件不能直接创建或者直接修改。crontab 文件是通过 crontab 命令得到的。现在根用户需要创建自己的一个 crontab 文件。首先可以使用任何文本编辑器建立一个新文件，然后向其中写入需要运行的命令和要定期执行的时间，然后存盘退出。在 crontab 文件中如何输入需要执行的命令和时间。该文件中每行都包括 6 个域，其中前 5 个域是指定命令被执行的时间，最后 1 个域是要被执行的命令。每个域之间使用空格或者制表符分隔，格式如下：

```
minute hour day-of-month monh-of-year day-of-week commands
```

在图 6-6 中有*的两行：第一个是分钟，第二个是小时，第三个是一个月的第几天，第四个是一年的第几个月，第五个是一周的星期几，第六个是要执行的命令。这些项都不能为空，必须填入。如果用户不需要指定其中的几项，那么可以使用*代替。因为*是通配符，可以代替任何字符，所以可以认为是任何时间，也就是该项被忽略了。

```
root@localhost:~
File  Edit  View  Terminal  Go  Help
[root@localhost root]# vi test.cron
[root@localhost root]# crontab test.cron
[root@localhost root]# crontab -l
# DO NOT EDIT THIS FILE - edit the master and reinstall.
# (test.cron installed on Sat Aug 30 02:13:37 2008)
# (Cron version -- $Id: crontab.c,v 2.13 1994/01/17 03:20:37 vixie Exp $)
10 6 * * * date
0 */2 * * * date
[root@localhost root]# ls /var/spool/cron
mailman  root
```

图 6-6　编辑 crontab 文件

假设该文件为/tmp/test.cron，再后就是使用 crontab 命令来安装这个文件，使之成为该用户的 crontab 文件。

键入：

```
crontab test.cron
```

这样，一个 crontab 文件就建立好了。可以转到/var/spool/cron 目录下面查看，发现多了一个 root 文件。这个文件就是所需的 crontab 文件。用 more 命令查看该文件的内容，如图 6-7 所示。可以发现文件头有三行信息：

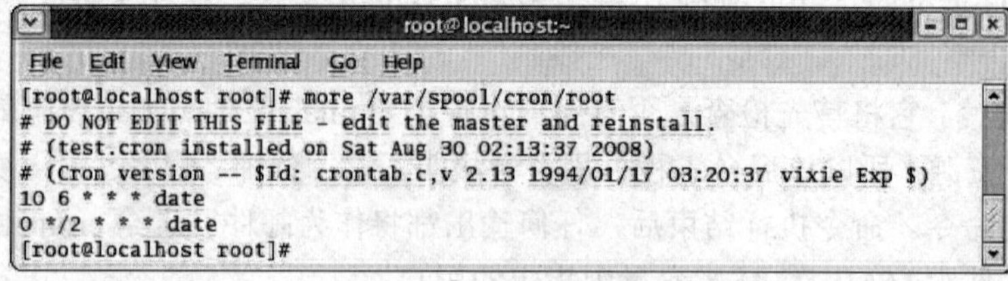

```
root@localhost:~
File  Edit  View  Terminal  Go  Help
[root@localhost root]# more /var/spool/cron/root
# DO NOT EDIT THIS FILE - edit the master and reinstall.
# (test.cron installed on Sat Aug 30 02:13:37 2008)
# (Cron version -- $Id: crontab.c,v 2.13 1994/01/17 03:20:37 vixie Exp $)
10 6 * * * date
0 */2 * * * date
[root@localhost root]#
```

图 6-7　查看 root 文件

这段提示信息的大意是：

#切勿编辑此文件——如果需要改变请编辑源文件然后重新安装。

#test.cron 文件安装时间：02:13:37　08/30/2008

如果需要改变其中的命令内容，还是需要重新编辑原来的文件，然后再使用 crontab 命令安装。

crontab 命令的语法格式如下：

```
crontab[-u user] file
crontab[-u user] {-l |-r |-e}
```

第一种格式用于安装一个新的 crontab 文件，安装来源就是 file 所指的文件，如果使用“-”符号作为文件名，那就意味着使用标准输入作为安装来源。

- -u：如果使用该选项，也就是指定了哪个具体用户的 crontab 文件将被修改。如果不指定该选项，crontab 将默认是操作者本人的 crontab，也就是执行该 crontab 命令用户的 crontab 文件将被修改。但是请注意，如果使用了 su 命令再使用 crontab 命令很有可能出现混乱的情况。所以如果使用了 su 命令，最好使用-u 选项来指定究竟是哪个用户的 crontab 文件。

- -l：在标准输出上显示当前的 crontab。
- -r：删除当前的 crontab 文件。
- -e：使用 VISUAL 或者 EDITOR 环境变量所指的编辑当前的 crontab 文件。当结束编辑离开时，编辑后的文件将自动安装。

例如，列出用户目前的 crontab 作业。

```
crontab  -l
10 6 * * * date
0 */2 * * * date
```

6.3　任务 3　进程间通信

6.3.1　kill 命令

当需要中断一个前台进程时，通常使用 Ctrl+C 组合键。但是对于一个后台进程恐怕就不是一个组合键所能解决的了，这时就必须求助于 kill 命令，该命令可以终止后台进程。终止后台进程的原因很多，可能是该进程占用的 CPU 时间过多，也可能是该进程已经挂死，总之这种情况是经常发生的。

kill 命令是通过向进程发送指定的信号来结束进程的。如果没有指定发送信号，那么默认值为 TERM 信号。TERM 信号将终止所有不能捕获该信号的进程。至于那些可以捕获该信号的进程可能就需要使用 kill（9）信号了，该信号是不能被捕捉的。kill 命令的语法格式很简单，大致有以下两种方式：

```
kill[-s 信号 |-p][-a]进程号
kill-l[信号]
```

如图 6-8 所示显示了所有的 kill 信号。

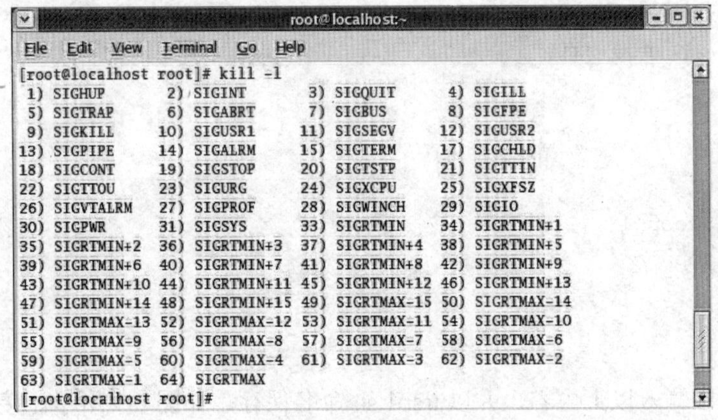

图 6-8　kill 信号

- -s：指定需要送出的信号。既可以是信号名，也可以对应数字。

- -p：指定 kill 命令只是显示进程的 pid，并不真正送出结束信号。
- -l：显示信号名称列表，这也可以在/usr/include/linux/signal.h 文件中找到。

6.3.2 trap 命令

信号可以被应用程序或脚本捕获，并依据该信号（1、2、3 和 15）采取相应的行动。一些信号不能被捕获。如：信号 9 是无条件杀死进程的信号，如果一个命令收到了信号 9，就无法再捕捉其他信号了。

捕捉到一个信号后，系统可能采取下列操作之一：

（1）不采取任何行动，由系统处理

（2）捕获该信号，但忽略它

（3）捕获该信号，并采取相应的行动

捕获信号的命令是 trap，其命令形式如下：

```
trap  name  signal(s)
```

其中，name 是捕捉到信号以后所采取的一系列操作。实际中，name 一般是一个专门捕捉信号的函数。用双引号（“”）引起来。signal 就是待捕捉的信号。

常见的行动有：

（1）清除临时文件。

（2）忽略该信号（例如：trap “” 2 3）。

（3）询问用户是否终止该脚本的运行。

6.3.3 通信实例

```
#!/bin/bash
#trap1.sh
trap  "exitprocess"  2  3   /*如果捕获到信号 2 或 3，就采取 exitprocess 函数指定的动作
*/
loop=0
function exitprocess()
{
  echo "You just hit <CTRL-C>, at number $loop"
  echo "I will now exit"
  exit 1
}
while :                 //循环条件为真
  do
    loop=$[$loop+1]
    echo $loop
    sleep 1
  done
#end
```

在 vi 编辑器中输入以上内容，并以 trap1.sh 命名保存，如图 6-9 所示。接下来输入：

```
#chmod 755 trap1.sh
#./trap1.sh
```

```
#!/bin/bash
#trap1.sh
trap "exitprocess" 2 3
loop=0
function exitprocess()
{
  echo "You just hit <CTRL-C>,at number $loop"
  echo "I will now exit"
  exit 1
}
 while :
   do
     loop=$[$loop+1]
     echo $loop
     sleep 1
   done
#end
~
~
~
~
~
~
~
-- INSERT --                                    17,5          All
```

图 6-9　trap1.sh 脚本的内容

运行结果如图 6-10 所示。

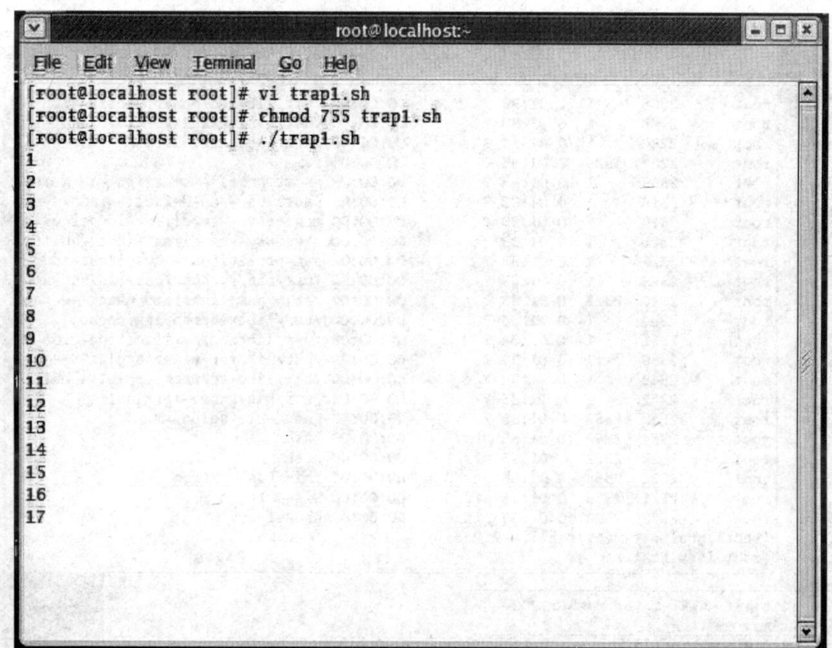

```
[root@localhost root]# vi trap1.sh
[root@localhost root]# chmod 755 trap1.sh
[root@localhost root]# ./trap1.sh
1
2
3
4
5
6
7
8
9
10
11
12
13
14
15
16
17
```

图 6-10　trap1.sh 脚本的运行结果

在另一个终端输入：

```
#ps -ef
```

找到./trap1.sh 的进程号，如图 6-11 所示。

```
root@localhost:~
File  Edit  View  Terminal  Go  Help
root      2272     1  0 01:33 ?        00:00:04 /usr/libexec/gconfd-2 11
root      2276     1  0 01:33 ?        00:00:00 /usr/libexec/bonobo-activation-s
root      2278     1  0 01:33 ?        00:00:00 /usr/bin/metacity --sm-client-id
root      2280     1  0 01:33 ?        00:00:00 gnome-settings-daemon --oaf-acti
root      2287  1924  0 01:33 ?        00:00:00 fam
root      2309     1  0 01:33 ?        00:00:03 gnome-panel --sm-client-id defau
root      2316     1  0 01:33 ?        00:00:03 nautilus --no-default-window --s
root      2319     1  0 01:33 ?        00:00:00 magicdev --sm-client-id default4
root      2325     1  0 01:33 ?        00:00:00 eggcups --sm-client-id default6
root      2327     1  0 01:33 ?        00:00:00 pam-panel-icon --sm-client-id de
root      2329     1  0 01:33 ?        00:00:05 /usr/bin/python /usr/bin/rhn-app
root      2330  2327  0 01:33 ?        00:00:00 /sbin/pam_timestamp_check -d roo
root      2334     1  0 01:34 ?        00:00:00 /usr/libexec/mapping-daemon
root      2337     1  0 01:34 ?        00:00:00 /usr/libexec/notification-area-a
root      2339     1  0 01:34 ?        00:00:00 /usr/libexec/mixer_applet2 --oaf
root      2343     1  0 01:34 ?        00:00:00 /usr/libexec/wnck-applet --oaf-a
root      2352     1  0 01:35 ?        00:00:02 /usr/bin/gnome-terminal
root      2353  2352  0 01:35 ?        00:00:00 gnome-pty-helper
root      2354  2352  0 01:35 pts/0    00:00:00 bash
root      2523  2352  0 01:45 pts/1    00:00:00 bash
root      2555  2354  0 01:46 pts/0    00:00:00 /bin/bash ./trap1.sh
root      2571  2555  0 01:46 pts/0    00:00:00 sleep 1
root      2572  2523  0 01:46 pts/1    00:00:00 ps -ef
[root@localhost root]#
```

图 6-11　trap1.sh 脚本的进程号

再执行：#kill -2 2555 可以看到如图 6-12 所示的提示信息，说明捕捉到了信号 2。还可以用同样的方法试着执行“#kill -4”或“#kill -3”，观看屏幕上的提示信息。

```
root@localhost:~
File  Edit  View  Terminal  Go  Help
root      2276     1  0 01:33 ?        00:00:00 /usr/libexec/bonobo-activation-s
root      2278     1  0 01:33 ?        00:00:00 /usr/bin/metacity --sm-client-id
root      2280     1  0 01:33 ?        00:00:00 gnome-settings-daemon --oaf-acti
root      2287  1924  0 01:33 ?        00:00:00 fam
root      2309     1  0 01:33 ?        00:00:03 gnome-panel --sm-client-id defau
root      2316     1  0 01:33 ?        00:00:03 nautilus --no-default-window --s
root      2319     1  0 01:33 ?        00:00:00 magicdev --sm-client-id default4
root      2325     1  0 01:33 ?        00:00:00 eggcups --sm-client-id default6
root      2327     1  0 01:33 ?        00:00:00 pam-panel-icon --sm-client-id de
root      2329     1  0 01:33 ?        00:00:05 /usr/bin/python /usr/bin/rhn-app
root      2330  2327  0 01:33 ?        00:00:00 /sbin/pam_timestamp_check -d roo
root      2334     1  0 01:34 ?        00:00:00 /usr/libexec/mapping-daemon
root      2337     1  0 01:34 ?        00:00:00 /usr/libexec/notification-area-a
root      2339     1  0 01:34 ?        00:00:00 /usr/libexec/mixer_applet2 --oaf
root      2343     1  0 01:34 ?        00:00:00 /usr/libexec/wnck-applet --oaf-a
root      2352     1  0 01:35 ?        00:00:02 /usr/bin/gnome-terminal
root      2353  2352  0 01:35 ?        00:00:00 gnome-pty-helper
root      2354  2352  0 01:35 pts/0    00:00:00 bash
root      2523  2352  0 01:45 pts/1    00:00:00 bash
root      2555  2354  0 01:46 pts/0    00:00:00 /bin/bash ./trap1.sh
root      2571  2555  0 01:46 pts/0    00:00:00 sleep 1
root      2572  2523  0 01:46 pts/1    00:00:00 ps -ef
[root@localhost root]# kill -2 2555
[root@localhost root]#
```

```
187
188
189
190
191
192
193
194
195
196
197
198
199
200
201
202
203
204
205
206
207
208
You just hit <CTRL-C>,at number 208
I will now exit
[root@localhost root]#
```

图 6-12　运行中的 trap1.sh 捕捉信号 2

6.4　任务 4　改变进程优先级 nice 和 renice

在系统中的各个进程并不是完全“平等”的，它们也有“优先级”，“优先级”高的进程先执行，“优先级”低的进程要等待“优先级”高的进程。进程的“优先级”是通过“谦让度”这一参数来设置的。

进程的“谦让度”可以作为向内核的数字暗示，通过它来表明一个进程在同其他进程竞争 CPU 时应该如何对待它。“谦让度”就是确定了对待系统上其他用户的“谦让程度”。高谦让值表示进程具有低优先级，低谦让值或者负值表示进程具有高优先级。谦让值的允许范围是-20～+19。

除非用户采取特殊动作，否则，新创建的进程就从它的父进程那里继承谦让值。进程的创建者可以增加其谦让值，但不能降低其谦让值，哪怕是让进程返回默认谦让值也不行。这种限制防止了具有低优先级的进程派生出高优先级的子进程。超级用户在调用谦让值方面具有全部的自由，它甚至可以把一个进程的谦让值设得非常低，以至于其他任何进程都不能运行。

进程的谦让值可以在创建时用 nice 命令来设置，并可以在执行时使用 renice 命令进行调整。nice 带有一个命令行作为参数，而 renice 带有 PID 或用户名作为参数。让人迷惑的是，renice 需要一个绝对优先级，而 nice 需要的则是优先级增量，然后把它加上 shell 的当前优先级，或者从 shell 的当前优先级中减去。

例如，谦让值增加 5，优先级降低，命令如下：

```
nice  -n  5   ～/bin/mytask
```

将谦让值直接设定为-5，命令如下：

```
renice   -5   8801
```

将用户 user 创建的进程的谦让值设置为 5，命令如下：

```
sudo   renice  5  -u  user
```

最常用的使用 nice 的进程是 xntpd，它是时钟同步守护进程。由于 CPU 的及时性对它的任务非常重要，因此它通常运行在比默认值低 12 左右的谦让值上（也就是说，它的优先级比变通进程更高）。

6.5　本章小结

对于 Linux 操作系统来说，即使没有任何负载，Linux 内核也需要管理数十个甚至上百个进程。这些进程占用的系统资源、状态等都是不尽相同的。因此，要想对系统上运行的进程有一个全面的了解，就必须使用 ps、top 等命令或者各种图形化进程操作工具来监视进程的各种统计信息。

除了上面提到的监视进程外，进程管理的另一个主要内容就是对特定进程执行特定的操作。例如，使用 nice 和 renice 命令更改进程优先级、控制进程的执行顺序、使用 kill 或 kill all 命令结束僵进程等。

第 7 章　网络管理

本章知识点：

- IP 地址
- 端口和子网掩码
- 路由

本章重点：

- 配置网卡设备
- 配置 IP 地址
- DNS
- 测试网络
- 配置和测试静态路由

7.1　网络管理基础知识

7.1.1　TCP/IP 网络

TCP/IP 是 Linux/UNIX、MacOS、Windows 以及其他大多数操作系统最常用的联网协议，它也是 Internet 的母语。IP 指的是网际协议（Internet），TCP 指的是传输控制协议（Transmission Control Protocol）。

传输控制协议（TCP）属于 TCP/IP 协议群中的传输层，提供可靠的数据传输服务。

TCP 是一种面向连接的子协议，意味着在该协议准备发送数据时，通信节点之间必须建立起一个连接。TCP 提供了可靠的数据传送、流量控制和拥塞控制。

UDP 是用户数据报协议，如同 TCP，位于 TCP/IP 模型中互联网层和应用层之间的传输层中。不同于 TCP 的是，UDP 是一种无连接的传输服务，它不保证数据包以正确的序列被接收。事实上，该协议根本不保证数据包的接收，而且，它不提供错误校验或序列编号。然而通过 Internet 进行实况录音或电视转播，要求迅速发送数据时，UDP 的不精确性使得它比 TCP 协议更加有效、更有用。在这些情况下，具有验证、校验和以及流控制机制的 TCP 协议将增加太多的报头，使得其难以发送。

7.1.2　端口和 IP 地址

端口是 16 比特的数字，它对 IP 地址进行了补充，以指定一个特定的通信通道。标准的服务，如电子邮件、FTP（File Transportation Protocol，文件传输协议）和远程登录服务器都与 /etc/services 文件定义的端口相关。端口信息可以查看/etc/services 文件。

IP 地址也叫 Internet 地址，它有 4 字节长，分为网络部分和主机部分。网络部分标识地址所指的逻辑网络，主机部分标识在网络上的一台计算机。

按照惯例，IP 地址被写成十进制的数字，每个字节之间用点号隔开。例如，某台计算机的 IP 地址是“192.168.80.194”。

若一个地址的第一字节是 127，则表示“环回（loopback）网络”，环回网络是没有实际硬件接口、只有一台主机的虚拟网络。环回地址 127.0.0.1 始终都指向当前主机，它的符号名称为 localhost。

一个接口的 IP 地址和其他参数都可以用 ipconfig 命令设置，用 ipconfig 命令查看当前计算机的网络设备信息。

通常，IP 地址根据最左边那个字节的不同而进行分类。这种分类决定了地址的哪些字节是网络部分，哪些字节是主机部分。现在，路由系统用一个明确的网络掩码来指定网络部分，并且可以在地址的任意两位之间进行划分，并不只局限于以字节为界。但是，在没有给出明确划分标准的时候，仍以传统的分类作为默认值。

A 类、B 类和 C 类表示常规的 IP 地址。D 类和 E 类用于组播和研究目的。各类 IP 地址的特征如表 7-1 所示。

表 7-1　各类 IP 地址的特征

地址类型	第一个字节	格式	说明
A	1～126	N.H.H.H	非常早期的网络，已分配完毕
B	128～191	N.N.H.H	大型网点，通常要划分子网，很难得到
C	192～223	N.N.N.H	容易得到，常常成组获得
D	224～239	—	广播地址，不是永久分配的
E	240～255	—	保留用于将来或试验使用

注：上表中“格式”栏内的 N 表示一个地址的网络部分，H 表示该地址的主机部分。

7.1.3　路由

在把一台新的计算机加到本地网络时，通常只需要指定一条默认路由。路由是数据从一个节点传输到另一个节点的过程。路由包含两个基本的动作：确定最佳路径和通过网络传输信息。在路由的过程中，后者也称为数据交换。数据交换相对来说比较简单，而选择路径很复杂。

在网络中要实现 IP 路由必须使用路由器，路由器是构架在不同的网络之间，用于实现数据传输时路径选择的一种设备，可以是专门的硬件设备，也可以是某台计算机设置成为路由器。路由器的功能主要有：协议转换能对网络层及其以下各层的协议进行转换；能根据分组的目的地址按某种路由策略，选择最佳路由；能支持多种协议的路由选择；流量控制功能；分段和组装功能以及网络管理功能。

对于一个路由器来说，如何正确地传送远程 IP 的数据包是一个关键性的问题。具体地说，当一个 IP 数据包不在路由器所连接的子网中时，路由器如何才能知道应该将该数据包传递给哪一个相邻的路由器呢？这就需要一些信息将目的网络与适当的网关相联系，这些路由选择信息是一张表格，该表格将各网络与到达该网络要经过的网关连接在一起。

路由表中的每一条路径选择信息都应该记录如下内容：

（1）IP 地址：既可以是主机 IP 地址又可以是网络 IP 地址。

（2）下一个路由器的 IP 地址：由下一个路由器负责继续转发。

（3）标志信息。

（4）指定的数据传输接口。

路由表有以下两种类型：

（1）静态路由表。由系统管理员事先设置好固定的路由表称之为静态（static）路由表，一般是在系统安装时就根据网络的配置情况预先设定的，当网络结构改变时需要管理员手工改变相应的表项。一般都要提供一个捕获所有目的数据包的表项（默认网关的默认路由），这是与网络 0.0.0.0 相关的网关，所有发送到未知网络的数据包都是通过该默认路由发送的。

（2）动态路由表。动态（Dynamic）路由表是路由器根据网络系统的运行情况而自动调整的路由表。路由器根据路由选择协议（Routing Protocol）提供的功能，自动学习和记忆网络运行情况，在需要时自动计算数据传输的最佳路径。

使用 route 命令定义静态路由，静态路由是自始自终都明确不会改变的路由表项。每条 route 命令都增加或者删除一条路由；route 命令的格式为：

```
route [op][type] destination gw gateway [metric][dev interface]
```

参数 op 应该是 add（增加路由）或者 del（删除路由），没有这个参数的话就显示路由表。destination 可以是一个主机地址（type-host）、一个网络地址（type-net）或者关键字 default.如果 destination 是一个网络地址，还应该指定一个网络掩码。

gateway 是应该转发包的那台主机，它必须处在一个直接连接的网络上；转发只能一次执行一跳。

metric 是包到达目的地址所需要转发的次数（跳数）。Linux 不要求有或者使用跳数，但如果设置了它，就在路由表中保留这个值，让路由协议可以用它。

若要检查现有路由，可使用“netstat -nr”命令。

7.2 任务 1 配置网络

网络管理中最基本的任务之一就是配置网络，也就是使各主机互相连通。这个项目就是要将一台主机加入网络。

任务要求：

学会配置主机的网络设备。

把一台主机加入本地网络的基本步骤是：

（1）分配惟一的 IP 地址和主机名。

（2）在重新设置了 IP 地址后，手动重新激活网络接口。

（3）设置主机在启动时自动激活网络接口。

（4）设置一条默认路由，在跨越不同的网络情况下还需要更多的路由配置。

（5）设置 DNS 服务器地址，允许对 Internet 进行访问。

如果网络中采用了 DHCP（动态主机配置协议），那么 DHCP 服务器会完成这些任务。

7.2.1　配置网络

下面分别介绍以图形化方式和命令方式配置系统网卡设备的具体操作步骤。

在图形化方式下的操作步骤如下：

（1）在任务栏上选择“主菜单”→System Tools→Hardware Browser，如图 7-1 所示，将会看到如图 7-2 所示的硬件浏览器窗口。

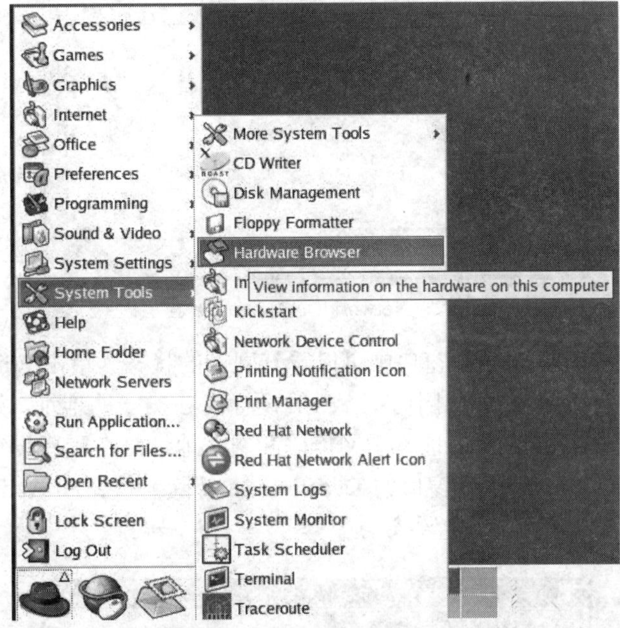

图 7-1　运行硬件浏览器

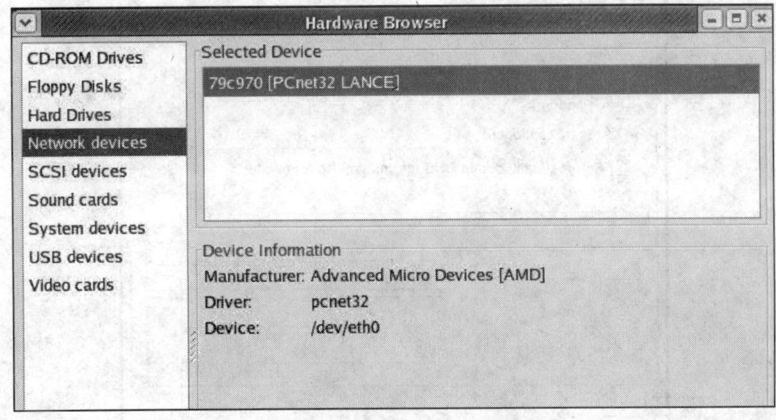

图 7-2　硬件浏览器窗口

（2）在硬件浏览器窗口中，可以看到已经安装了一个网卡设备。

（3）关闭硬件浏览器窗口，重新在任务栏上选择“主菜单”→System Settings→Network，弹出 Network Configuration 窗口，如图 7-3 所示。

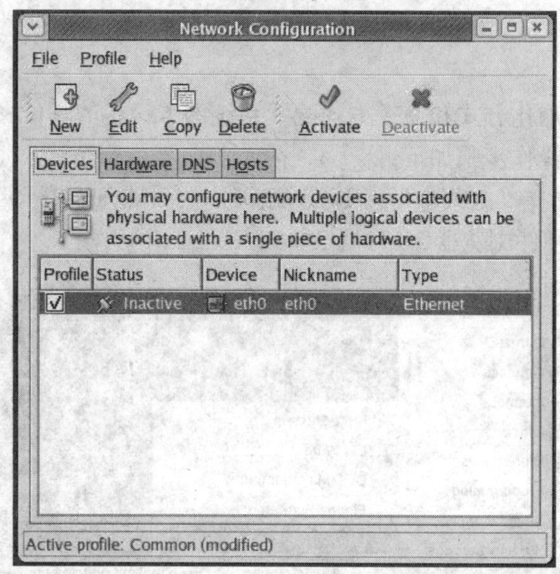

图 7-3 Network Configuration 窗口

（4）在 Network Configuration 窗口中可以看到网卡的状态。单击 Edit 按钮可以设置网卡的属性，如图 7-4 所示。如果在局域网内部，一般设置成 C 类子网地址。如果计算机是直接连接到广域网的，需要广域网的 IP 地址、子网掩码和网关地址。在重新设置了网卡属性后，需要依次单击 Network Configuration 窗口的 Deactivate（解除）按钮和 Activate（激活）按钮，用来重新启动网卡设备，使新的设置生效。

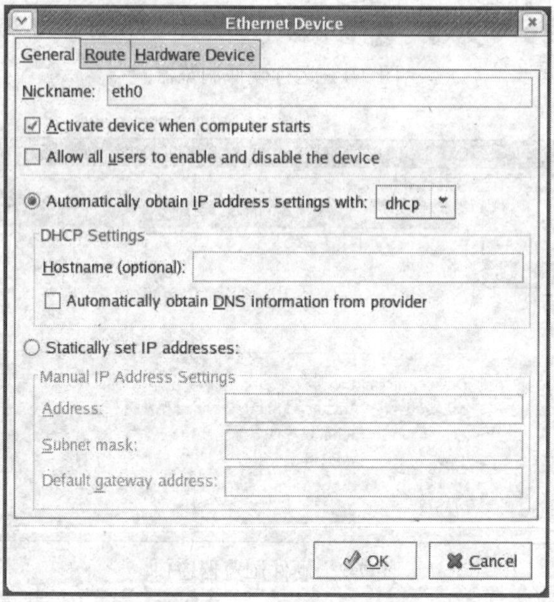

图 7-4 设置网卡属性

在命令方式下的操作步骤如下：

（1）输入 ifconfig 命令，查看系统的网络状态，如图 7-5 所示。eth0 为第一个网卡设备，第二个网卡设备被命名为 eth1，依此类推。lo 是本地回路地址。

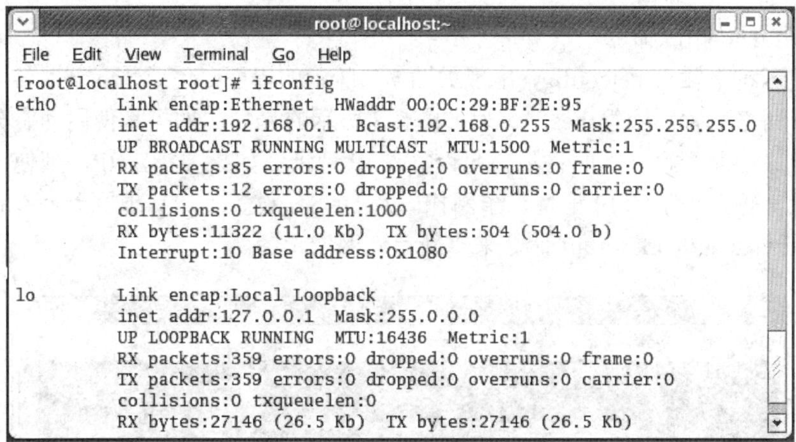

图 7-5　ifconfig 命令

（2）使用 ifconfig 命令修改网卡的属性。

（3）下面的命令将网卡 eth0 的 IP 地址设置为 192.168.31.1：

```
ifconfig eth0 192.168.31.1
```

操作结果如图 7-6 所示。

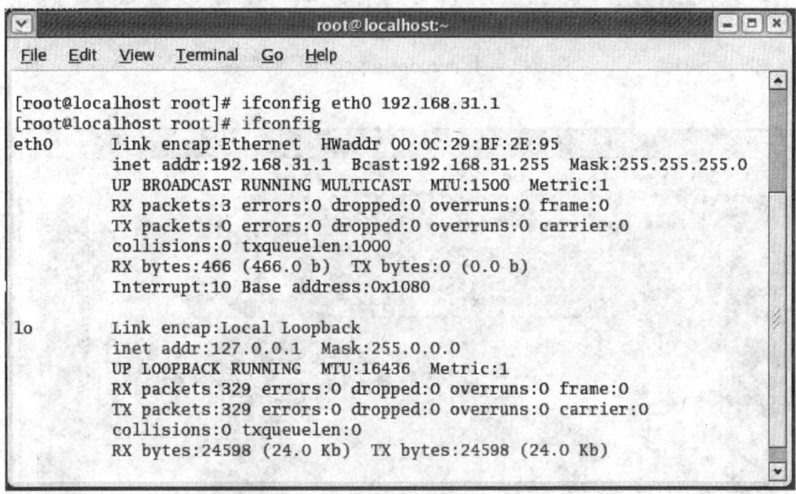

图 7-6　用 ifconfig 命令修改 IP 地址

（4）使用下面的命令修改网卡 eth0 的子网掩码：

```
ifconfig eth0 netmask 255.255.255.0
```

（5）与图形化方式下的配置一样，这里也需要重新启动一下网卡设备，以使新的配置生效，使用下面的命令使网卡 eth0 重新启动。

关闭网卡 eth0：

```
ifconfig eth0 down
```

启动网卡 eth0：

```
ifconfig eth0 up
```

也可以用下面的命令使所有网卡设备全部重新启动：

```
service network restart
```

（6）使用 netconfig 命令。

在终端提示符下输入 netconfig，出现如图 7-7 所示的界面。使用 Tab 键跳转菜单。系统询问是否要进行网络配置，回答 Yes，进入如图 7-8 所示的界面。如果是使用动态分配 IP 地址，用空格键选中最上面一行，下面将不会允许输入 IP 地址。如果要指定 IP，则使用 Tab 键跳转到相应的位置，输入正确的 IP 地址、子网掩码及 DNS，设置完成后退回到命令提示符状态。同样，使用 service network restart 命令来重新启动网卡设备。

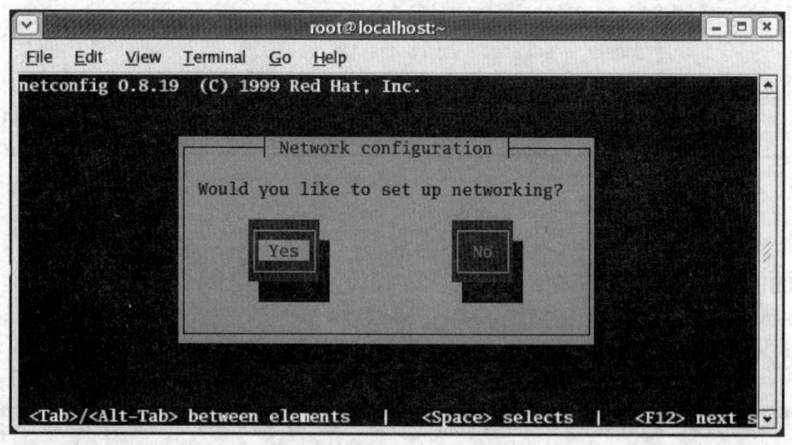

图 7-7 用 netconfig 命令配置网络

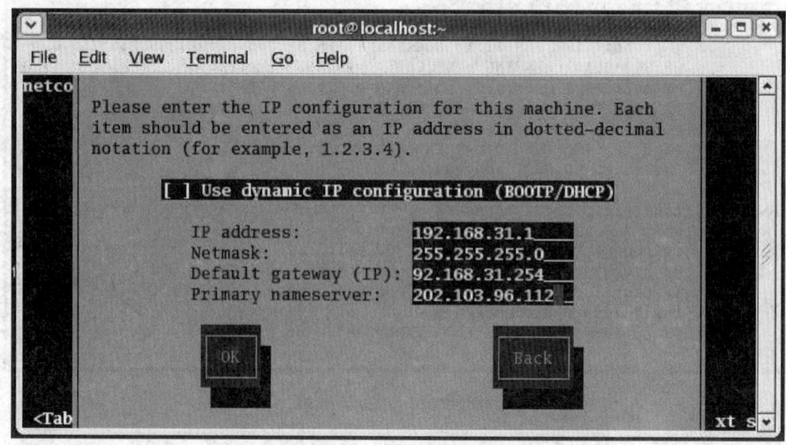

图 7-8 配置 IP、子网掩码及 DNS

7.2.2 配置静态路由

一条默认路由把所有在内核路由表里找不到目的网络的包发送到指定的网关。若要设置默认路由，则需简单地把下面的代码行加到启动文件中。

打开 Linux 的启动文件：

```
vi   /etc/rc.d/rc.local
```

将下面的代码加入到启动文件的最后面：

```
route add default gw gateway-ip-address
```

注意：将 gateway-ip-address 替换为具体的网关 IP 地址。

7.2.3　配置 DNS

要想让客户机能够用域名访问 Internet，必须将这台主机配置为 DNS 客户机。

下面分别介绍在 Red Hat 系统中以图形化方式和命令方式配置 DNS 的操作步骤。

1. 图形化方式

在任务栏上点击“主菜单”→System Settings→Network，在 Network Configuration 窗口中选择 DNS 选项卡，如图 7-9 所示。在 DNS 选项卡下面的 Primary DNS（主 DNS）框中输入首选的 DNS 服务器的 IP 地址，在 Secondary DNS（第二 DNS）和 Tertiary DNS（第三 DNS）框中输入次要的 DNS 服务器 IP 地址，也可以不填。

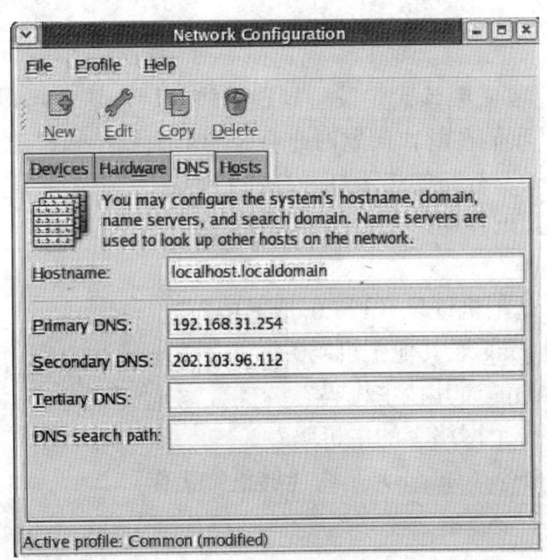

图 7-9　DNS 选项卡

2. 命令方式

在如图 7-7 所示的对话框中进行的修改操作，实际上也就是修改了/etc/resolv.conf 文件。也就是说，/etc/resolv.conf 文件就是用来保存 DNS 服务器 IP 地址的，所以也可以直接修改这个文件进行 DNS 服务器的设置。

（1）打开/etc/resolv.conf 文件：

```
vi  /etc/resolv.conf
```

（2）etc/resolv.conf 文件的结构类似，如下所示：

```
search  www.linux.gov.cn
nameserver  202.103.96.112
nameserver  202.96.134.118
```

etc/resolv.conf 文件里应该尽可能地列出速度最快、性能最稳定的 DNS 服务器，因为系统首先访问的是第一个 DNS 服务器。最多可以有 3 个 nameserver 项，也就是最多指定 3 个 DNS 服务器，至少要有一个 DNS 服务器。

7.3 任务 2 网络故障的检测与调试

任务说明：

网络总是可能出现故障，掌握网络故障的分析和调试方法是解决故障的前提，好的分析和调试方法会更快、更好地解决故障。

任务要求：

按照先分析、调试，然后解决故障的过程对网络进行诊断。

有几种常用的工具来对网络进行测试，这部分将介绍使用几个常用的基本工具，包括 ping、traceroute、netstat、tcpdump 和 ethereal。

7.3.1 定位故障

在网络出现故障时，首先应该确定发生问题的协议层，这样可以极大地缩短调试一个问题所花费的时间。以下是我们在解决问题时进行思考的大致步骤：

（1）线路连接和网卡及链路的指示灯是亮的吗？

（2）网络接口的配置正确吗？

（3）DNS 配置正确吗？

（4）可以 ping 通本地主机地址（127.0.0.1）吗？

（5）可以用 IP 地址 ping 通其他主机吗？

（6）可以用主机名 ping 通其他主机吗？

（7）可以 ping 另外一个网络上的主机吗？

（8）更高级的网络命令（如 ssh）是否能够正常工作？

7.3.2 操作步骤

1. 用 ping 命令检查主机是否正常

ping 命令是最常用的网络测试命令，该命令通过向被测试的目的主机地址发送 ICMP 报文并收取回应报文，来测试当前主机到目的主机的网络连接状态。不过，在有防火墙封锁 ICMP 应答的网络中，这个命令不起作用。在 Linux 系统中，ping 命令默认会不间断地发送 ICMP 报文直到用户使用 Ctrl+C 键来终止该命令，使用“-c”参数可指定发送 ICMP 报文的数目。该命令的格式如下：

```
ping  [-c  发出报文数]  目的主机地址
```

操作结果如图 7-10 所示。

2. 用 traceroute 命令跟踪 IP 包

traceroute 命令可以找出 IP 包到达其目的地所经过的系列网关。使用 traceroute 命令如图 7-11 所示。

```
traceroute 192.168.31.1
```

```
root@localhost:~
File  Edit  View  Terminal  Go  Help
[root@localhost root]# ping 127.0.0.1
PING 127.0.0.1 (127.0.0.1) 56(84) bytes of data.
64 bytes from 127.0.0.1: icmp_seq=0 ttl=64 time=1.30 ms
64 bytes from 127.0.0.1: icmp_seq=1 ttl=64 time=0.113 ms
64 bytes from 127.0.0.1: icmp_seq=2 ttl=64 time=0.063 ms
64 bytes from 127.0.0.1: icmp_seq=3 ttl=64 time=0.065 ms
64 bytes from 127.0.0.1: icmp_seq=4 ttl=64 time=0.064 ms
64 bytes from 127.0.0.1: icmp_seq=5 ttl=64 time=0.064 ms
64 bytes from 127.0.0.1: icmp_seq=6 ttl=64 time=0.063 ms
64 bytes from 127.0.0.1: icmp_seq=7 ttl=64 time=0.058 ms
64 bytes from 127.0.0.1: icmp_seq=8 ttl=64 time=0.069 ms
64 bytes from 127.0.0.1: icmp_seq=9 ttl=64 time=0.057 ms
64 bytes from 127.0.0.1: icmp_seq=10 ttl=64 time=0.054 ms
64 bytes from 127.0.0.1: icmp_seq=11 ttl=64 time=0.062 ms
64 bytes from 127.0.0.1: icmp_seq=12 ttl=64 time=0.061 ms

--- 127.0.0.1 ping statistics ---
13 packets transmitted, 13 received, 0% packet loss, time 12005ms
rtt min/avg/max/mdev = 0.054/0.161/1.302/0.329 ms, pipe 2
[root@localhost root]#
```

图 7-10　ping 命令

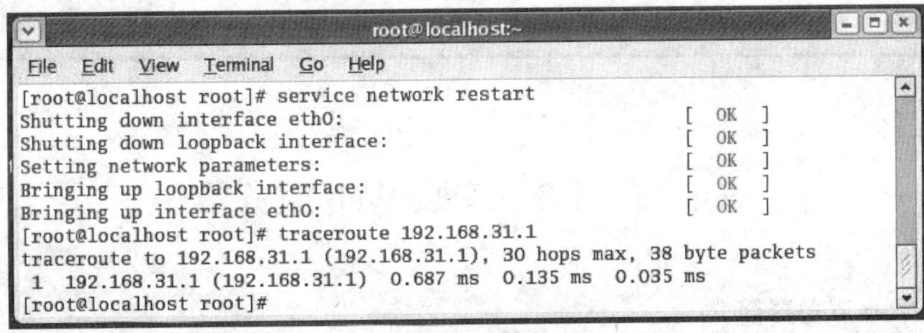

```
root@localhost:~
File  Edit  View  Terminal  Go  Help
[root@localhost root]# service network restart
Shutting down interface eth0:                              [  OK  ]
Shutting down loopback interface:                          [  OK  ]
Setting network parameters:                                [  OK  ]
Bringing up loopback interface:                            [  OK  ]
Bringing up interface eth0:                                [  OK  ]
[root@localhost root]# traceroute 192.168.31.1
traceroute to 192.168.31.1 (192.168.31.1), 30 hops max, 38 byte packets
 1  192.168.31.1 (192.168.31.1)  0.687 ms  0.135 ms  0.035 ms
[root@localhost root]#
```

图 7-11　traceroute 命令

如果使用以下的命令形式：

```
traceroute  www.linux.gov.cn
```

而得到下面的错误信息：

```
traceroute  unknownhost  www.linux.gov.cn
```

那就可能是设置了不正确的 DNS 解析服务器地址，或者说，主机上的 DNS 功能不能正常工作。

3．用 netstat 命令统计网络信息

netstat 命令提供了有关计算机连网软件状态的大量信息，包括接口的统计信息、路由信息和连接表。使用 netstat 命令如图 7-12 所示。netstat 一般具有以下的作用：

（1）监视网络连接的状态。

（2）检查接口的配置信息。

（3）检查路由表。

（4）获取各种网络协议运行的统计信息。

```
netstat  -a
```

上面的例子是在主机 class 上运行的结果。从上面的信息中可以看出，有一些正在监听的端口。Recv-Q 和 Send-Q 显示出本地主机上的连接中发送和接收队列的长度。State 字段显示的是连接状态信息。连接状态只对 TCP 有意义，UDP 是一种无状态的协议。从上面的信息看

到最后一列是状态，最常见的状态之一是 ESTABLISHED，表示“已建立”，对于等待连接的服务器，最常见的状态就是 LISTEN，表示“监听”；另一种状态是 TIME-WAIT，表示正在关闭过程中的连接。如果有一个停留在 SYN_SENT 状态的连接，表示某个主机正在试图访问一个不存在或不可访问的网络服务。如果有大量处于 SYN_SENT 状态的连接，说明主机可能不能处理太多数量的连接请求，这也有可能是恶意的洪水式攻击。

```
[root@localhost root]# netstat -a
Active Internet connections (servers and established)
Proto Recv-Q Send-Q Local Address              Foreign Address         State
tcp        0      0 *:32774                    *:*                     LISTEN
tcp        0      0 localhost.localdo:32775    *:*                     LISTEN
tcp        0      0 *:sunrpc                   *:*                     LISTEN
tcp        0      0 *:ssh                      *:*                     LISTEN
tcp        0      0 localhost.localdoma:ipp    *:*                     LISTEN
tcp        0      0 localhost.localdom:smtp    *:*                     LISTEN
```

图 7-12 netstat 命令

7.4 任务 3 安装 Web 服务器

7.4.1 Web 服务器简介

WWW 是 World Wide Web（环球信息网）的缩写，也可以简称为 Web，中文名字为“万维网”。它起源于 1989 年 3 月，由欧洲量子物理实验室 CERN（the European Laboratory for Particle Physics）所发展出来的主从结构分布式超媒体系统。通过万维网，人们只要通过简单的方法，就可以很迅速、方便地取得丰富的信息资料。由于用户在通过 Web 浏览器访问信息资源的过程中无需再关心一些技术性的细节，而且界面非常友好，因而 Web 在 Internet 上一推出就受到了热烈的欢迎，并迅速走红全球，得到了爆炸性的发展。

WWW 采用的是客户/服务器结构，其作用是整理和储存各种 WWW 资源，并响应客户端软件的请求，把客户所需的资源传送到 Windows、UNIX 或 Linux 等平台上。目前使用最多的 Web 服务器软件有两个：微软的信息服务器 IIS 和 Apache。Web 服务器可以解析 http 协议。当 Web 服务器接收到一个 http 请求，会返回一个 http 响应，例如送回一个 html 页面。为了处理一个请求，Web 服务器可以响应一个静态页面或图片，进行页面跳转，或者把动态响应的产生委托给其他程序，例如 CGI 脚本、JSP 脚本、Servlets、ASP 脚本、服务器端 JavaScript 等。这些服务器端程序通常产生一个 HTML 响应让浏览器可以浏览。

Web 服务器的代理模型也非常简单。当一个请求被送到 Web 服务器中时，它只单纯地把请求传递给可以很好地处理请求的服务器端脚本。Web 服务器仅提供一个可以执行服务器端程序和返回程序所产生的响应的环境，而不会超出职能范围。服务器端程序通常具有事务处理、数据库连接和消息等功能。

虽然 Web 服务器不支持事务处理或数据库连接池，但它可以配置各种策略来实现容错性和可扩展性，例如负载平衡、缓冲。

7.4.2　Apache 的特性

1. Apache 1.3 的特性

Apache 是市场占有率最高的 Web 服务器。 它可以运行在几乎所有广泛使用的计算机平台上。Apache 服务器拥有以下特性：

- 支持最新的 HTTP/1.1 通信协议。
- 拥有简单而强有力的基于文件的配置过程。
- 支持通用网关接口。
- 支持基于 IP 和基于域名的虚拟主机。
- 支持多种方式的 HTTP 认证。
- 集成 Perl 处理模块。
- 集成代理服务器模块。
- 支持实时监视服务器状态和定制服务器日志。
- 支持服务器端包含指令（SSI）。
- 支持安全 Socket 层（SSL）。
- 提供用户会话过程的跟踪。
- 支持 FastCGI。
- 通过第三方模块可以支持 Java Servlets。

2. Apache 2.0 的新特性

Linux 自带的 Apache 2.0 除了具备 Apache 1.3 几乎所有的特性外，还具备自身独有的增强特性。主要表现在以下方面：

（1）UNIX 线程。在支持 POSIX 线程的 UNIX 系统上，现在 Apache 能在混合的多进程、多线程模式下运行，使很多（但非全部）配置的可伸缩性得到了改善。

（2）新的编译系统。重写了编译系统，现在是基于 autoconf 和 libtool 的，使得 Apache 的配置系统与其他软件包更加相似。

（3）多协议支持。Apache 现在已经拥有了能够支持多协议的底层构造。mod_echo 就是一个例子。

（4）对非 UNIX 平台更好地支持。Apache 2.0 在诸如 BeOS、OS/2、Windows 等非 UNIX 平台上有了更好的速度和稳定性。随着平台特定的多路处理模块（MPM）和 Apache 可移植运行时（APR）的引入，Apache 在这些平台上的指令由它们本地的 API 指令实现。避免了以往使用 POSIX 模拟层造成的 bug 和性能低下。

（5）新的 Apache API。Apache 2.0 中模块的 API 有了重大改变，很多 Apache 1.3 中模块排序和模块优先级的问题已经不复存在了。Apache 2.0 自动处理很多这样的问题，模块排序现在用 per-hook 的方法进行，从而拥有了更多的灵活性。另外，增加了新的调用以提高模块的性能，而无需修改 Apache 服务器核心。

（6）IPv6 支持。在所有能够由 Apache 可移植运行时库（APR Library）提供 IPv6 支持的系统上，Apache 默认使用 IPv6 侦听套接字。另外，Listen、NameVirtualHost、VirtualHost 指

令也支持 IPv6 的数字地址串（比如："Listen [2001:db8::1]:8080"）。

（7）过滤器。Apache 的模块现在可以写成过滤器的形式，当内容流经它进入服务器或从服务器流出的时候进行处理。比如，可以用 mod_include 中的 INCLUDES 过滤器将 CGI 脚本的输出解析为服务器端包含指令。而 mod_ext_filter 允许外部程序充当过滤器的角色，就像用 CGI 程序做处理器一样。

（8）多语种错误应答。返回给浏览器的错误信息现在已经用 SSI 文档实现了多语种化。管理员可以利用此功能进行定制以达到感观的一致。

（9）简化了配置。很多易混淆的配置项已经进行了简化。经常产生混淆的 Port 和 BindAddress 配置项已经取消了；用于绑定 IP 地址的只有 Listen 指令；ServerName 指令中指定的服务器名和端口仅用于重定向和虚拟主机的识别。

（10）本地 Windows NT Unicode 支持。Apache 2.0 在 Windows NT 上的文件名全部使用 utf-8 编码。这个操作直接转换成底层的 Unicode 文件系统，由此为所有以 Windows NT（包括 Windows 2000/XP/2003）为基础的安装提供了多语言支持。这一支持目前尚未涵盖 Windows 95/98/ME 系统，因为它们仍使用机器本地的代码页进行文件系统的操作。

（11）正则表达式库更新。Apache 2.0 包含了 Perl 兼容的正则表达式库（PCRE）。所有正则表达式现在都使用了更强大的 Perl 5 语法。

7.4.3　Apache 的配置

1．安装 Apache 服务器

假如选择完全安装 Linux，则系统会默认安装 Apache 服务器。我们能够在终端命令窗口输入以下命令进行验证：

```
[root@root root] # rpm -qa|grep httpd
```

假如结果显示出 httpd-manual 和 httpd 服务，则说明系统已安装 Apache 服务器，httpd-manual 是 Appache2.0 说明手册。假如安装 Red Hat Linux 9 时没有选择 httpd 服务器，则能够在图形环境下单击“主菜单”→“系统配置”→“添加/删除应用程序”菜单项，在出现的“软件包管理”对话框中确保选中“万维网服务器”选项，然后单击“更新”按钮，按照屏幕提示插入安装光盘即可开始安装。

另外，也能够直接插入安装光盘，定位到/RedHat/RPMS 下的 httpd-2.0.40-21.i386.rpm、httpd-manual-2.0.40-21.i386.rpm 安装包，然后在终端命令窗口运行以下命令即可开始安装进程：

```
[root@root RPMS] # rpm -ivh httpd-2.0.40-21.i386.rpm
[root@root RPMS] # rpm -ivh httpd-manual-2.0.40-21.i386.rpm
```

2．启停 httpd 服务

从 Red Hat Linux 9 开始，默认只采用独立运行方式启动 httpd 服务，方法是在终端命令窗口运行以下命令：

```
[root@root root] #/etc/rc.d/init.d/httpd start
```

检验 httpd 是否被启动：

```
[root@root root] #pstree|grep httpd
```

重新启动 httpd 服务：

```
[root@root root] #/etc/rc.d/init.d/ httpd restart
```

关闭 httpd 服务：

```
[root@root root] # /etc/rc.d/init.d/ httpd stop
```

查看 httpd 服务运行状态：

```
[root@root root] #/etc/rc.d/init.d/ httpd status
```

3. httpd 的配置

Apache 的默认重要配置信息如下：

配置文件：/etc/httpd/conf/httpd.conf。

服务器的根目录：/etc/httpd。

根文档目录：/var/www/html。

访问日志文件：/var/log/httpd/access_log。

错误日志文件：/var/log/httpd/error_log。

运行 Apache 的用户：apache。

运行 Apache 的组：apache。

监听端口：80。

模块存放路径：/usr/lib/httpd/modules。

Apache 中有一个最重要的配置文件 httpd.conf，该文件路径为/etc/httpd/conf/httpd.conf，该文件默认的配置几乎不需要修改就可以满足用户的需要，但用户可以根据自己的需要修改该文件中如下一些基本配置指令：

KeepAlive：将 KeepAlive 的值设为 On，以便提高访问性能。

MaxClients：最大客户连接数，根据服务容量修改此值。

ServerAdmin：将 ServerAdmin 的值设为 Apache 服务器管理员的 E-mail 地址。

ServerName：设置服务器名。

DirectoryIndex：在此指令后添加其他的默认主页文件名，例如可以添加 index.htm、index.php 等。

IndexOptions：可以在此指令后添加 FoldersFirst 表示让目录列在前面（类似于资源管理器）。

7.5　虚拟机上 Linux 与 Windows 的通信

本节的操作要求已经安装好了 VMware Workstation 虚拟机，并且安装好了 VMware Tools。

（1）在 VM 菜单里选择 Setting 子项，再选择 Options 标签，弹出如图 7-13 所示的对话框。在该对话框的左半部分可以看到 Shared Folders 一项，如果以前没有设置过，应该是 Disabled；如果设置过，则是 Enabled。

（2）单击窗体右半部分的 Add 按钮，进入如图 7-14 所示的创建共享文件夹向导。单击“下一步”按钮，打开如图 7-15 所示的对话框。

（3）命名共享文件夹。在如图 7-15 所示的对话框中，在 Name 栏中输入要创建的共享文件夹的名称。在 Host folder 栏中输入共享的 Windows 下的文件夹。也可以单击文本输入栏右边的 Browse...按钮选择要共享的文件夹。在 Name 栏中输入的是 shared，也就是说在 Linux 操作系统中访问的共享名为 shared，在 Host folder 栏中输入 E:\mp3。当然，在 Windows 系统中应该预先设置好，将 E 盘中的 mp3 文件夹设置为可以共享。

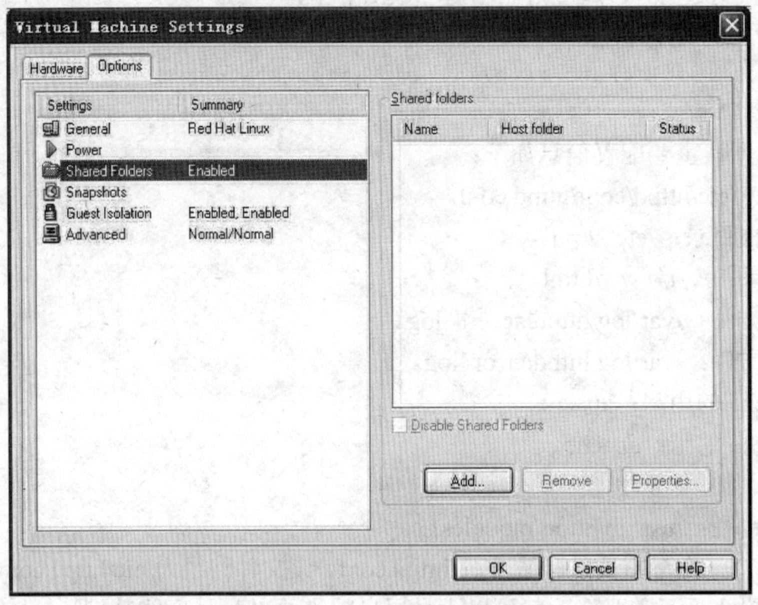

图 7-13 SharedFolders 选项

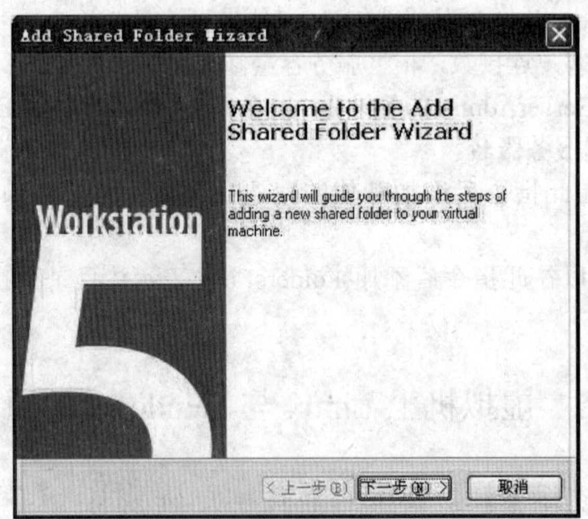

图 7-14 添加共享文件夹向导

（4）指定共享文件夹的属性。在如图 7-16 所示的对话框中，可以设置共享文件夹的属性。设置共享文件夹的范围和寿命，有三种选项，用户可以根据需要选择：

- Enable this share：启动该共享。
- Read only：只读。
- Disable after this session：这个会话后禁止。

下次虚拟机关闭电源或挂起时禁用该共享。

这里选择第一项：Enable this share。单击“完成”按钮，结束添加共享件夹。

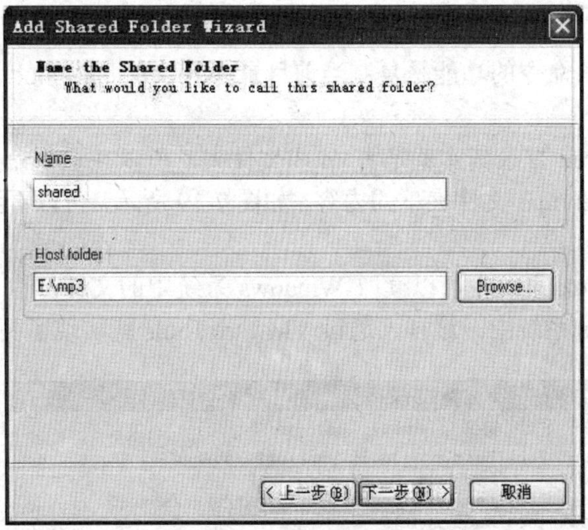

图 7-15　命名共享文件夹

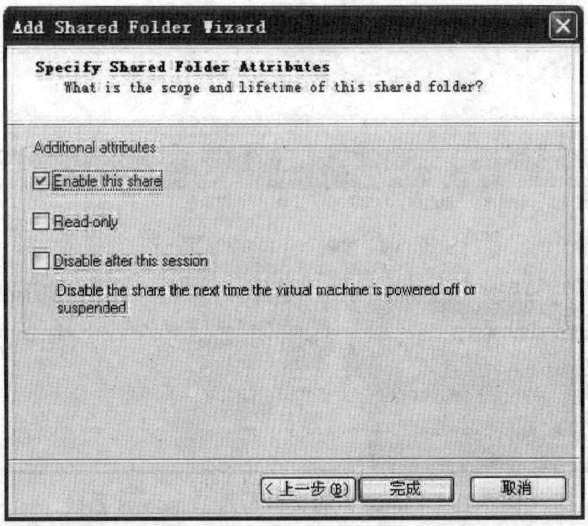

图 7-16　设置共享文件夹的属性

（5）读取共享文件夹的内容。打开如图 7-17 所示的终端窗口，刚才创建好的名为 shared 的共享文件夹是自动放在/mnt/hgfs 文件夹下，所以使用“ls /mnt/hgfs/shared”命令来查看共享文件夹下的内容，其实就是 Windows 系统中的 E:\mp3 文件夹下的内容。

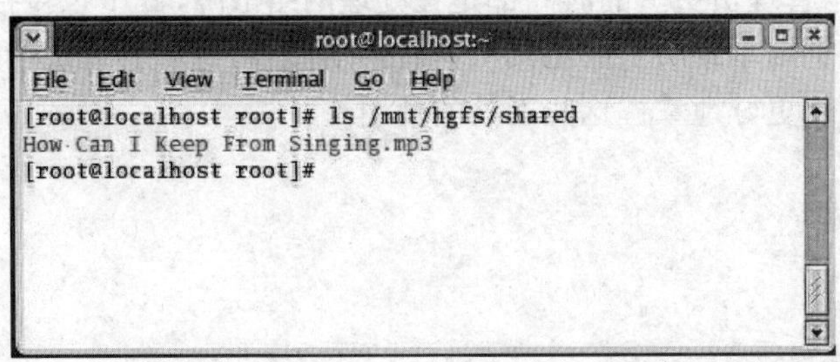

图 7-17　查看共享文件夹的内容

（6）写入文件至共享文件夹。在如图 7-18 所示的终端窗口中继续输入“cp a.txt /mnt/hgfs/shared”，这条命令的功能是复制当前目录（/root）下的 a.txt 文件到/mnt/hgfs/shared 目录下。

因为/mnt/hgfs/shared 目录其实就是 E:\mp3 文件夹，所以在这条命令运行完以后，返回到 Windows 系统下查看 E:\mp3 文件夹下的内容，如图 7-19 所示，可以看到已经写入了 Windows 系统中的 E 盘。

也就是说，在 Linux 系统中可以读取 Windows 系统中的文件，也可以把在 Linux 系统中的文件写入至 Windows 系统中。这样，通过 VMware Tools 就实现了两个系统的通信。

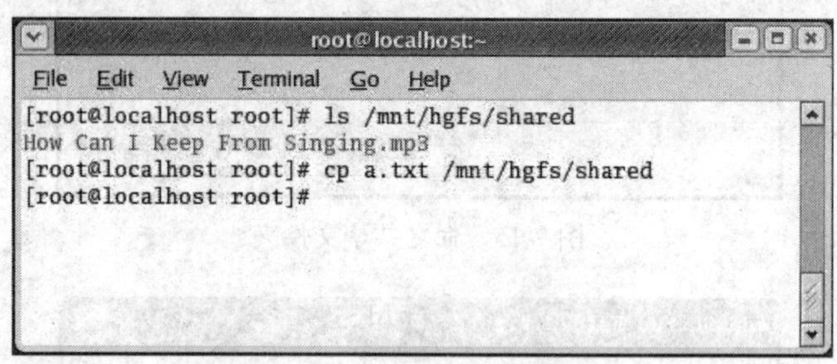

图 7-18　写入文件至共享文件夹

图 7-19　Linux 中的文件写入 Windows 系统

7.6　本章小结

本章讨论了网络管理的基础知识，如 IP 地址、子网掩码、TCP/IP 网络等，并且配置了网络设备以及路由。网络管理员更多的时间都是在处理网络故障，其中也包括由路由引起的故障。网络故障的处理除了利用本章所讲的工具所具有的功能外，也和管理员的经验相关。要勤思考、多动手、多动脑，才能更好地掌握这些工具的使用。

第 8 章　Shell 编程

Linux 系统的 Shell 作为操作系统的外壳，为用户提供使用操作系统的接口。它是用户和 Linux 内核之间的接口程序，如果把 Linux 内核想象成一个球体的中心，Shell 就是围绕内核的外层。当从 Shell 或其他程序向 Linux 传递命令时，内核会做出相应的反应。

Shell 是一个命令语言解释器，类似于 DOS 下的 command.com 程序，它拥有自己内建的 Shell 命令集，Shell 也能被系统中其他应用程序所调用。用户在提示符下输入的命令都由 Shell 先解释然后传给 Linux 核心，其特点概括如下：

- 用户与 Linux 的接口。
- 命令解释器。
- 支持多用户。
- 支持复杂的编程语言。

Shell 有很多种，如：csh、tcsh、pdksh、ash、sash、zsh、bash 等。Linux 的缺省 Shell 为 bash（Bourne Again Shell）。

最常用的几种是 Bourne Shell（sh）、C Shell（csh）和 Korn Shell（ksh）。三种 Shell 都有它们的优点和缺点。

Bourne Shell 的作者是 Steven Bourne，它是 UNIX 最初使用的 Shell 并且在每种 UNIX 上都可以使用。Bourne Shell 在 Shell 编程方面相当优秀，但在处理与用户的交互方面做得不如其他几种 Shell。

C Shell 由 BillJoy 为代表的共计 47 位作者所写，它更多地考虑了用户界面的友好性。普遍认为 C Shell 的编程接口做得不如 Bourne Shell，但 C Shell 被很多 C 程序员使用，因为 C Shell 的语法和 C 语言的很相似，这也是 C Shell 名称的由来。它是 Linux 比较大的内核，共有 52 个内部命令。该 Shell 其实是指向/bin/tcsh 这样的一个 Shell，也就是说，csh 其实就是 tcsh。

Korn Shell（ksh）由 Dave Korn 所写，它集合了 C Shell 和 Bourne Shell 的优点，并且和 Bourne Shell 完全兼容。通过 Shell，可以同时在后台运行多个应用程序，并且在把需要与用户交互的程序放在前台运行。通过在多条命令的序列中使用变量和流程控制，Shell 也可以是一种复杂的编程语言。

BASH：是 GNU 的 Bourne Again Shell，是 GNU 操作系统上默认的 Shell，大部分 Linux 的发行套件使用的都是这种 Shell。其主要特点有：

- 可以使用类似 DOS 下的 Doskey 的功能。即可以保存用户最近使用过的命令，方便快速查阅、输入和修改命令。

- 可以使用查找匹配的方式快速查找某字符开头的命令，如输入 ls，按两次 Tab 键，可以查找到以 ls 开头的所有命令。
- 包含了自动帮助的功能。在 Shell 提示符后输入 help，可以看到 bash 下的内置命令。

8.1 任务 1 Shell 原理初探

8.1.1 Shell 的基本工作原理

Linux 系统提供给用户的最重要的系统程序是 Shell 命令语言解释程序。它不属于内核部分，而是在核心之外，以用户态方式运行。其基本功能是解释并执行用户输入的各种命令，实现用户与 Linux 核心的接口。系统启动后，核心为每个终端用户建立一个进程去执行 Shell 解释程序。它的执行过程基本上按如下步骤：

（1）读取用户由键盘输入的命令行。

（2）分析命令，以命令名作为文件名，并将其他参数改造为系统调用 execve()内部处理所要求的形式。

（3）终端进程调用 fork()建立一个子进程。

（4）终端进程本身用系统调用 wait4()来等待子进程完成（如果是后台命令，则不等待）。当子进程运行时调用 execve()，子进程根据文件名（即命令名）到目录中查找有关文件（这是命令解释程序构成的文件），将它调入内存，执行这个程序（解释这条命令）。

（5）如果命令末尾有&号（后台命令符号），则终端进程不用系统调用 wait4()等待，而是立即发提示符，让用户输入下一个命令，然后转到步骤（1）。如果命令末尾没有&号，则终端进程要一直等待，当子进程（即运行命令的进程）完成处理后终止，向父进程（终端进程）报告，此时终端进程醒来，在做必要的判别等工作后，终端进程发提示符，让用户输入新的命令，重复上述处理过程。

Shell 基本执行过程及父子进程之间的关系如图 8-1 所示。

8.1.2 了解 Shell 的使用情况

用户如何知道安装的 Linux 版本支持哪些 Shell？可以在提示符下输入：

```
cat /etc/Shells
```

如果用户想知道自己现在使用的是哪种 Shell，可以在提示符后输入：

```
echo $SHELL
```

用户当前运行的是 bash，那么怎样运行 csh，又怎样退出 csh 呢？直接在提示符下输入“/bin/csh”可以运行 csh，当然前提是所安装的 Linux 版本支持 csh，输入 exit 可以退出 csh。

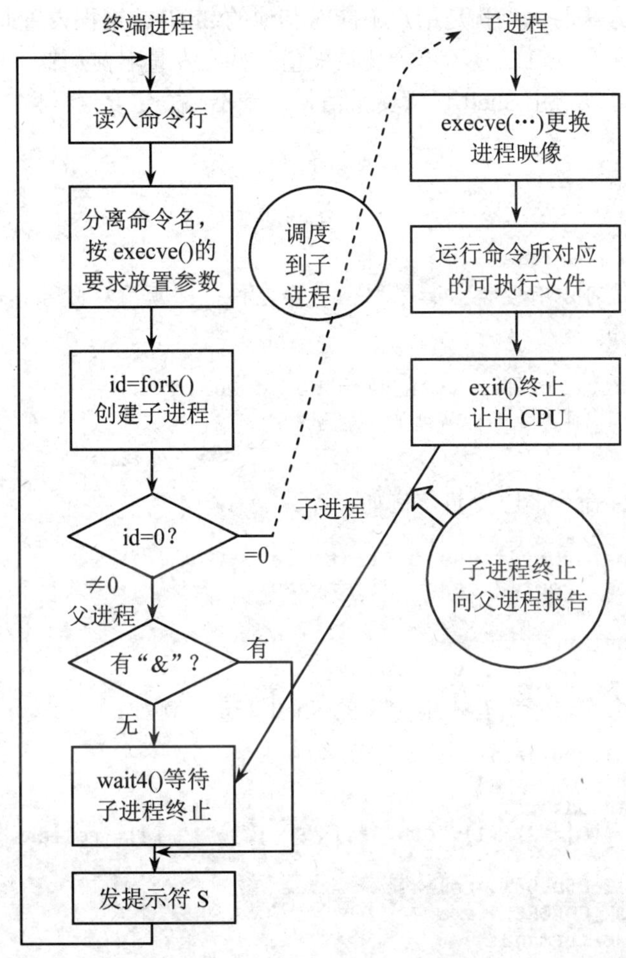

图 8-1　Shell 命令执行过程

8.2　任务 2　Shell 变量的操作

8.2.1　Shell 变量的定义与分类

为使 Shell 编程更有效，系统提供了一些 Shell 变量。Shell 变量可以保存诸如路径名、文件名或者一个数字这样的变量名。Shell 将其中的任何设置都看做文本字符串。

变量可以定制用户本身的工作环境。使用变量可以保存有用的信息，使系统获知用户的相关设置。变量也用于保存暂时信息。Linux 有三种类型的 Shell 变量，分别为本地变量、环境变量和特殊变量。

8.2.2　本地变量

本地变量在用户现在的 Shell 生命期的脚本中使用。例如，本地变量 file-name 取值为 loop.doc，这个值只在用户当前 Shell 生命期内有意义。如果在 Shell 中启动另一个进程或退出，此值将无效。这个方法的优点就是用户不能对其他的 Shell 或进程设置此变量有效。

（1）使用 echo 命令可以显示单个变量取值，并在变量名前加$。使用变量时，如果用花括号将之括起来，可以防止 Shell 误解变量值，尽管不必一定要这样做。设置一个本地变量的格式为：

```
$variable-name=value
```

或

```
${variable-name=value}
```

注意：等号两边可以有空格。如果取值包含空格，必须用双引号括起来。Shell 变量可以用大小写字母。例如：

```
[root@localhost root]# First_var="Hello world"
[root@localhost root]# echo $First_var
Hello world
```

（2）使用 unset 命令清除变量，例如：

```
[root@localhost root]# unset First_var
[root@localhost root]# echo $First_var

[root@localhost root]#
```

（3）使用 set 命令显示所有本地定义的 Shell 变量，例如：

```
[root@localhost root]# set
BASH=/bin/bash
BASH_ENV=/root/.bashrc
BASH_VERSINFO=([0]="2" [1]="05b" [2]="0" [3]="1" [4]="release" [5]="i386-redhat-linux-gnu")
BASH_VERSION='2.05b.0(1)-release'
COLORS=/etc/DIR_COLORS.xterm
COLORTERM=gnome-terminal
COLUMNS=80
DESKTOP_SESSION=default
DIRSTACK=()
DISPLAY=:0.0
EUID=0
GDMSESSION=default
GNOME_DESKTOP_SESSION_ID=Default
GROUPS=()
GTK_RC_FILES=/etc/gtk/gtkrc:/root/.gtkrc-1.2-gnome2
G_BROKEN_FILENAMES=1
HISTFILE=/root/.bash_history
HISTFILESIZE=1000
HISTSIZE=1000
HOME=/root
HOSTNAME=localhost.localdomain
HOSTTYPE=i386
```

（4）结合变量值。将变量并排可以使变量结合在一起，例如：

```
[root@localhost root]# First_var=Hello
[root@localhost root]# Second_var=World
[root@localhost root]# echo $First_var$Second_var
HelloWorld
```

（5）测试变量是否已经设置。

有时要测试是否已设置或初始化变量。如果未设置或初始化，就可以使用另一值。也就是说如果设置了变量值，则使用它；如果未设置，则取新值。此命令格式为：

```
${variable:-value}
```

例如：

```
[root@localhost root]# color=blue
[root@localhost root]# echo "The sky is ${color:-grey} today"
The sky is blue today
```

变量 color 取值 blue，echo 打印变量 color 时，首先查看其是否已赋值，如果查到，则使用该值。现在清除该值，再来看看结果：

```
[root@localhost root]# unset color
[root@localhost root]# echo "The sky is ${color:-grey} today"
The sky is grey today
[root@localhost root]#
```

8.2.3　环境变量

环境变量用于所有用户进程（经常称为子进程）。登录进程称为父进程，Shell 中执行的用户进程均称为子进程。不像本地变量（只用于现在的 Shell），环境变量可用于所有子进程，这包括编辑器、脚本和应用。

环境变量可以在命令行中设置，但用户注销时这些值将丢失，因此最好在.profile 文件中定义。系统管理员可能在/etc/profile 文件中已经设置了一些环境变量。将之放入 profile 文件意味着每次登录时这些值都将被初始化。

传统上，所有环境变量均为大写。环境变量应用于用户进程前，必须用 export 命令导出。环境变量与本地变量的设置方式相同。

（1）设置环境变量。

```
VARIABLE-NAME=value, export VARIABLE-NAME
```

在两个命令之间是一个分号，也可以这样写：

```
VARIABLE-NAME=value
Export VARIABLE-NAME
```

例如：

```
[root@localhost root]# CONSOLE=tty1;export $CONSOLE
[root@localhost root]# echo $CONSOLE
tty1
[root@localhost root]#
```

（2）显示环境变量。显示环境变量与显示本地变量一样，使用 env 命令可以查看所有的环境变量。例子如下：

```
[root@localhost root]# env
SSH_AGENT_PID=2121
HOSTNAME=localhost.localdomain
SHELL=/bin/bash
TERM=xterm
HISTSIZE=1000
GTK_RC_FILES=/etc/gtk/gtkrc:/root/.gtkrc-1.2-gnome2
WINDOWID=31457353
USER=root
LS_COLORS=no=00:fi=00:di=00;34:ln=00;36:pi=40;33:so=00;35:bd=40;33;01:cd=40;33;01:or=01;05;37
;41:mi=01;05;37;41:ex=00;32:*.cmd=00;32:*.exe=00;32:*.com=00;32:*.btm=00;32:*.bat=00;32:*.sh=
```

```
00;32:*.csh=00;32:*.tar=00;31:*.tgz=00;31:*.arj=00;31:*.taz=00;31:*.lzh=00;31:*.zip=00;31:*.z
=00;31:*.Z=00;31:*.gz=00;31:*.bz2=00;31:*.bz=00;31:*.tz=00;31:*.rpm=00;31:*.cpio=00;31:*.jpg=
00;35:*.gif=00;35:*.bmp=00;35:*.xbm=00;35:*.xpm=00;35:*.png=00;35:*.tif=00;35:
SSH_AUTH_SOCK=/tmp/ssh-hwyf2060/agent.2060
SESSION_MANAGER=local/localhost.localdomain:/tmp/.ICE-unix/2060
USERNAME=root
MAIL=/var/spool/mail/root
DESKTOP_SESSION=default
PATH=/usr/local/sbin:/usr/local/bin:/sbin:/bin:/usr/sbin:/usr/bin:/usr/X11R6/bin:/root/bin
INPUTRC=/etc/inputrc
PWD=/root
XMODIFIERS=@im=none
LANG=en_US.UTF-8
GDMSESSION=default
SSH_ASKPASS=/usr/libexec/openssh/gnome-ssh-askpass
HOME=/root
```

（3）清除环境变量。使用 unset 命令清除环境变量：

```
[root@localhost root]# unset CONSOLE
[root@localhost root]# echo $CONSOLE

[root@localhost root]#
```

8.2.4　特殊变量

特殊变量用来定义脚本运行时的一些相关控制信息。变量可以使 Shell 编程更容易。它能够保存输入值并提高效率。Shell 变量几乎可以包含任何值。特殊变量增强了脚本的功能并提供了传递到脚本的参数的更多信息。共有 7 个特殊变量，如表 8-1 所示。

表 8-1　特殊变量

变量	含义
$#	传递到脚本的参数个数
$*	以一个单字符串显示所有向脚本传递的参数。与位置变量不同，此选项参数可超过 9 个
$$	脚本运行的当前进程 ID 号
$!	后台运行的最后一个进程的进程 ID 号
$@	与$#相同，但是使用时加引号，并在引号中返回每个参数
$-	显示 Shell 使用的当前选项，与 set 命令功能相同
$?	显示最后命令的退出状态。0 表示没有错误，其他任何值表明有错误

特定变量的输出使用户获知更多的脚本相关信息。可以检查传递了多少参数，了解进程相应的 ID 号，方便了用户处理进程。

8.2.5　位置变量参数

如果要向一个 Shell 脚本传递信息，可以使用位置参数完成此功能。参数相关数目传入脚本，此数目可以任意多，但只有前 9 个可以被访问，使用 shift 命令可以改变这个限制。本书后面将讲到 shift 命令。参数从第 1 个开始，在第 9 个结束；每个访问参数前要加$符号。第 1 个参数为 0，表示预留保存的实际脚本名字。无论脚本是否有参数，此值均可用。

下面来看一个例子，在 vi 编辑器中输入如图 8-2 所示的脚本。

```
root@localhost:~
File Edit View Terminal Go Help
#!/bin/bash
#varscript
echo "This is the script name:  $0"
echo "This is the first parameter:  $1"
echo "This is the second parameter:  $2"
echo "This is the third parameter:  $3"
echo "This is the fourth parameter:  $4"
echo "This is the fifth parameter:  $5"
echo "This is the sixth parameter:  $6"
echo "This is the seventh parameter:  $7"
echo "This is the eighth parameter:  $8"
echo "This is the ninth parameter:  $9"
#end
~
~
~
~
~
~
~
~
~
~
"varscript" [New] 13L, 429C written                    13,4          All
```

图 8-2　位置参数举例

输入完成后，执行如下命令：

```
#chmod 755 varscript
#./varscript Did you see the var in this program
```

得到如图 8-3 所示的结果。

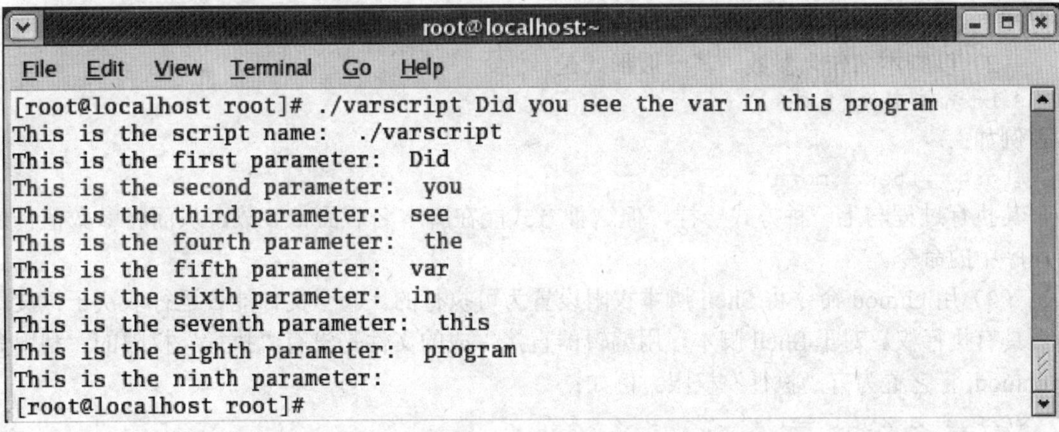

图 8-3　脚本运行结果

这里只传递 8 个参数，第 9 个参数为空。注意，第 1 个参数表示脚本名，当从脚本中处置错误信息时，此参数有很大作用。

8.3 任务 3 创建和执行 Shell 脚本

8.3.1 创建 Shell 脚本

Shell 脚本是使用用户环境 Shell 提供的语句所编写的命令文件。用户可以用任何编辑器来编写 Shell 脚本。因为 Shell 脚本是解释执行的，所以不需要编译成目标文件。下面以 bash 为例编写一个 Shell 脚本。

```
#! /bin/bash
#This is a shell script!
echo "Hello Shell!"
date
#end
```

文中以“#”开头的行是注释行，第一行一般为“#!/bin/bash”，用来表示用/bin/bash 去执行 Shell 脚本。要执行指定的 Shell 时，一定要将它写在第一行，如果没有指定，则以当前正在执行的 Shell 来解释。

8.3.2 执行 Shell 脚本

执行 Shell 脚本的方法基本有三种：

（1）输入定向到 Shell 脚本。利用输入重定向，使 Shell 命令解释程序的输入取自指定的文件。一般形式是：

```
$ bash < 脚本名
```

例如：

```
$ bash <hellotest
```

Shell 从文件 hellotest 中读取命令行，并执行它们。当 Shell 到达文件末尾时就终止执行，并把控制返回到 Shell 命令状态。要注意的是，这种执行方式脚本名后面不能带参数。

（2）以脚本名作为参数。其一般形式是：

```
$ bash 脚本名 [参数]
```

例如：

```
$bash  iftest  morn
```

其执行过程与上一种方式一样，但这种方式能在脚本名后面带参数，从而将参数值传递给程序中的命令。

（3）用 chmod 命令将 Shell 脚本权限设置为可执行的。一个文件能否运行取决于该文件是否具有执行权。对于 Shell 脚本，用编辑器直接生成的文件是没有“执行”权限的。利用命令 chmod 将它置为有“执行”权限。例如：

```
$chmod  a+x  iftest
```

就把 Shell 脚本 iftest 置为对所有用户都有“执行”权限。然后，在提示符后输入脚本名 iftest 就可直接执行该文件。此时，可以直接在提示符下执行它。

Shell 脚本经常被用来执行重复性的工作，例如，当进入系统时要查看有无信件、列出谁在系统中、将工作目录改到指定目录并予以显示、列出当前日期等。完成这些工作的命令是固定的。为了减少录入时间，可以把这些命令建立在一个 Shell 脚本中，以后每次使用该文件名就可进行这些工作。

另外，完成某些固定工作时需输入的命令很复杂，例如文件系统的安装（mount），要带多个选项和参数。此时，利用 Shell 脚本存放该命令，以后使用时就很方便了。

8.3.3　条件测试

写脚本时，有时要判断字符串是否相等，可能还要检查文件状态或是数字测试。基于这些测试才能做进一步动作。test 命令用于测试字符串、文件状态和数字，也很适合于下一章将提到的 if、then、else 条件结构。

对文件、字符串和数字使用 test 命令。使用最后退出状态命令“$?”可测知 test，以 0 表示正确，1 表示返回错误。

1. 测试文件状态

test 一般有两种格式，即：

```
test condition
```

或

```
[condition]
```

使用方括号时，要注意在条件两边加上空格。

测试文件状态的条件表达式很多，最常用的可在表 8-2 中查到。

表 8-2　文件状态测试

符号	含义	符号	含义
-d	目录	-s	文件长度大于 0、非空
-f	正规文件	w	可写
-L	符号连接	u	文件有 suid 位设置
-r	可读	-x	可执行

例如：使用两种方法测试文件 mytext.txt 是否可写并用最后退出状态测试是否成功，0 表示成功，其他为失败。

```
[root@localhost root]# [ -w mytext.txt ]
[root@localhost root]# echo $?
0
[root@localhost root]# test -w mytext.txt
[root@localhost root]# echo $?
0
```

两种状态均返回 0，可知文件 mytext.txt 可写，现在测试其是否可执行：

```
[root@localhost root]# [ -x mytext.txt ]
[root@localhost root]# echo $?
1
```

查看文件 mytext.txt 权限列表，可知结果正如所料：

```
[root@localhost root]# ls -l mytext.txt
-rw-r--r--    1 root     root            0 Oct  2 23:54 mytext.txt
```

下面的例子测试是否存在 mydir 目录：

```
[root@localhost root]# [ -d mydir ]
[root@localhost root]# echo $?
0
[root@localhost root]# ls -d mydir
mydir
[root@localhost root]#
```

目录 mydir 果然存在。

2. 测试时使用逻辑操作符

测试文件状态是否为 OK，但有时要比较两个文件状态。Shell 提供三种逻辑操作完成此功能。

- -a：逻辑与，操作符两边均为真，结果为真，否则为假。
- -o：逻辑或，操作符两边一边为真，结果为真，否则为假。
- !：逻辑否，条件为假，结果为真。

下面比较两个文件 f3 和 f4：

```
[root@localhost root]# ls -l f3 f4
-rwxr-xrw-    1 root     root            4 Aug  5 11:06 f3
-rw-r--r--    1 xu       xu              4 Aug  5 10:54 f4
```

下面的例子测试两个文件是否均可执行。

```
[root@localhost root]# [ -x f3 -a -x f4 ]
[root@localhost root]# echo $?
1
```

结果为假。

再测试两个文件是否均可写：

```
[root@localhost root]# [ -w f3 -a -w f4 ]
[root@localhost root]# echo $?
0
```

结果为真。

要测试其中一个是否可执行，使用逻辑或操作：

```
[root@localhost root]# [ -x f3 -o -x f4 ]
[root@localhost root]# echo $?
0
```

f4 不可执行，但 f3 可执行。

要测试文件 f3 是否可写、可执行：

```
[root@localhost root]# [ -x f3 -a -w f3 ]
[root@localhost root]# echo $?
0
```

结果为真。

3. 测试字符串

字符串测试是错误捕获很重要的一部分，特别在测试用户输入或比较变量时尤为重要。字符串测试的符号有：

- =：两个字符串相等。
- !=：两个字符串不等。
- -z：空串。
- -n：非空串。

例如：要测试环境变量 HOME 是否为空：

```
[root@localhost root]# [ -z $HOME ]
[root@localhost root]# echo $?
1
```

非空，取值是否是/root?

```
[root@localhost root]# [ $HOME = "/root" ]
[root@localhost root]# echo $?
0
```

是的，用 echo 命令反馈其值：

```
[root@localhost root]# echo $HOME
/root
[root@localhost root]#
```

4. 测试数值

测试数值可以使用许多操作符，一般格式如下：

```
"number" numeric_operator "number"
```

或者

```
[ "number" numeric_operator "number"]
```

numeric_operator 可为：

- -eq：数值相等。
- -ne：数值不相等。
- -gt：第一个数大于第二个数。
- -lt：第一个数小于第二个数。
- -le：第一个数小于等于第二个数。
- -ge：第一个数大于等于第二个数。

例如：

```
[root@localhost root]# number=120
[root@localhost root]# [ $number -eq 130 ]
[root@localhost root]# echo $?
1
```

结果为逻辑假，返回失败，状态 1（130 不等于 120），改变第二个数：

```
[root@localhost root]# [ $number -eq 120 ]
[root@localhost root]# echo $?
0
```

结果果然正确。

下面测试 number 是否大于 100：

```
[root@localhost root]# [ $number -gt 100 ]
[root@localhost root]# echo $?
0
```

结果正确。

也可以测试两个整数变量。下面测试变量 number 是否大于 num：

```
[root@localhost root]# num=150
[root@localhost root]# [ $number -gt $num ]
[root@localhost root]# echo $?
1
[root@localhost root]# [ $number -le $num ]
[root@localhost root]# echo $?
0
```

可以不必将整数值放入变量，直接用数字比较即可。

```
[root@localhost root]# [ 15 -le 19 ]
[root@localhost root]# echo $?
0
```

可以用逻辑操作符将两个测试表达式结合起来，仅需要用到一对方括号，而不能用两个，否则将返回错误信息“too many arguments”。例如：

```
[root@localhost root]# [ 15 -le 19 ] -a [ 14 -gt 11 ]
bash: [: too many arguments
```

下面例子测试两个表达式，如果都为真，结果为真，正确的语句为：

```
[root@localhost root]# [ 15 -le 19  -a  14 -gt 11 ]
[root@localhost root]# echo $?
0
```

8.3.4 控制流结构

所有功能脚本必须有能力进行判断，也必须有能力基于一定条件处理相关命令。本节将讲述这方面的功能，在脚本中创建和应用控制结构。

1. 退出状态

在书写正确脚本前先讲一下退出状态。任何命令进行时都将返回一个退出状态。如果要观察其退出状态，使用最后状态命令：

```
$echo  $?
```

要退出当前进程，Shell 提供命令 exit，一般格式为：

```
exit   n
```

其中，n 为一数字。

如果只在命令提示符下键入 exit，假定没有在当前状态创建另一个 Shell，将退出当前 Shell。

如果在脚本中键入 exit，Shell 将试图（通常是这样）返回上一个命令返回值。有许多退出脚本值，但其中相对于脚本和一般系统命令最重要的有两种，即：

- 退出状态 0：退出成功，无错误。
- 退出状态 1：退出失败，某处有错误。

如果愿意，用户可以在一个用户输入错误后或一个不可覆盖的错误后或正常地处理结束后退出脚本。

脚本中的注释行应以#开头。注释行将解释脚本的具体含义，帮助用户理解脚本。可以在任何地方加入注释行，因为其本身被解释器忽略。

2. 流控制

if、then、else 语句提供条件测试。测试可以基于各种条件，例如文件的权限、长度、数值或字符串的比较。这些测试返回值或者为真（0），或者为假（1）。基于此结果，可以进行相关操作。在讲到条件测试时已经涉及了一些测试语法。

if 语句测试条件，测试条件返回真（0）或假（1）后，可相应执行一系列语句。if 语句结构对错误检查非常有用，其格式为：

```
if 条件 1
  then 命令 1
```

```
elif 条件 2
   then 命令 2
  else 命令 3
fi
```

下面具体讲解 if 语句的各部分功能。

```
if 条件 1        #如果条件 1 为真
  then           #那么
    命令 1       #执行命令 1
elif 条件 2      #如果条件 1 不成立
  then           #那么
    命令 2       #执行命令 2
else             #如果条件 1、2 均不成立
    命令 3       #那么执行命令 3
fi               #完成
```

if 语句必须以单词 fi 终止。在 if 语句中漏写 fi 是最一般的错误。

elif 和 else 为可选项，如果语句中没有否则部分，那么就不需要 elif 和 else 部分。if 语句可以有许多 elif 部分。最常用的 if 语句是 if then fi 结构。

下一个 if 语句有可能是使用最广泛的：

```
if 条件
   then
      命令 1
   else
      命令 2
fi
```

使用 if 语句的 else 部分可在条件测试为假时采取适当动作。

下面的例子测试环境变量 EDITOR 是否已设置。如果 EDITOR 变量为空，将此信息通知用户；如果已设置，在屏幕上显示编辑类型。

编辑脚本 ifeditor 的内容如图 8-4 所示。

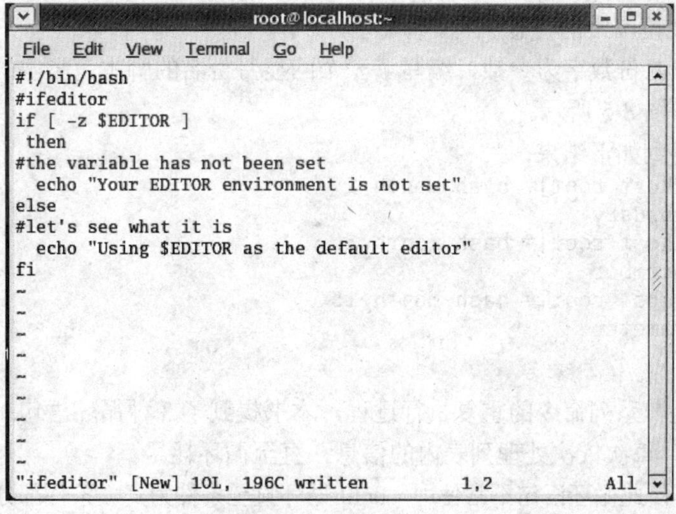

图 8-4 脚本 ifeditor

运行结果如下：

```
[root@localhost root]# bash ifeditor
Your EDITOR environment is not set
[root@localhost root]# EDITOR="vi";export EDITOR
[root@localhost root]# bash ifeditor
Using vi as the default editor
[root@localhost root]#
```

需要指出的是，Shell 提供了空命令。空命令永远为真。此外，有时可能要嵌入 if 语句，为此需注意 if 和 fi 的相应匹配使用。

case 语句为多选择语句。case 语句允许匹配模式、单词或值。一旦模式或值匹配，就可以基于这个匹配条件作其他声明。可以用 case 语句匹配一个值与一个模式，如果匹配成功，执行相匹配的命令。case 语句格式如下：

```
case 值 in
模式 1)
命令 1
...
;;
模式 2)
命令 2
...
;;
esac
```

case 工作方式如上所示。取值后面必须为单词 in，每一模式必须以右括号结束。取值可以为变量或常数。匹配发现取值符合某一模式后，其间所有命令开始执行直至“;;”。

取值将检测匹配的每一个模式。一旦模式匹配，则执行完匹配模式的相应命令后不再继续其他模式。如果无一匹配模式，使用星号（*）捕获该值，再接受其他输入。

模式部分可能包括元字符，与在命令行文件扩展名例子中使用过的匹配模式类型相同，即：

- *：任意字符。
- ？：任意单字符。
- [..]：类或范围中的任意字符。

下面的例子以月份数字为参数，编写了一个回显月份名的脚本。脚本的文件名为 month，输入脚本的内容如图 8-5 所示。

运行脚本后得到如下结果：

```
[root@localhost root]# bash month 2
month is February
[root@localhost root]# bash month 12
month is December
[root@localhost root]# bash month 15
Invalid parameter.
```

3. 循环

循环或跳转是一系列命令的重复执行过程，本书提到了 3 种循环语句：

- for 循环：每次依次处理列表内的信息，直至循环耗尽。
- until 循环：此循环语句不常使用，until 循环直至条件为真。条件部分在循环末尾部分。
- while 循环：while 循环当条件为真时，循环执行，条件部分在循环最开始的部分。

```
#!/bin/bash
#month
case $1 in
 1) echo "month is January";;
 2) echo "month is February";;
 3) echo "month is March";;
 4) echo "month is April";;
 5) echo "month is May";;
 6) echo "month is June";;
 7) echo "month is July";;
 8) echo "month is August";;
 9) echo "month is September";;
 10) echo "month is October";;
 11) echo "month is November";;
 12) echo "month is December";;
 *) echo "Invalid parameter."
 esac
#end
~
~
"month" 18L, 424C written                    1,1          All
```

图 8-5　脚本 month

流控制语句的任何循环均可嵌套使用，例如可以在一个 for 循环中嵌入另一个 for 循环。

for 循环的一般格式为：

```
for 变量名 in 列表
  do
    命令 1
    命令 2
    …
done
```

当变量值在列表里，for 循环即执行一次所有命令，使用变量名访问列表中的取值。命令可为任何有效的 Shell 命令和语句。变量名为任何单词。in 列表用法是可选的，如果不用它，for 循环使用命令行的位置参数。in 列表可以包含替换、字符串和文件名，下面看图 8-6 所示的例子，脚本名称是 day。

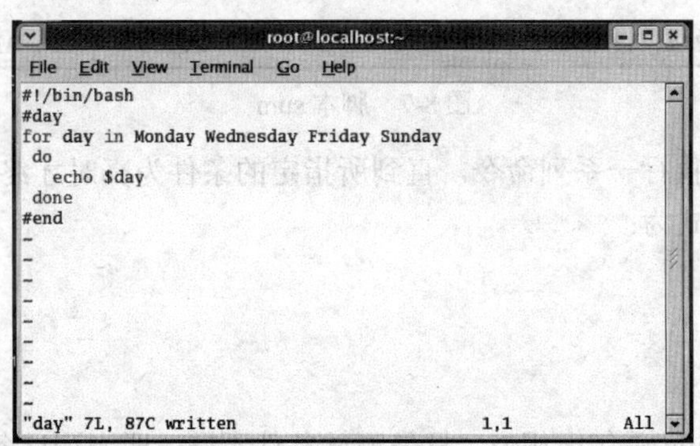

```
#!/bin/bash
#day
for day in Monday Wednesday Friday Sunday
 do
  echo $day
 done
#end
"day" 7L, 87C written                    1,1          All
```

图 8-6　脚本 day

运行脚本后的结果如下：

```
[root@localhost root]# bash day
Monday
Wednesday
Friday
Sunday
```

while 循环用于不断执行一系列命令，也用于从输入文件中读取数据，其格式为：

```
while 测试条件
  do
   命令 1
   命令 2
   …
done
```

虽然通常只使用一个命令，但在 while 和 do 之间可以放几个命令。命令通常用作测试条件。只有当命令的退出状态为 0 时，do 和 done 之间的命令才被执行；如果退出状态不是 0，则循环终止。命令执行完毕，控制返回循环顶部，从头开始直至测试条件为假。

如图 8-7 所示的脚本 sum 的作用是求出前 10 个自然数之和，运行结果如下：

```
[root@localhost root]# bash sum
The sum of 1 to 10 is:55
```

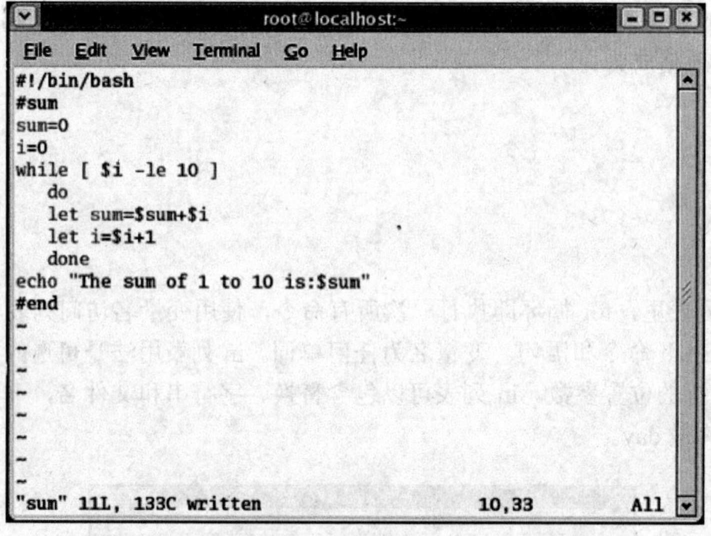

图 8-7 脚本 sum

until 语句可以用来执行一系列命令，直到所指定的条件为真时才终止循环。

until 语句的一般格式为：

```
until 测试条件
  do
   命令表
  done
```

可以看出，它与 while 语句很相似，只是测试条件不同，即当测试条件为假时，才进入循环体，直到测试条件为真时终止循环。

如图 8-8 所示的脚本 counteven 用 until 语句求出了前 10 个偶数之和。

运行结果如下：

```
[root@localhost root]# bash counteven
the sum of even between 1 to 10 is:110
```

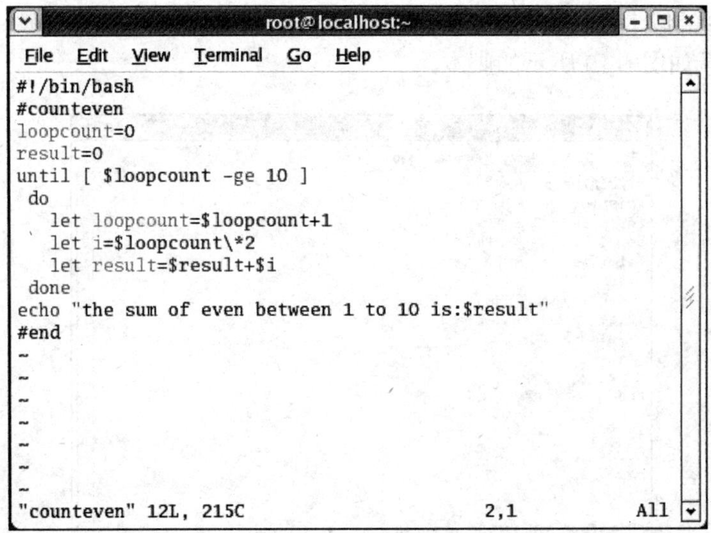

图 8-8　脚本 counteven

4. 使用 break 和 continue 控制循环

有时需要基于某些准则退出循环或跳过循环步。Shell 提供两个命令实现此功能：break 和 continue。

break 命令允许跳出循环。break 通常在进行一些处理后退出循环或 case 语句。如果是在一个嵌入循环里，可以指定跳出的循环个数。其语法格式为：

```
break  [n]
```

其中，n 表示要跳出的几层循环。默认值是 1。例如如果在两层循环内，用 break 2 刚好跳出整个循环。

下面所给例子的功能是按反向打印出命令行的参数，如图 8-9 所示。

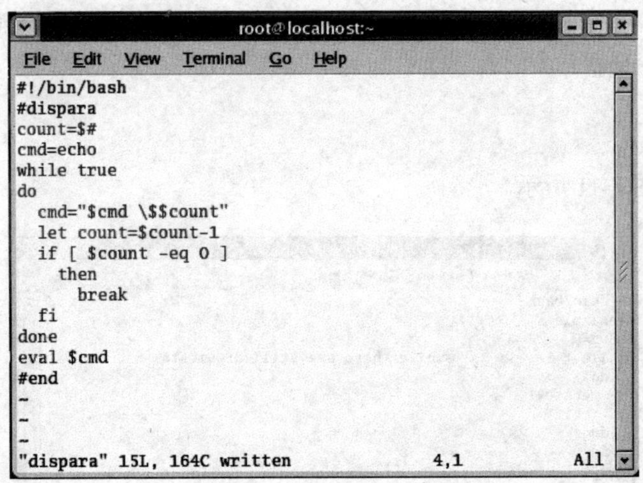

图 8-9　break 语句使用举例

脚本运行结果如下：

```
[root@localhost root]# bash dispara 1 2 3 4
4 3 2 1
```

continue 命令类似于 break 命令，只有一点重要差别——它不会跳出循环，只是跳过这个循环步。下面来看如图 8-10 所示的脚本。

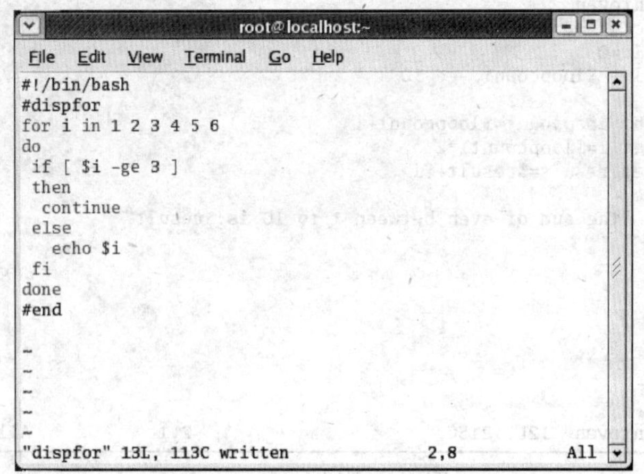

图 8-10　continue 语句使用举例

脚本运行结果如下：

```
[root@localhost root]# bash dispfor
1
2
```

8.3.5　向脚本传递参数

前面已经讲到如何使用特定变量$1…$9 向脚本传递参数。$#用于统计传递参数的个数。Shell 提供 shift 命令以帮助偏移选项，使用 shift 可以去除只使用$1～$9 传递参数的限制。

向脚本传递参数时，有时需要将每一个参数偏移以处理选项，这就是 shift 命令的功能。它每次将参数位置向左偏移一位，下面用一段简单脚本详述其功能。脚本使用 while 循环反馈所有传递到脚本的参数。

例如：

```
vi  example
```

脚本的内容如图 8-11 所示。

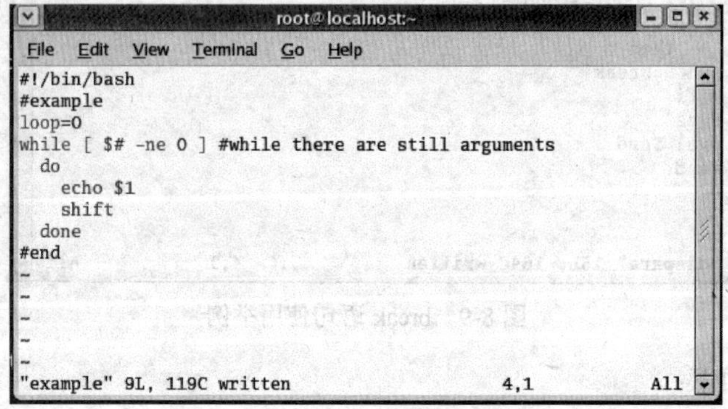

图 8-11　脚本 example

脚本的作用是：首先显示位置参数 1，每次循环处理一个位置参数$1，利用 shift 命令可以把后续位置参数左移，这样就显示了所有的参数名。运行脚本，其结果如下：

```
[root@localhost root]# bash example file1 file2 file3
file1
file2
file3
```

再来看如图 8-12 所示的例子。

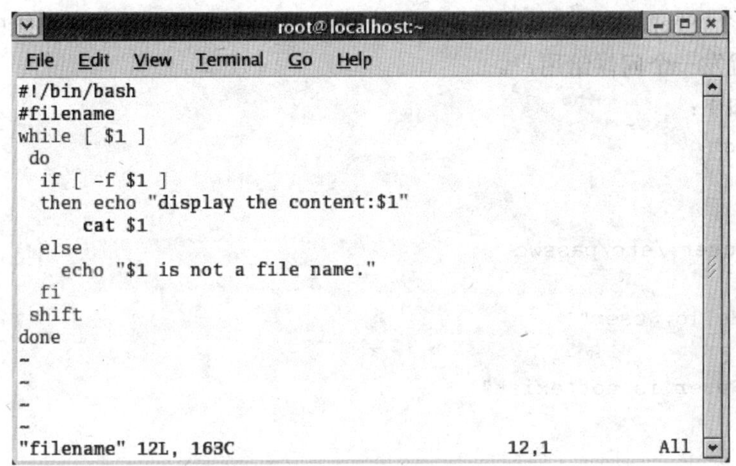

图 8-12　脚本 filename

程序的作用是，首先判断位置参数 1 是否为普通文件，如果是，则显示其内容；否则，显示它不是文件名的信息。利用 shift 命令可以逐个处理后续位置的文件名。脚本运行结果如下：

```
[root@localhost root]# bash filename f1 f2 f5
display the content:f1
a
b
c
display the content:f2
1
2
3
f5 is not a file name.
```

正确控制命令行选项会使脚本更加专业化，对于用户来说会使之看起来像一个系统命令。shift 也克服了脚本参数$1…$9 的限制。使用 shift 命令，脚本可以很容易偏移至所有调用参数，因此脚本可以做进一步处理。

8.4　任务 4　Shell 脚本练习

1．编写一个 Shell 脚本，它把第二个位置参数及其后的各个参数指定的文件拷贝到第一个位置参数指定的目录中。

参考脚本如下：

```
#!/bin/bash
count=$#
while [ $count-gt 1 ]
do
  eval "cp\$$count $1"
  let count=$count-1
done
#end
```

2．编写一个 Shell 脚本，显示当天日期，查找给定的某用户是否在系统中工作。如果在系统中工作，就发一个问候给用户。

参考脚本如下：

```
#!/bin/bash
date
read user
if grep $user /etc/passwd
   then
   echo "Hello,$user"
  else
   echo "$user is not exist"
fi
#end
```

3．打印指定目录下的某些文件，由第一个参数指出文件所在的目录，其余参数是要打印的文件名。

参考脚本如下：

```
#!/bin/bash
ls $1
count=$#
while [ $count -gt 1 ]
  do
    eval cat $1/\$$count
    let count=$count-1
done
#end
```

4．利用 for 循环将当前目录下的.c 文件移到指定目录/temp 下，并按文件大小排序，显示移动后指定目录的内容。

参考脚本如下：

```
#!/bin/bash
for file in *.c
  do
   mv $file /temp
  done
ls -rls /temp
#end
```

5．编写一个脚本，求斐波那契（Fibonacci）数列的前 10 项及其总和。

参考脚本如下：

```
#!/bin/bash
f1=1
f2=1
i=1
sum=0
while [ $i -le 5 ]
do
  echo $f1
  echo $f2
  let sum=$sum+$1+$2
  let f1=$f1+$f2
  let f2=$f1+$f2
  let i=$i+1
done
echo "sum is: $sum"
#end
```

8.5　本章小结

Shell 脚本在处理自动循环或大的任务方面可节省大量的时间，且功能强大。如果有处理一个任务的命令清单，就不得不将命令清单中的各个命令分别输入执行，然后观察输出结果，再决定它是否正确，如果正确，再继续下一个任务，否则再回到清单一步步观察。一个任务可能是将文件分类、向文件插入文本、迁移文件、从文件中删除行、清除系统过期文件、以及系统一般的管理维护工作等。创建一个脚本，在使用一系列系统命令的同时，可以使用变量、条件、算术和循环快速创建脚本以完成相应的工作。这比在命令行下一个个敲入要节省大量的工作时间。

本章介绍了 Shell 脚本的基本原理、怎样进行文件状态测试和字符串赋值，以及使用其他的条件表达式（如 if then else 和 case）可以进行更广范围的测试、脚本的循环结构、如何向脚本传递参数。

第9章　安全管理

本章知识点：

- 常用服务的功能和特点
- 系统运行信息（包括 CPU、内存、磁盘等）
- 包过滤防火墙

本章重点：

- 关闭不必要的服务
- 管理进程
- 监视系统负载和磁盘
- 创建包过滤防火墙

系统安全和系统管理员有很大的关系。系统里安装的服务越多，就越容易导致系统的不稳定和安全漏洞。例如，SCO UNIX 操作系统就更容易出现安全漏洞。因为它为了满足客户需要，力争做到与客户更加友好的交互，而集成了更多的服务。再例如微软公司的 Windows 操作系统，客户在安装时基本不可能实现自定义选择功能，大多数功能被集成一次性全部安装完成，实际上这会导致更多的问题出现。

Linux 本身是稳定和安全的，但是它可以以不同的形式发行，如 Red Hat 公司的发行版 Red Hat Linux 系列版本。不管是什么发行厂商的版本，我们在安装 Linux 系统的时候，最好先进行最小化安装，然后再根据需要安装必要的软件，这样可以减少出现安全隐患的可能性。

与商业软件公司生产发行的操作系统相比，Linux 有它自己的独特之处。Linux 的开发是遵循 GPL 的，它的源代码任何人都可以免费获得。成千上万的程序员和工程师都在根据自己的需要利用 Linux 的源代码，如果系统中有隐患存在，在网络上的这些成千上万的志愿者很快就会发现并指出这些隐患，并找到解决方法。相对于商业软件公司来说，他们只能把有限的人力用于解决这些问题，并且商业软件公司一般不会公开这些隐患和问题，因为对他们没有什么好处，通常软件公司会发行补丁程序，但要真正到用户手中可能需要很长的时间。

9.1　任务 1　控制对服务的访问

任务说明：

Linux 系统里有大量的服务，各种服务的功能和配置都会对系统安全造成或大或小的影响。如何控制这些服务，使它们对系统安全的影响降低到最小程度是这个项目的要求。

任务要求：

学会分析系统提供的各种服务的功能和性质，设置服务的启动级别。

维护 Linux 系统的安全性极其重要。管理系统安全的方法之一是谨慎管理对系统服务的使用。你的系统可能需要提供某些特定的服务（如 httpd，如果在运行万维网服务器的话）。如果不需要提供某些服务，则应该把它关闭，从而降低出现安全隐患的可能性。

管理对系统服务访问的方法有好几种，必须根据服务、系统配置以及对 Linux 的掌握程度来决定选择使用哪种方法。

拒绝对某一服务的使用最简便的方法是将其关闭。可以使用以下三种不同的应用程序来配置其启动或停止。

9.1.1　使用服务配置工具启动 iptables 防火墙服务

在任务栏上点击"主菜单"→System Settings→Server Settings→Services，出现服务配置工具窗口。在左边栏目中选择 iptables 复选框，使 iptables 防火墙服务在系统引导时自动启动，如图 9-1 所示。

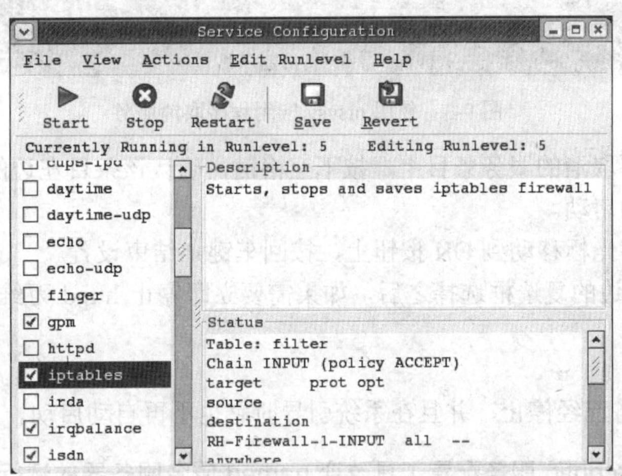

图 9-1　服务器配置工具窗口

在左边栏目中选择了 iptables 之后，单击 Start 按钮启动 iptables 防火墙服务。确认 iptables 防火墙服务启动之后，单击 Save 按钮，将刚才所做的设置保存起来。

9.1.2　使用 ntsysv 应用程序配置 httpd 万维网服务——停止自动启动

在终端控制台输入 ntsysv 命令，启动 ntsysv 服务管理工具，如图 9-2 所示。

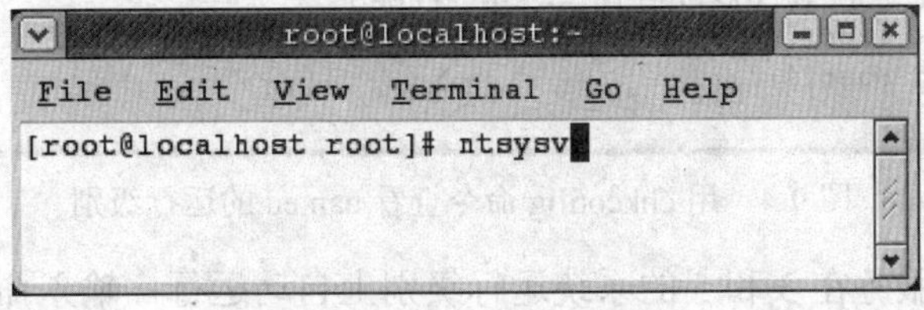

图 9-2　启动 ntsysv 应用程序

当 ntsysv 服务管理工具启动之后，将出现 ntsysv 服务管理工具主界面。在列出的系统服务中，被标记了*号的为自动启动服务。按键盘上的 PageDown 键或者“方向键”向下翻页，直到找到 httpd 服务。如果要使 httpd 服务在系统引导时不自动启动，需要取消左边的复选框选择（按空格键可以选择或者取消选择），如图 9-3 所示。

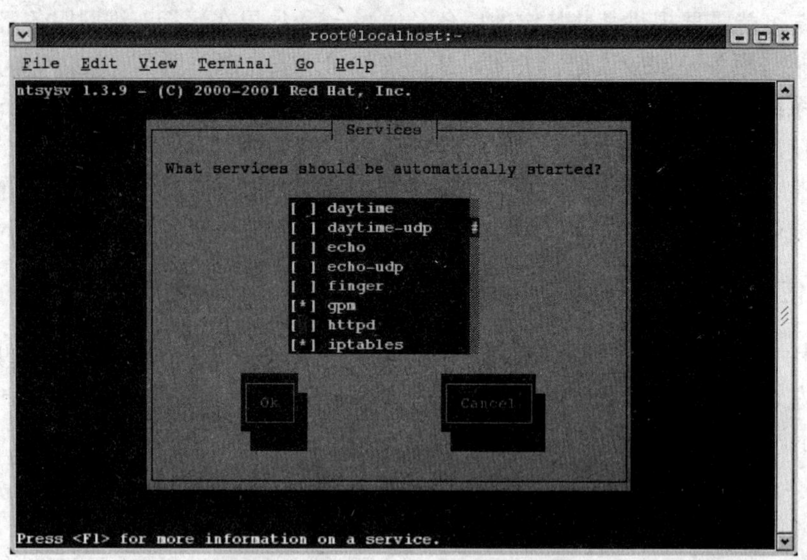

图 9-3 使用 ntsysv 应用程序取消服务

移动光标在需要取消的服务条目上，按下空格键，确认该条目左边的括号内没有*号，就可以禁止该服务自动启动。

按下 Tab 键，将光标移动到 OK 按钮上，按回车键，结束设置。

在取消 httpd 左边的复选框选择之后，如果需要立即停止 httpd 万维网服务，还需要运行一下命令：

```
service httpd stop
```

至此，httpd 服务已经停止，并且在系统引导时它也不再自动启动。

9.1.3 使用 chkconfig 服务配置工具改变 named 域名服务器的运行级别

首先查看 named 服务目前的运行级别，输入命令：

```
chkconfig  --list  named
```

运行结果如图 9-4 所示。

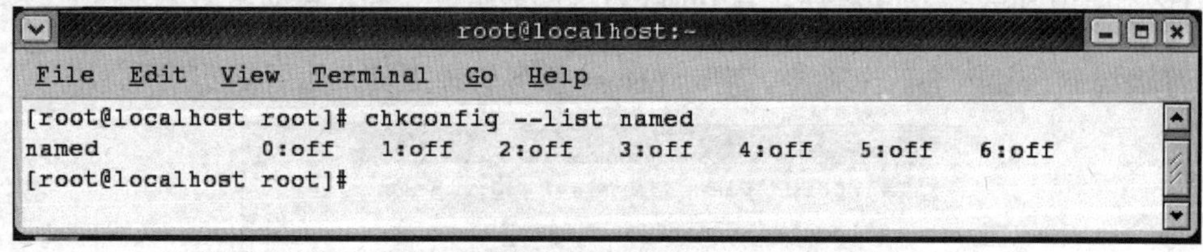

图 9-4 用 chkconfig 命令查看 named 的运行级别

我们要使 named 服务在 3 和 5 的系统运行级别上自动运行，输入命令：

```
chkconfig --level 3 named on
chkconfig --level 5 named on
```

运行命令改变了 named 服务的运行级别之后，再查看一下它的状态：

```
chkconfig --list named
```

运行结果如图 9-5 所示。

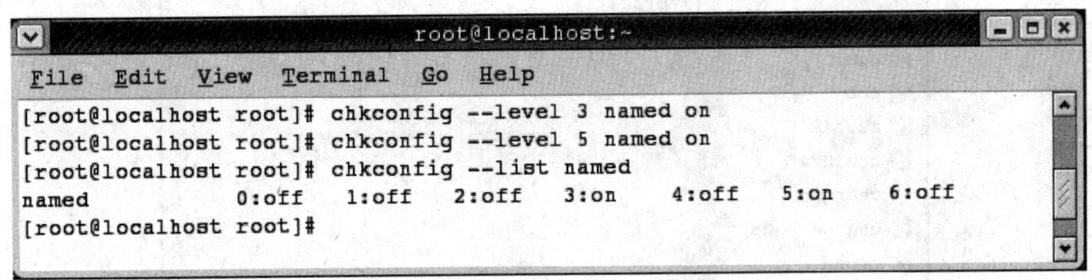

图 9-5　查看修改后 named 的运行级别

可以看到，已经使 named 服务在 3 和 5 的系统运行级别上启用了。

9.1.4　各种服务配置工具

1. 服务配置工具

这是一个图形化应用程序，它显示了每项服务的描述，以及每项服务是否在引导时启动（运行级别 3、4、5），并允许启动、停止或重新启动每项服务，如图 9-6 所示。

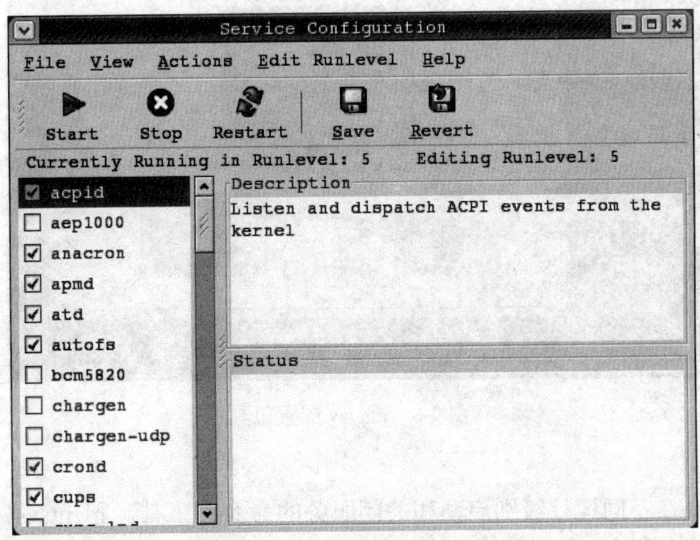

图 9-6　Service Configuration 对话框

如果要编辑不同运行级别的系统服务，可以点击编辑运行级别菜单，在编辑运行级别菜单里选择想要编辑的运行级别，如图 9-7 所示。

2. ntsysv

这是一个基于文本的程序，允许用户为每个运行级别配置引导时要启动的服务。对于不属于 xinetd 的服务而言，改变不会立即生效。不能使用这个程序来启动、停止或重新启动不属于 xinetd 的服务，如图 9-8 所示。

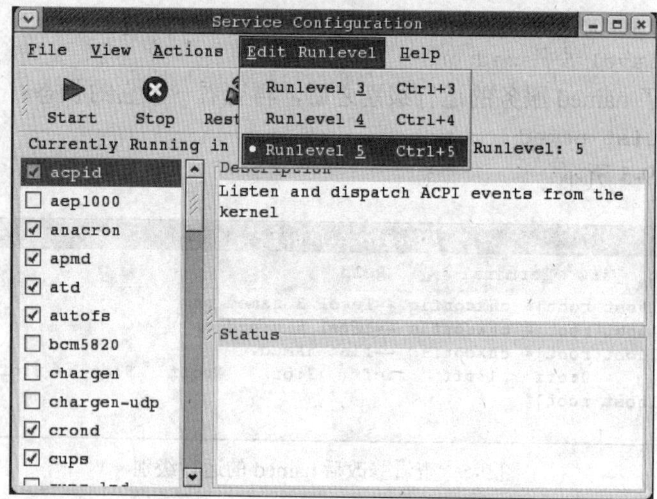

图 9-7　系统服务的运行级别

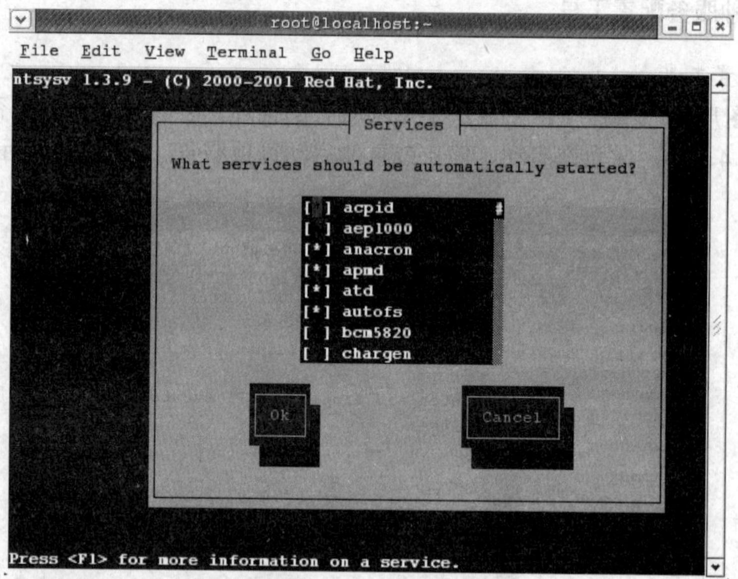

图 9-8　ntsysv 配置工具

3. chkconfig

这是一个允许在不同运行级别启动和关闭服务的命令行工具。和 ntsysv 工具一样，对于不属于 xinetd 的服务而言，改变不会立即生效。也不能使用这个工具程序来启动、停止或重新启动不属于 xinetd 的服务，如图 9-9 所示。

4. 其他工具和方法

管理对系统服务使用的另一种方法是通过使用 iptables 来配置 IP 防火墙。设置 iptables 是一项复杂的作业，最好在测试计算机上反复实验并证明使用 iptables 配置的 IP 防火墙运行正确，再运用在工作环境中。

从另一角度而言，iptables 的优越性是它的灵活性。例如，iptables 能够提供一个定制的解决方案来为某些主机提供某些服务的使用权。

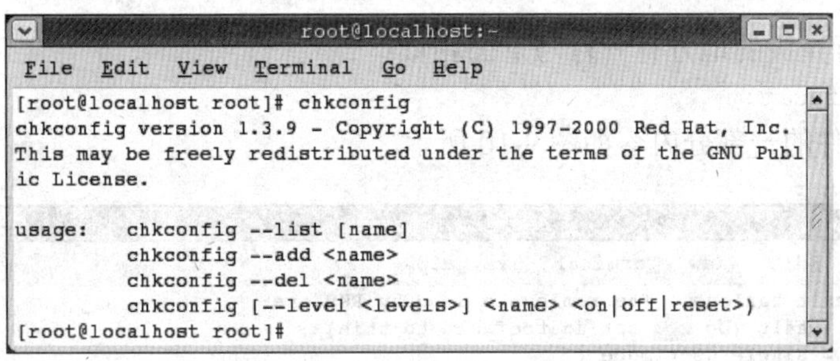

图 9-9　chkconfig 工具

另外，在 Red Hat Linux 系统中，可以使用安全级别配置工具（redhat-config-security level）。该工具允许为系统选择安全级别，它和 Red Hat Linux 安装程序中的“防火墙配置”屏幕相似。还可以使用 GNOME Lokkit。GNOME Lokkit 是一种 GUI 工具，它会向用户询问一些要如何使用及其他问题。根据用户的回答，它会为用户配置一个简单的防火墙。

下面列举一些通常不必要的服务。

（1）portmap、rpc.mountd、rpc.nfsd。它们是 NFS（网络文件系统）子系统的所有服务。如果不需要运行 NFS 服务器，不需要挂在远程 NFS 共享，就不需要运行这些程序。

（2）smbd 和 nmbd。它们是 Samba 后台程序。如果不需要将 SMB 共享到 Windows 主机（或其他计算机）上，就可以安全地结束这些进程。

（3）automount。自动挂起程序可根据需要方便地调用网络（或本地）文件系统，并且在访问时无需 root 权限。对于桌面应用的计算机来说非常方便，但是在专用服务器上就会带来危险。

（4）Named。域名服务器。除非为其他计算机运行域名服务或者运行缓存 DNS 服务器，否则不需要启动这个服务。

还有其他一些服务这里不再一一列举，如有需要，请读者自行查看相关系统手册。

9.2　任务 2　控制系统运行级别

任务说明：

不同系统级别的运行状态，控制系统运行级别。

任务要求：

学会控制系统运行级别。

在配置到服务的访问之前，必须理解 Linux 的运行级别。运行级别是一种状态，或称为模式（mode），它由列在/etc/rc.d/re<x>.d 目录中的服务来定义，其中<x>是运行级别的数字。可以在下面的知识点中看到详细的信息。

9.2.1　修改默认的运行级别

默认的运行级别可以通过修改/etc/inittab 文件来改变，可以用 vi 编辑器打开它：

```
vi  /etc/inittab
```

该文件在接近开头的地方有一行与下面相似：

```
id:5:initdefault:
```

/etc/inittab 文件的一部分内容如图 9-10 所示。

```
# Default runlevel. The runlevels used by RHS are:
#   0 - halt (Do NOT set initdefault to this)
#   1 - Single user mode
#   2 - Multiuser, without NFS (The same as 3, if you do not have network
ing)
#   3 - Full multiuser mode
#   4 - unused
#   5 - X11
#   6 - reboot (Do NOT set initdefault to this)
#
id:5:initdefault:

# System initialization.
si::sysinit:/etc/rc.d/rc.sysinit

l0:0:wait:/etc/rc.d/rc 0
l1:1:wait:/etc/rc.d/rc 1
l2:2:wait:/etc/rc.d/rc 2
l3:3:wait:/etc/rc.d/rc 3
l4:4:wait:/etc/rc.d/rc 4
l5:5:wait:/etc/rc.d/rc 5
l6:6:wait:/etc/rc.d/rc 6
"/etc/inittab" 53L, 1666C                                   9,1          25%
```

图 9-10 /etc/inittab 文件

把这一行中的数字改成你想要的运行级别，所做的改变在系统重新引导之后才会生效。

如果要让系统启动时进行系统运行级别 3（即以文本模式登录），那么修改/etc/inittab 文件，如图 9-11 所示，可以将图 9-10 和图 9-11 对比一下，找出修改的地方。

```
# Default runlevel. The runlevels used by RHS are:
#   0 - halt (Do NOT set initdefault to this)
#   1 - Single user mode
#   2 - Multiuser, without NFS (The same as 3, if you do not have network
ing)
#   3 - Full multiuser mode
#   4 - unused
#   5 - X11
#   6 - reboot (Do NOT set initdefault to this)
#
id:3:initdefault:

# System initialization.
si::sysinit:/etc/rc.d/rc.sysinit

l0:0:wait:/etc/rc.d/rc 0
l1:1:wait:/etc/rc.d/rc 1
l2:2:wait:/etc/rc.d/rc 2
l3:3:wait:/etc/rc.d/rc 3
l4:4:wait:/etc/rc.d/rc 4
l5:5:wait:/etc/rc.d/rc 5
l6:6:wait:/etc/rc.d/rc 6
"/etc/inittab" 53L, 1666C written                           18,4         25%
```

图 9-11 修改运行级别后的/etc/inittab 文件

9.2.2　立即改变运行级别

如果要立即改变运行级别，使用命令 telinit 或者 init，其后跟随运行级别数字。

注意：*必须是 root 用户才能使用这项命令。*

立即改变系统运行级别为 5，输入命令：

```
telinit  5
```

或者

```
init  5
```

如果当前正在系统运行级别 3 环境下，运行这个命令之后，系统应该立即启动 X 系统。

9.2.3　Red Hat Linux 的运行级别

Red Hat Linux 使用下列运行级别：

- 0——停止运行。
- 1——单用户模式。
- 2——没有使用（可由用户定义）。
- 3——完全的多用户模式。
- 4——没有使用（可由用户定义）。
- 5——完全的多用户模式（带有基于 X 的登录屏幕）。
- 6——重新引导。

如果使用的是文本登录屏幕，那么是在运行级别 3 中操作；如果使用的是图形化登录屏幕，就是在运行级别 5 中操作。

9.3　任务 3　收集系统进程信息

系统管理员常常担心的是，一个被入侵的 Linux 系统最容易被修改的是什么？所谓的“木马程序”是以一些小指令，以后台执行的方式常驻在系统中，当系统被入侵之后，Linux 主机上的信息就是由这些木马程序传送到入侵者手中的。所以，良好的管理进程的习惯，也是系统管理员必须要做的功课。

任务说明：

在任务中使用 ps 与 top 这两个最常用的、观察系统进程工作状态的命令来收集系统进程信息。

任务要求：

学会使用各种工具收集系统信息。

Linux 操作系统是面向多用户的。在同一时间可以有许多用户向操作系统发出各种命令。那么操作系统是如何实现多用户环境的呢？在现代的操作系统中都有程序和进程的概念。那么什么是程序、什么是进程呢？通俗地讲，程序是一个包含可执行代码的文件，是一个静态的文件。而进程则是一个开始执行但是还没有结束的程序实例，它是可执行文件的具体实现。一个程序可能有许多进程，而每一个进程又可以有许多子进程。依次循环下去，产生子孙进程。当程序被系统调用到内存以后，系统会给程序分配一定的资源（如内存、设备等），然后进行一系列的复杂操作，使程序变成进程以供系统调用。在系统里面只有进程没有程序，为了区分各个不同的进程，系统给每一个进程分配了一个 ID（就如同我们的身份证），从而惟一识别每一个进程。为了充分利用资源，系统还对进程区分了不同的状态，包括新建、运行、阻塞、就绪和完成 5 个状态。新建表示进程正在被创建；运行是进程正在运行；阻塞是进程正在等待某一个时间发生；就绪表示系统正在等待 CPU 来执行命令；完成表示进程已经结束了，系统正在回收资源。

9.3.1 收集系统进程信息

ps aux 命令显示一个当前系统进程的列表，该列表中包括其他用户拥有的进程。要显示进程以及它们的所有者，使用 ps aux 命令。该列表是一个静态列表；换句话说，它是在启用这项命令时正在运行的进程快照。如果需要一个时刻更新的运行进程列表，可使用下面描述的 top 命令。

ps 的输出会很长。要防止它快速从屏幕中滑过，可以使用 less 或者 more 命令管道输出：

```
ps aux | less
```

或者

```
ps aux | more
```

可以使用 ps 命令和 grep 命令的组合来查看某些进程是否在运行。例如，要判定 emacs 是否在运行，使用下面的命令：

```
ps ax | grep emacs
```

top 命令显示了当前正在运行的进程以及关于它们的重要信息，包括内存和 CPU 用量。该列表既是真实时间的，也是互动的。图 9-12 提供了一个 top 的输出示例。

```
root@localhost:~
File  Edit  View  Terminal  Go  Help
CPU states:  cpu    user    nice  system    irq  softirq  iowait    idle
           total    0.5%    0.0%    1.5%   0.0%     0.0%    0.0%   97.8%
Mem:   190740k av, 184868k used,    5872k free,        0k shrd,   18080k
buff
        50776k active,             117184k inactive
Swap:  305224k av,     368k used,  304856k free                   83668k
cached

  PID USER      PRI  NI  SIZE  RSS SHARE STAT %CPU %MEM   TIME CPU COMMA
 2026 root       15   0 34284  15M  5564 S     1.3  8.3   0:18   0 X
 2317 root       17   0  1076 1076   888 R     0.5  0.5   0:00   0 top
   16 root       15   0     0    0     0 SW    0.1  0.0   0:05   0 kjourn
 2281 root       15   0 11480  11M  8212 S     0.1  6.0   0:00   0 gnome-
    1 root       16   0   420  420   360 S     0.0  0.2   0:04   0 init
    2 root       15   0     0    0     0 SW    0.0  0.0   0:00   0 kevent
    3 root       15   0     0    0     0 SW    0.0  0.0   0:00   0 kapmd
    4 root       34  19     0    0     0 SWN   0.0  0.0   0:00   0 ksofti
    6 root       25   0     0    0     0 SW    0.0  0.0   0:00   0 bdflus
    5 root       15   0     0    0     0 SW    0.0  0.0   0:00   0 kswapd
    7 root       15   0     0    0     0 SW    0.0  0.0   0:01   0 kupdat
    8 root       25   0     0    0     0 SW    0.0  0.0   0:00   0 mdreco
   82 root       15   0     0    0     0 SW    0.0  0.0   0:00   0 khubd
 1188 root       16   0     0    0     0 SW    0.0  0.0   0:00   0 kjourn
```

图 9-12 top 命令执行结果

要退出 top，按 q 键即可。

可以和 top 一起使用的互动命令如表 9-1 所示。

表 9-1　互动的 top 命令

命令	描述	命令	描述
[Space]	立即刷新显示	[n]	改变显示的进程数量。提示输入数量
[h]	显示帮助屏幕	[u]	按用户排序
[k]	杀死某进程。提示输入进程 ID 以及要发送给它的信号	[M]	按内存用量排序
		[p]	按 CPU 用量排序

9.3.2　更多查看进程的方法

1. 查看所有线程

线程可以看做进程中指令的不同执行路线。例如，在文字处理程序中，主线程负责用户的文字输入，而其他线程负责文字加工的一些任务。往往也把线程称为轻型进程。Linux 系统支持内核空间的多线程，但它与大多数操作系统不同，后者单独定义线程，而 Linux 则把线程定义为进程的“执行上下文”。

类似于 Mozilla 和 Nautilus 的应用程序具备线程感知（thread-aware），即多个线程会被创建来处理多个用户或多个请求，而且每个线程都有自己的 PID。按照默认设置，ps 和 top 只显示主（初始）线程。要查看所有线程，使用“ps -m”命令或者在 top 中键入 Shift+H 组合键。

2. GNOME 系统监视器

如果和 top 相比，更喜欢使用图形化界面的话，可以使用 GNOME 系统监视器。要从桌面上启动它，选择面板上的“主菜单”→System Tools→System monitor 或在 X 窗口系统的 Shell 提示下键入 gnome-system-monitor，然后选择 Process Listing 选项卡，如图 9-13 所示。

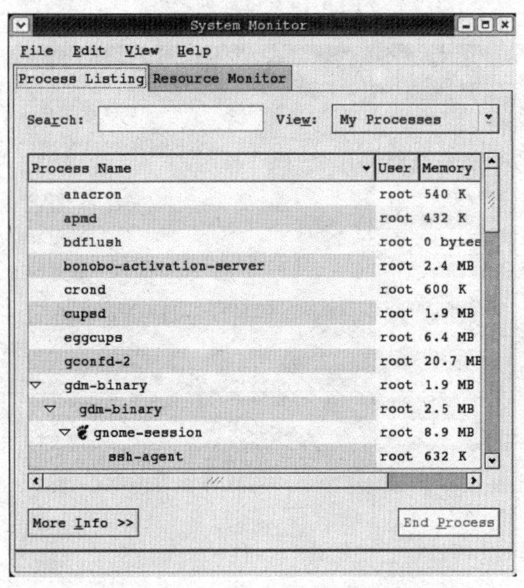

图 9-13　GNOME 系统监视器

GNOME 系统监视器允许在运行的进程列表中搜索进程，还可以查看所有进程、用户拥有的进程或活跃的进程。

要了解更多关于某进程的情况，可以选择该进程，单击 More Info 按钮，关于该进程的细节就会显示在窗口的底部。

要停止某进程，可以选择该进程，单击 End Process 按钮，这有助于结束对用户输入已不再作出反应的进程。

要按指定列的信息来排序，点击该列的名称，信息被排序的那一列会用深灰色显示。

按照默认设置，GNOME 系统监控器不显示线程。要改变这个首选项，选择 Edit→Proferences 命令，然后在弹出的 Perferences 对话框中单击 Process Listing 选项卡，如图 9-14 所示。首选项还允许在 Resource Monitor 选项卡里配置更新间隔、每个进程默认显示的信息以及系统监视器图标的颜色，如图 9-15 所示。

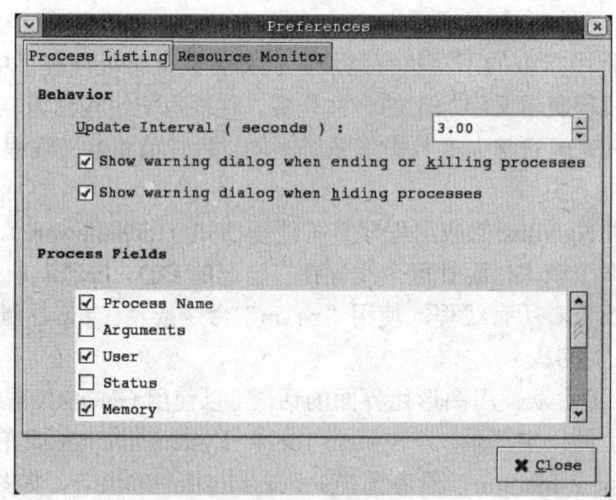

图 9-14　进程列表

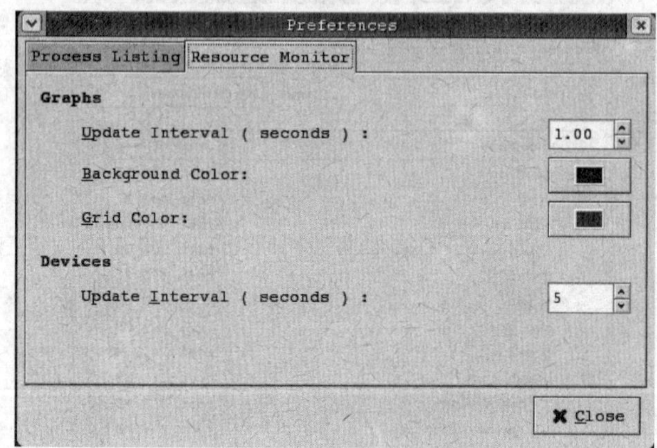

图 9-15　配置系统监视器图表的颜色

9.3.3　收集内存信息

free 命令显示系统的物理内存和交换区的总量以及已使用的、空闲的、共享的、在内核缓冲内的和被缓存的内存数量。操作结果如图 9-16 所示。

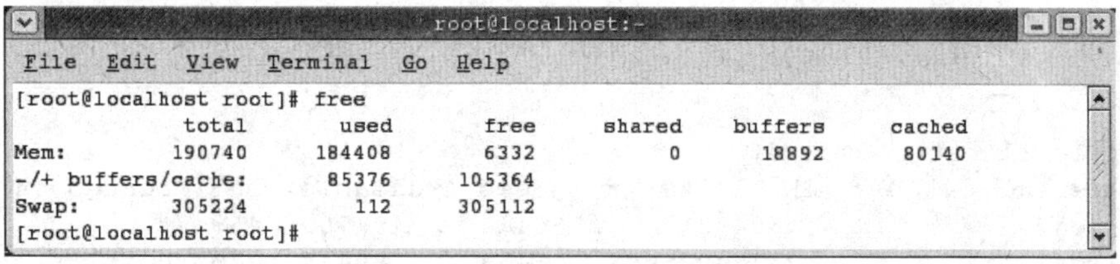

```
[root@localhost root]# free
             total       used       free     shared    buffers     cached
Mem:        190740     184408       6332          0      18892      80140
-/+ buffers/cache:      85376     105364
Swap:       305224        112     305112
[root@localhost root]#
```

图 9-16　free 命令

“free -m”命令显示的信息和前面相同，但它以 MB 为单位，便于阅读，如图 9-17 所示。

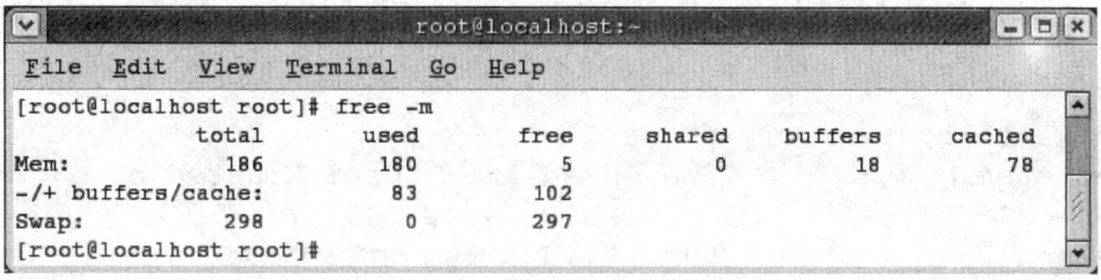

```
[root@localhost root]# free -m
             total       used       free     shared    buffers     cached
Mem:           186        180          5          0         18         78
-/+ buffers/cache:         83        102
Swap:          298          0        297
[root@localhost root]#
```

图 9-17　带 m 参数的 free 命令

如果和 free 相比，更喜欢使用图形化界面的话，可以使用 GNOME 系统监视器。要从桌面上启动它，选择面板上的“主菜单”→System Tools→System Monitor 或在 X 窗口系统的 Shell 提示下键入 gnome-system-monitor，然后选择 Resource Monitor 选项卡，GNOME 系统监视器如图 9-18 所示。

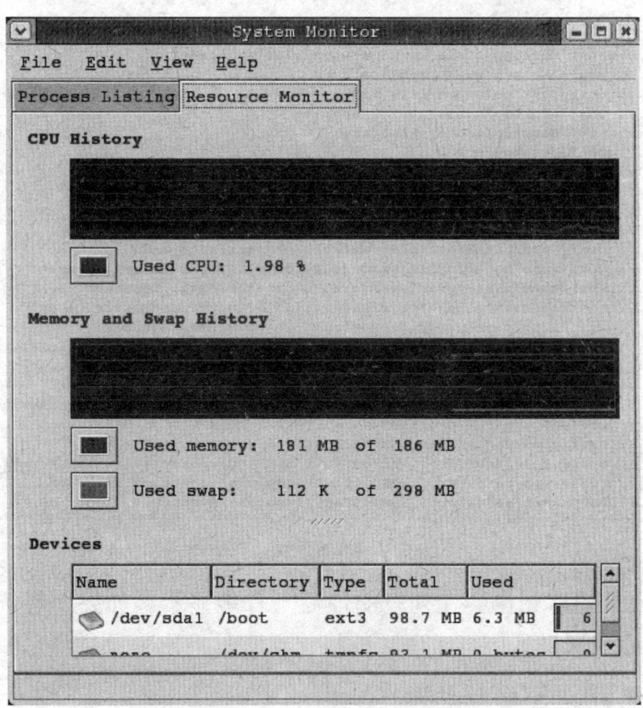

图 9-18　GNOME 系统监视器

9.3.4　收集文件系统信息

df 命令报告系统的磁盘空间用量。如果在 Shell 提示下键入了 df 命令，出现如下所示的信息：

```
[root@localhost root]# df
Filesystem           1K-blocks      Used Available Use% Mounted on
/dev/sda2              6048352   2556412   3184700  45% /
/dev/sda1               101086      6453     89414   7% /boot
none                     95368         0     95368   0% /dev/shm
```

按照默认设置，该工具把分区大小显示为 1KB 的块，已用的和可用的磁盘空间以 KB 为单位显示。要查看以 MB 和 GB 为单位的信息，使用“df -h”命令。-h 选项代表可读格式，它的输出类似于：

```
df -h
[root@localhost root]# df -h
Filesystem            Size  Used Avail Use% Mounted on
/dev/sda2             5.8G  2.5G  3.1G  45% /
/dev/sda1              99M  6.4M   88M   7% /boot
none                   94M     0   94M   0% /dev/shm
```

从上面看到，在分区列表中，有一项是/dev/shm。该项目代表系统的虚拟内存文件系统。

du 命令显示被目录中的文件使用的磁盘空间数量的估计值。如果在 Shell 提示下键入了 du 命令，每个子目录的用量都会在列表中显示，如图 9-19 所示。

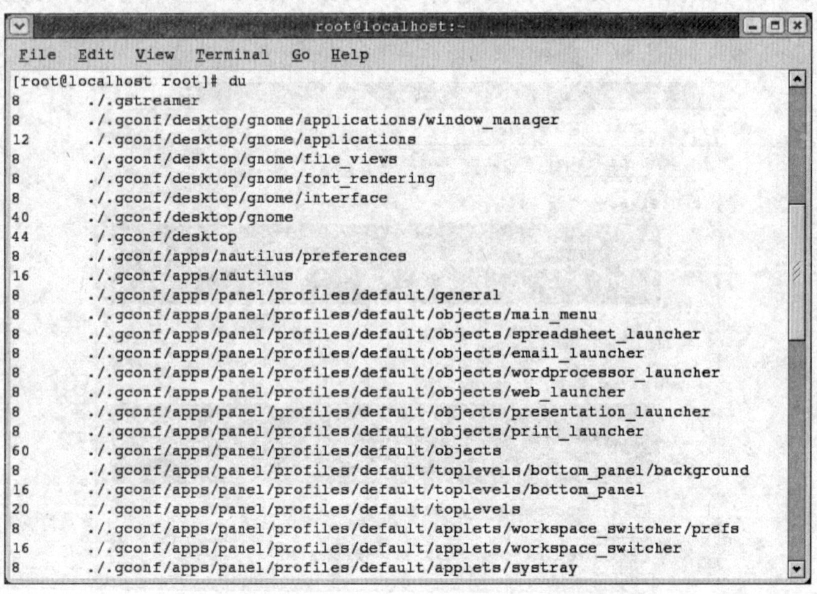

图 9-19　du 命令运行结果

当前目录和子目录的总和也会在列表的最后一行中显示。如果不想查看每个子目录的用量，使用“du -sh”命令来显示更容易理解的格式，它只列出目录用量总和：

```
[root@localhost root]# du -sh
732K
```

使用“du --help”命令来查看更多选项。要查看图形化的系统分区和磁盘空间用量，使用“系统监视器”选项卡，如图 9-18 所示。

9.3.5　收集硬件信息

如果在配置硬件时遇到问题，或者只是想了解一下系统中有哪些硬件，可以使用硬件浏览器程序来显示能被探测到的硬件。要在桌面环境下启动该程序，点击“主菜单”→System Tools→Hardware Browser，或在 Shell 提示符下键入 hwbrowser，如图 9-20 所示。它显示了光盘设备、软盘、硬盘驱动器和它们的分区、网络设备、指示设备、系统设备以及视频卡，点击左侧菜单上的类别名称，有关信息就会显示出来。

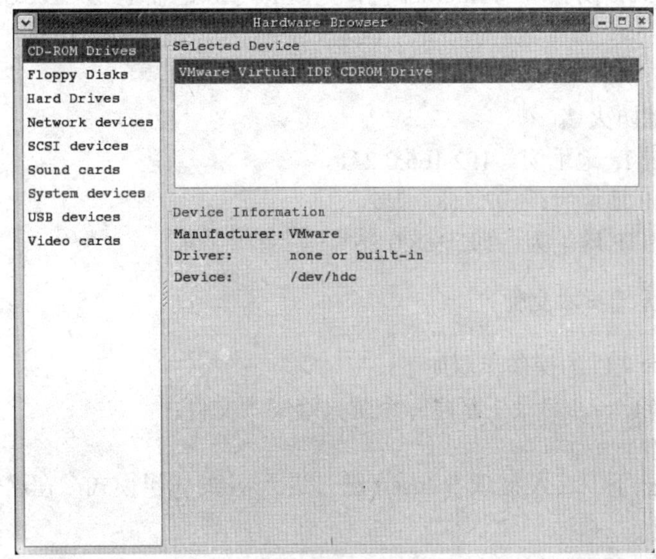

图 9-20　硬件浏览器

还可以使用 lspci 命令来列举所有的 PCI 设备。使用“lspci -v”命令来获得详细的信息，或使用“lspci -vv”命令来获得更详细的输出。

例如，lspci 命令可以被用来判定系统视频卡的制造厂商、型号以及内存大小：

```
lspci
```

运行结果类似如图 9-21 所示（根据硬件的不同这里的信息也会有所不同）：

```
root@localhost:~
File  Edit  View  Terminal  Go  Help
[root@localhost root]# lspci
00:00.0 Host bridge: Intel Corp. 440BX/ZX/DX - 82443BX/ZX/DX Host bridge (rev 01)
00:01.0 PCI bridge: Intel Corp. 440BX/ZX/DX - 82443BX/ZX/DX AGP bridge (rev 01)
00:07.0 ISA bridge: Intel Corp. 82371AB/EB/MB PIIX4 ISA (rev 08)
00:07.1 IDE interface: Intel Corp. 82371AB/EB/MB PIIX4 IDE (rev 01)
00:07.2 USB Controller: Intel Corp. 82371AB/EB/MB PIIX4 USB
00:07.3 Bridge: Intel Corp. 82371AB/EB/MB PIIX4 ACPI (rev 08)
00:0f.0 VGA compatible controller: VMWare Inc: Unknown device 0405
00:10.0 SCSI storage controller: BusLogic BT-946C (BA80C30) [MultiMaster 10] (rev 01)
00:11.0 Ethernet controller: Advanced Micro Devices [AMD] 79c970 [PCnet32 LANCE] (rev
 10)
00:12.0 Multimedia audio controller: Ensoniq ES1371 [AudioPCI-97] (rev 02)
[root@localhost root]#
```

图 9-21　lspci 命令运行结果

如果不知道系统网卡的制造商或型号，lspci 可以帮助用户来判定这些信息。

9.4 任务 4 构建包过滤防火墙

任务说明：

网络结构如图 9-17 所示，为这个网络构建一个包过滤防火墙。

假设内部网的三台服务器都有有效的 Internet 地址。任务中把内部网段 192.168.80.0/24 与 Internet 隔离，在内部网络和 Internet 之间构建了包过滤防火墙。防火墙的内部接口是 eth1，IP 地址是 192.168.80.254，防火墙的 Internet 接口是 eth0，IP 地址是 197.166.55.254.

任务要求：

学会构建包过滤防火墙。

WWW 服务器的 IP 地址为：192.166.0.251。

FTP 服务器的 IP 地址为：192.168.0.252。

E-mail 服务器的 IP 地址为：192.168.0.253。

9.4.1 创建防火墙脚本文件

创建防火墙脚本文件的操作步骤如下：

用 vi 编辑器在/etc/rc.d/目录下新建一个防火墙脚本文件：

```
vi /etc/rc.d/firewall
```

在 vi 编辑器里按下 I 或 A 键或者 Insert 键，进入 vi 的编辑模式，在这个文件中插入以下内容：

```
#!/bin/bash
echo"Starting firewawll……"
echo"1">/proc/sys/net/ipv4/ip_forward
IPC=/sbin/iptables
WWWSERVER=192.168.0.251
FTPSERVER=192.168.0.252
EMAILSERVER=192.168.0.253
IPRANGE=192.168.0.0/24
$IPC-F
$IPC-P FORWARD DROP
$IPC-A FORWARD-p tcp-d $WWWSERVER—dport www-i eth0-j ACCEPT
$IPC-A FORWARD-p tcp-d $FTPSERVER—dport ftp-I eth0-j ACCEPT
$IPC-A FORWARD-p tcp-d $EMAILSERVER--dport ftp-I eth0-j ACCEPT
$IPC-A FORWARD-p tcp-s 0/0—sport ftp-data-d $IPRANGE-i eth0-j ACCEPT
$IPC-A FORWARD-p tcp-d $IPRANGE! -syn-i eth0-j ACCEPT
$IPC-A FORWARD-p udp-d $IPRANGE-i eth0-j ACCEPT
$IPC-A FORWARD-s 192.168.0.0/24-i eth1-j ACCEPT
$IPC-A FORWARD-f-m limit-limit-limit 100/s-limit-burst 100-j ACCEPT
$IPC-A FORWARD-p icmp-m limit-limit 1/s-limit-burst 10-j ACCEPT
```

输入完毕按 Esc 键退出 vi 的编辑模式，回到命令模式，输入“:wq”存盘，退出 vi 编辑器。

9.4.2　设置防火墙脚本文件为可执行

设置防火墙脚本文件为可执行，为它添加可执行权限：

```
chmod  u+x  /etc/rc.d/firewall
```

或者

```
chmod  755  /etc/rc.d/firewall
```

9.4.3　启动防火墙并设置自动运行

编辑/etc/rc.d/rc/local 文件，使脚本能在系统启动时自动执行：

```
echo"/etc/rc.d/firewall">>/etc/rc.d/rc.local
```

执行防火墙脚本使之立刻起作用：

```
/etc/rc.d/firewall
```

至此，已经构建了一个包过滤防火墙，并已经运行，它正在保护系统的安全。

9.4.4　iptables 常用命令

1. 查看当前规则集的命令

查看当前正在使用的规则集是一个十分常用的操作，命令语法如下：

```
iptables  -L
```

这个命令会尽可能地以易读的形式显示当前正在使用的规则集。比如，它会尽量用文件/etc/services 里相应的名字表示端口号，用相应的 DNS 记录表示 IP 地址。但后者可能会导致一些问题，例如，它想尽力把 LAN 的 IP 地址（如 192.168.1.1）解析成相应的名字。但 182.168.0.0/16 这个网段是私有的，也就是说，它只能用在局域网里，而不能在 Internet 里使用，所以它不会被 Internet 上的 DNS 服务器解析。因此，当解析这个地址时，命令就好像停在那儿了。为了避免这种情况的发生，就要使用如下选项：

```
iptables  -L  -n
```

如果想查看每个策略或每条规则、每条链的简单流量统计，可以在上面的命令后再加一个 verbose 标志，如下：

```
iptables  -L  -n  -v
```

此外，iptables-L 命令还可以查看 nat 表和 mangle 表的内容（默认的表是 filter)，只需要使用-t 选项，比如我们只想看 nat 表的规则，就可以用下面的命令：

```
iptables  -L  -t   nat
```

在/proc 里可能还有一些文件对用户有帮助。比如，可以在连接跟踪记录表里看到当前有哪些连接。这个表包含了当前的所有连接，还可以通过它了解到每个连接处于什么状态。要注意，这个表是不能编辑的，即使可以，也不应该更改它。可以用下面的命令查看这个表：

```
cat/proc/net/ip_conntrack  less
```

此命令会显示当前所有被跟踪的连接，但要读懂那些记录是有些难度的。

2. 修正和清空 iptables 的命令

如果增加的规则有问题，要想删掉它，只要把命令中的-A 改为-D 即可。这样，iptables

就会找到那个错误的规则并删掉它，但如果在规则里有好几条同样的规则，它只能删掉找到的第一条。如果不想发生这样的事情，可以试试用序号来删除。例如，想删除 INPUT 链的第 10 条规则，可以使用如下命令：

```
iptables -D INPUT 10
```

还有一种情况就是要清空整个链，这就要使用选项-F。比如，要清空整个 INPUT 链，使用的命令就是"iptables -F INPUT"。但要注意，选项-F 并不改变链的默认策略。所以，如果被我们清空的那条 INPUT 链的策略是 DROP，它还是会阻塞所有的包。那怎样才能重置策略呢？还记得策略 DROP 是如何设置的吗，还是用那个方法。比如，把 INPUT 链的策略改为 ACCEPT，就用如下命令：

```
iptables -P INPUT ACCEPT
```

9.5 本章小结

无论何时何地，系统安全总是一个敏感的话题，本章把系统管理工作的部分内容分成几个独立的任务，从中可以学习到如何进行数据备份的操作及要点。

第 10 章　构建嵌入式 Linux 开发环境

嵌入式系统是将先进的计算机技术、半导体技术和电子技术与各个行业的具体应用相结合的产物。这一点就决定了它必然是一个技术密集、资金密集、高度分散、不断创新的知识集成系统。嵌入式系统工业的基础是以应用为中心的芯片设计和面向应用的软件产品开发。

嵌入式 Linux 是将日益流行的 Linux 操作系统进行裁剪、修改，使之能在嵌入式计算机系统上运行的一种操作系统。除了智能数字终端领域外，Linux 在移动计算平台、智能工控设备、金融业终端系统，甚至军事领域都有广泛的应用前景，这些 Linux 称为"嵌入式 Linux"。 嵌入式 Linux 既继承了 Internet 上无限的开放源代码资源，又具有嵌入式操作系统的特性。

10.1　任务 1　Linux 用户的登录环境

登录系统时，在进入命令提示符前，系统要做两个工作。键入用户名和密码后，系统检查是否为有效用户，为此需查询/etc/passwd 文件。如果登录名正确并且密码有效，开始下一步过程，即登录环境。

在进行下一步处理之前，先看看文件/etc/passwd。这是一个文本文件，可以任意修改其中的文本域，但要注意，此文本有 7 个域，并用冒号作分隔符，各域的具体内容见 5.1.1 节。

登录成功后，系统执行两个环境设置文件：/etc/profile 和.profile，位于用户根目录下。系统还会处理其他的初始化文件，这里只涉及 profile 文件。

10.1.1　etc/profile 文件

用户登录时，自动读取/etc 目录下的 profile 文件，通过"vi /etc/profile"命令查看其内容，如图 10-1 所示。此文件包含：

- 全局或局部环境变量。
- PATH 信息。
- 终端设置。
- 安全命令。
- 日期信息或放弃操作信息。

下面详细解释上述各项内容。设置全局环境变量便于用户及其进程和应用访问它。PATH 定位包含可执行文件，库文件及一般文本文件的目录位置，便于用户快速访问。终端设置使系统获知用户终端的一般特性。安全命令包括文件创建模式或敏感区域的双登录提示。日期信息是一个文本文件，保存用户登录时即将发生事件的记录或放弃登录的信息文件。

/etc/profile 文件执行时，用户将被放入到自己的$HOME 目录中，回过头来观察 passwd 文件，用户的$HOME 目录在倒数第 2 列。可以将之看做用户根目录，因为正是在这里存储了所有的私有信息。

如果.profile 已经存在，系统将参照此文件，意即对此过程并不创建另一个 Shell，因而在

/etc/profile 下设置的环境不做改动，除非在.profile 中强制改动它。如果创建另一个进程，用户本地的 Shell 变量将被覆盖。

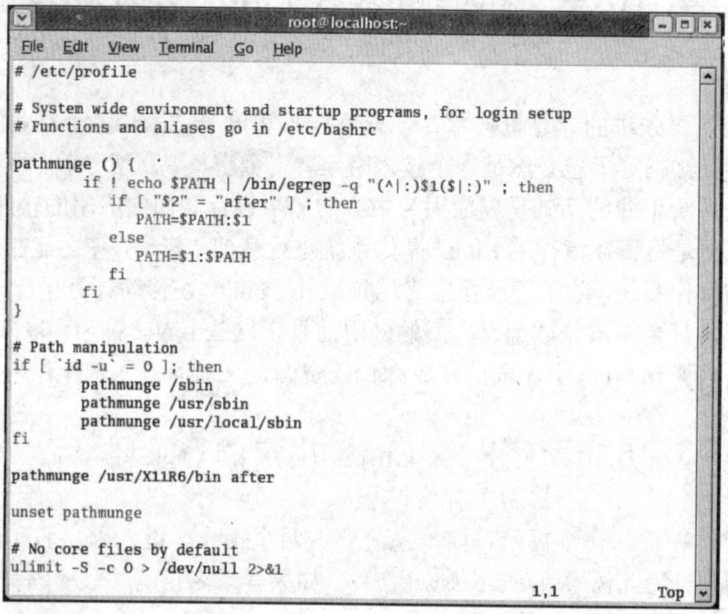

```
# /etc/profile

# System wide environment and startup programs, for login setup
# Functions and aliases go in /etc/bashrc

pathmunge () {
        if ! echo $PATH | /bin/egrep -q "(^|:)$1($|:)" ; then
           if [ "$2" = "after" ] ; then
              PATH=$PATH:$1
           else
              PATH=$1:$PATH
           fi
        fi
}

# Path manipulation
if [ `id -u` = 0 ]; then
        pathmunge /sbin
        pathmunge /usr/sbin
        pathmunge /usr/local/sbin
fi

pathmunge /usr/X11R6/bin after

unset pathmunge

# No core files by default
ulimit -S -c 0 > /dev/null 2>&1
```

图 10-1 /etc/profile 文件的部分内容

回到.profile，一般来说，创建账户时，一个 profile 文件的基本框架即随之创建。如果愿意，可以定制用户自己的.profile 文件以满足需求，在文件中覆盖系统设置以满足用户需求。从显示友好信息到终端特性设置，定制用户环境可以有许多方式。

10.1.2 运行级别脚本

如果希望在系统启动时自动运行某些应用程序、服务或脚本，或者在系统重启动时能够正确地关闭这些程序，那么需要创建运行级别脚本。

系统含有 7 种运行级别（如表 10-1 所示），不同的系统在某些运行级别上稍有差别。

在将一个脚本放置在不同的运行级别目录中之前，首先应当弄清楚打算在哪一个运行级别启动或停止相应的服务。一旦弄清楚了这一点，就可以接着进行下面的步骤了。

表 10-1 各个运行级别的用途

运行级别	说明
运行级别 0	启动和停止整个系统
运行级别 1	单用户或管理模式
运行级别 2	多用户模式；部分网络服务被启动
运行级别 3	正常操作运行模式，启动所有的网络服务
运行级别 4	用户定义的模式，可以使用该级别来定制需要运行的服务
运行级别 5	默认 X-Windows 模式，还有些系统把它作为系统维护模式
运行级别 6	重启动

能够创建运行级别脚本就意味着能够更灵活地控制系统。如果需要在某一个特定的运行级别启动或停止程序，就得创建运行级别脚本（它们通常被称为 rc.script）。

rc.scripts 一般保存在/etc/rcN.d 或/etc/rc.d/rcN.d 目录下，其中，N 是一个数字。通常是 7 个，因为 rcN.d 目录的序号范围是 0～6。

```
[root@localhost rc.d]#pwd
/etc/rc.d
[root@localhost rc.d]# ls
init.d rc0.d rc2.d rc4.d rc6.d    rc.sysinit
rc     rc1.d rc3.d rc5.d rc.local
```

如果想知道当前的运行级别，可以用下面的命令：

```
[root@localhost rc.d]# who -r
         run-level 5  Oct   4 06:02                   last=S
```

在 run level 后面的数字就是当前的运行级别。后面的时间是系统最近一次重启动的时间。或者使用如下命令：

```
[root@localhost rc.d]# runlevel
N 5
```

第 1 列表示系统的前一个运行级别，第 2 列表示系统当前的运行级别，这里是 5。

运行级别目录中含有一系列启动服务的脚本。这里的“服务”可以是守护进程、应用程序、服务器、子系统或脚本进程。在系统启动的过程中，将会启动一个名为 init 的进程。它所要完成的一部分工作就是看看需要启动哪些服务，应当默认地进入哪一个运行级别。它通过查看一个名为 inittab 的配置文件来获得上述信息，该配置文件位于/etc 目录下。init 进程还按照该文件中的设置加载特定的进程。如果需要编辑这个配置文件，一定要先做一个备份。

inittab 文件（如图 10-2 所示）所包含的域具有严格的格式。该文件中每个条目的格式为：

```
id:rstart:action:process
```

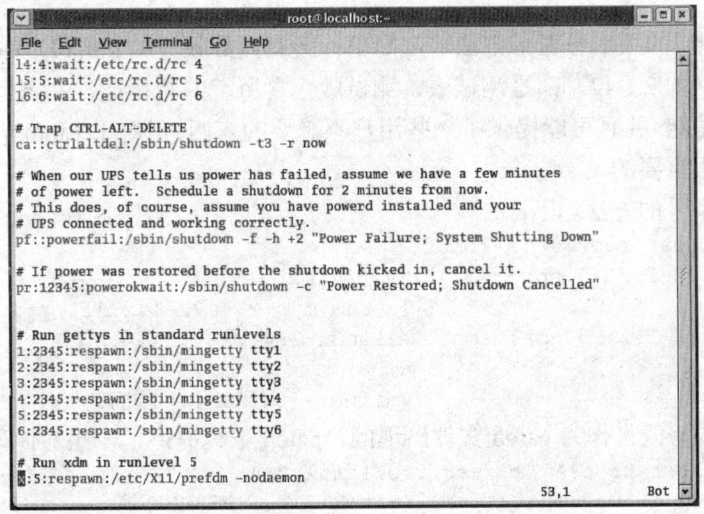

图 10-2　/etc/inittab 文件的部分内容

其中：

- id 域是相应进程的唯一标识。

- rstart 域所包含的数字表示运行该进程的级别。
- action 域告诉 init 进程如何对待 process 所对应的进程。
- process 域包含了实际要运行的命令。

例如：

```
si::sysinit:/etc/rc.d/rc.sysinit

10:0:wait:/etc/rc.d/rc 0
11:1:wait:/etc/rc.d/rc 1
12:2:wait:/etc/rc.d/rc 2
13:3:wait:/etc/rc.d/rc 3
14:4:wait:/etc/rc.d/rc 4
15:5:wait:/etc/rc.d/rc 5
16:6:wait:/etc/rc.d/rc 6
```

上面倒数第 2 行的意思是，在运行级别 5 应该以参数 5 执行脚本/etc/rc.d/rc，即/etc/rc.d/rc 执行/etc/rc.d/rc5.d 目录中的所有脚本。

init 进程在系统完全就绪之前所做的最后几项工作之一就是执行缺省运行级别所包含的所有脚本。该进程是通过/etc/rc.d/rc 或/etc/rc.init 来启动这些脚本的。它的作用是首先杀死该运行级别所包含的进程，然后再启动这些进程。

10.2 任务 2 Linux 内核的操作

10.2.1 了解 Linux 内核源码

所有主要的 Linux 系统都包含有内核源码，通常所安装的 Linux 系统都是通过这些源码创建的。由于 Linux 总是不断更新，因此用户所安装的 Linux 可能已过时，不过网上可以下载到最新的源码。

Linux 内核源码的版本号表示方法非常简单：所有偶数版（如 2.0.30）都是已发行的稳定版；所有奇数版（如 2.1.42）都是测试版。测试版包含所有的新特征，并支持所有的新设备，虽然测试版并不稳定，并且可能提供了一些用户不想要的东西，但对于 Linux 与用户沟通而言，测试新的内核是很重要的。

显示内核版本号的方法如下：

```
[root@localhost root]# ls /boot
config-2.4.22-1.2115.nptl         System.map
grub                              System.map-2.4.22-1.2115.nptl
initrd-2.4.22-1.2115.nptl.img     wmlinux-2.4.22-1.2115.nptl
kernel.h                          vmlinuz
lost+found                        vmlinuz-2.4.22-1.2115.nptl
```

对内核源码的修改是作为 patch 文件出现的，patch 工具提供了一组对源码文件的编辑。

```
[root@localhost root]# ls /usr/src/linux-2.4
arch             Documentation   kernel        README
configs          drivers         lib           REPORTING-BUGS
COPYING          fs              MAINTAINERS   Rules.make
COPYING.modules  include         Makefile      scripts
CREDITS          init            mm            tmp_include_depends
crypto           ipc             net
```

在上面的操作中，源码目录树的最顶端（/ usr / src / linux-2.4）可看到如下一些目录：

- arch：arch 子目录包含所有的特定体系结构的内核源码，它的子目录分别对应着一种 Linux 所支持的体系结构，例如 i386 和 alpha。

```
[root@localhost root]# ls /usr/src/linux-2.4/arch
alpha  cris  ia64  mips    parisc  ppc64  s390x  sh64   sparc64
arm    i386  m68k  mips64  ppc     s390   sh     sparc  x86_64
```

- include：include 子目录包含大部分的编译内核源码所需的文件。

```
[root@localhost root]# ls /usr/src/linux-2.4/include
acpi       asm-generic  asm-mips64  asm-s390x    asm-x86_64  scsi
asm        asm-i386     asm-parisc  asm-sh       linux       video
asm-alpha  asm-ia64     asm-ppc     asm-sh64     math-emu
asm-arm    asm-m68k     asm-ppc64   asm-sparc    net
asm-cris   asm-mips     asm-s390    asm-sparc64  pcmcia
```

- init：此目录包含内核的初始化代码，由此可以很好地开始了解内核是如何工作的。

```
[root@localhost root]# ls /usr/src/linux-2.4/init
do_mounts.c  main.c  version.c
```

- mm：此目录包含所有内存管理代码，特定体系结构的内存管理代码在 arch / * / mm 目录下。

```
[root@localhost root]# ls /usr/src/linux-2.4/mm
bootmem.c  memory.c   mprotect.c  page_alloc.c  swap.c        vmalloc.c
filemap.c  mempool.c  mremap.c    page_io.c     swapfile.c    vmscan.c
highmem.c  mlock.c    numa.c      shmem.c       swap_state.c
Makefile   mmap.c     oom_kill.c  slab.c        vcache.c
```

- drivers：此目录包含系统所有的设备驱动程序，其下子目录各针对不同的设备驱动程序类。

```
[root@localhost root]# ls /usr/src/linux-2.4/drivers
acorn      cdrom    hil       isdn       misc      pci     sensors    zorro
acpi       char     hotplug   macintosh  mtd       pcmcia  sound
addon      cpufreq  i2c       Makefile   net       pnp     tc
atm        dio      ide       md         nubus     s390    telephony
block      fc4      ieee1394  media      oprofile  sbus    usb
bluetooth  gsc      input     message    parport   scsi    video
```

- ipc：此目录包含内核的内部进程通信代码。

```
[root@localhost root]# ls /usr/src/linux-2.4/ipc
Makefile  msg.c  sem.c  shm.c  util.c  util.h
```

- kernel：内核主代码，特定体系结构内核代码保存在 arch / * / kernel 中。

```
[root@localhost root]# ls /usr/src/linux-2.4/kernel
acct.c          exit.c      kksymoops.c  pid.c       sched.c    timer.c
capability.c    fork.c      kmod.c       pm.c        signal.c   uid16.c
context.c       futex.c     ksyms.c      printk.c    softirq.c  user.c
cpufreq.c       info.c      Makefile     profile.c   sys.c
dma.c           itimer.c    module.c     ptrace.c    sysctl.c
exec_domain.c   kallsyms.c  panic.c      resource.c  time.c
```

- fs：所有文件系统代码，其下子目录各针对不同的系统所支持的文件系统。

```
[root@localhost root]# ls /usr/src/linux-2.4/fs
adfs      coda       filesystems.c  Makefile.lib  quota_v2.c
affs      Config.in  file_table.c   minix         ramfs
attr.c    cramfs     freevxfs       msdos         readdir.c
autofs    dcache.c   hfs            namei.c       read_write.c
autofs4   dcookies.c hfsplus        namespace.c   reiserfs
```

```
bad_inode.c     devfs       hpfs        ncpfs        romfs
befs            devices.c   inode.c     nfs          select.c
bfs             devpts      intermezzo  nfsd         seq_file.c
binfmt_aout.c   dnotify.c   iobuf.c     nls          smbfs
binfmt_elf.c    dquot.c     ioctl.c     ntfs         stat.c
binfmt_em86.c   efs         isofs       open.c       super.c
binfmt_misc.c   exec.c      jbd         openpromfs   sysv
binfmt_script.c ext2        jffs        partitions   udf
binfmt_som.c    ext3        jffs2       pipe.c       ufs
block_dev.c     fat         jfs         proc         umsdos
buffer.c        fcntl.c     lockd       qnx4         vfat
ChangeLog       fifo.c      locks.c     quota.c      xattr.c
char_dev.c      file.c      Makefile    quota_v1.c   xfs
```

● net：内核的网络代码。

```
[root@localhost root]# ls /usr/src/linux-2.4/net
802        bluetooth  econet    ipx       netlink    sched         unix
8021q      bridge     edp2      irda      netrom     socket.c      wanrouter
appletalk  Config.in  ethernet  khttpd    netsyms.c  sunrpc        x25
atm        core       ipv4      lapb      packet     sysctl_net.c
ax25       decnet     ipv6      Makefile  rose       TUNABLE
```

● lib：此目录包含内核库代码，特定体系结构的库代码保存在 arch / * / lib 目录下。

```
[root@localhost root]# ls /usr/src/linux-2.4/lib
brlock.c          ctype.c           inflate.c           vsprintf.c
bust_spinlocks.c  dec_and_lock.c    Makefile            zlib_deflate
cmdline.c         dump_stack.c      rbtree.c            zlib_inflate
Config.in         errno.c           rwsem.c
crc32.c           firmware_class.c  rwsem-spinlock.c
crc32defs.h       gen_crc32table.c  string.c
```

● scripts：此目录包含内核设置时用到的脚本。

```
[root@localhost root]# ls /usr/src/linux-2.4/scripts
checkconfig.pl    gen-all-syms   MAKEDEV.ide   mkspec             tail.tk
checkhelp.pl      header.tk      Makefile      mkversion          tkcond.c
checkincludes.pl  include_deps   makelst       patch-kernel       tkgen.c
Configure         kernel-doc     Menuconfig    pathdown.sh        tkparse.
docgen            ksymoops       mkconfigs.c   README.Menuconfig  tkparse.h
docproc.c         Lindent        mkdep         split-include.c    ver_linux
extract-ikconfig  lxdialog       mkdep.c       split-man
```

10.2.2 内核机制

1. Bottom Half 处理

有时在系统内核中，用户也许不想处理任何任务。例如在一个中断处理过程中，当发生一个中断时，处理器停止正在处理的工作，同时操作系统将中断发送到相应的设备驱动程序。但设备驱动程序不能花费太多的时间来处理中断，因为在这期间系统将不能做任何的工作，所以一些工作可以以后再进行处理。Bottom Half 处理程序正是用来实现此功能的。

系统内核中可以有多达 32 个不同的 Bottom Half 处理程序。bh_base 中保存着指向每一个 Bottom Half 处理程序的指针。bh_active 和 bh_mask 根据安装和活动状态进行设置。如果 bh_active 的第 N 位置位，那么 bh_base 中的第 N 个元素将包含 Bottom Half 处理程序的地址。如果 bh_active 的第 N 位置位，那么第 N 个 Bottom Half 处理程序就可以在调度程序认为合适的时候调用它。一般情况下，Bottom Half 处理程序都有一个和它们关联的任务列表。

2. 任务队列

任务队列是系统内核将任务推迟到以后再做的方法。Linux 系统有一个机制可以把任务放入到队列中等待以后处理。

任务队列通常和 Bottom Half 处理程序一同使用，例如当 Timer Bottom Half 处理程序运行时，系统将处理计时器任务队列。一个任务队列就是一个简单的数据结构，它是一个由 tq_struct 数据结构组成的链表，每一个数据结构都包含处理程序的地址和指向相关数据的指针。

当系统处理任务队列中的任务时，系统内核将调用处理程序，同时内核传递给处理程序一个指向数据的指针。

系统内核中的任何对象，例如设备驱动程序，都可以创建和使用任务队列，但系统内核只创建和管理三个任务队列：

- timer 队列。此队列中的任务将会在下一个系统时钟时执行。每次系统时钟开始的时候，系统内核都要检查队列中是否含有任何的入口，如果有的话，内核就将 timer 队列的 Bottom Half 处理程序设置为活动的。当调度进程下一次运行时，timer 队列的 Bottom Half 处理程序和其他的 Bottom Half 处理程序将会运行。
- immediate 队列。此队列的 Bottom Half 处理程序的优先权要比 timer 队列的 Bottom Half 处理程序的优先权低，所以将会在稍后运行。
- scheduler 队列。此队列由调度程序直接处理，用来支持系统中其他的任务队列。当系统内核处理任务队列时，队列中的第一个元素的指针将会从队列中移走，并代以空指针。事实上，这种移走队列中元素的操作是自动的，并且是不能中断的。然后系统内核将轮流调用队列中每一个元素的处理程序。

3. 计时器

操作系统需要能够调度可能在将来发生的事件，所以系统中需要存在一种机制，使得事件在较为精确的时间调度运行。任何一个希望支持操作系统的处理器都应该有一个可编程的内部时钟，可以周期性地中断处理器。这就像一个节拍器一样可以协调系统中的各个任务。

Linux 有两种系统定时器，在某一系统时间同时被调用，但它们在实现上略有不同。第一种即老的定时器机制，有一个包含 32 个指针的静态数据组和一个活跃定时器屏蔽码（timer_active），这些指针指向 timer _ struct 数据结构，定时器程序与定时器表的连接是静态定义的，大多数定时器程序入口是在系统初始化时加入到定时器表中的；第二种即新的定时器机制，使用了一个链表，表中的 timer _ list 数据结构以递增的超时数排序。

4. 等待队列

很多情况下处理器因等待某种系统资源而无法继续运行，例如：处理器需要一个描述目录的 VFS 索引节点，但该索引节点当前不在内存缓冲区中，这样处理器就必须先等到索引节点从磁盘中读到内存之后，才能继续运行。对于这种等待的处理，Linux 内核使用了一种简单的数据结构——等待队列，其中包括一个指向 task _ struct 的指针和一个指向队列中下一元素的指针。

加入到等待队列中的进程可以是可中断的，也可以是不可中断的。可中断进程在有定时器超时或等待信号的进程接收到了信号等事件发生时，可以被中断。通过进程状态参数值（INTERRUPTIBLE 或 UNINTERRUPTIBLE）可判明该进程类型，由于调度进程中断了可中断进程的执行，而运行了另一进程，这样可中断进程将被挂起。

处理等待队列时，队列中每一个进程的状态都被置为 RUNNING，这时从运行队列中被移出的进程将重新进入运行队列，下次调度进程运行时，由于等待队列中的进程不需再等待了，因此它们将可以被调度运行。当处于等待队列中的一个进程准备运行时，首先要把自己从等待队列中移出。由于可以用等待队列实现对系统资源的并发访问，因此 Linux 中用它来实现信号量机制。

10.2.3 内核模块的装入与卸载

Linux 是一个单内核操作系统，也就是说它是一个独立的大程序，其所有的内核功能构件均可访问任一个内部数据结构和例程。对于这样的操作系统，一种选择是采用微内核结构，内核被分为若干独立的单位，各单位之间通过严格的通信机制相互访问。这样的话，若要向内核中加入新的构件，就必须利用设置进程。

内核守护程序是一个拥有超级用户权限的一般用户进程，当它启动后（系统启动时）会打开一个指向内核的内部进程间通信（IPC，Inter-Process Communication）通道，内核用该通道通知内核守护程序进行各种操作。内核守护程序的主要工作是载入和卸载模块，它也做其他一些任务，如打开和关闭使用电话线的 PPP 连接。内核守护程序并非亲自做这些工作，而是调用相应的程序（如 insmod）来完成，它只是一个内核代理，自动地安排调度各项工作。

在 Linux 中可针对用户需要，动态地载入和卸载操作系统构件。Linux 模块是一些代码的集成，可以在启动系统后动态链接到内核的任一部分，当不再需要这些模块时，又可随时断开链接并将其删除。Linux 内核模块通常是一些设备驱动程序、伪设备驱动程序（如网络驱动程序）或文件系统。

对于 Linux 的内核模块，可以用 insmod 或 rmmod 命令显式地载入或卸载，或是由内核在需要时调用内核守护程序进行载入和卸载。进行动态载入工作的代码非常有效，它将最小化内核大小并增加内核灵活性。当调试一个新内核时，模块也非常有用，通过对它的动态载入即可省去每次的重建和重启内核工作。当然，有利必有弊，使用模块将降低一些系统性能并消耗一部分内存空间，因为载入模块额外多出了一些代码和数据结构，并会间接地降低访问内核资源的效率。

为了使用内核资源，模块必须要先找到资源。假如一个模块希望调用内核内存分配例程 kmalloc()，由于模块创建时并不知道 kmalloc()在内存中的何处，所以在模块载入时，内核必须先调整该模块对 kmalloc()的引用，否则该模块无法正常工作。内核中维护了一张所有内核资源的符号表，因此它可以在模块载入时解决载入模块对内核资源的引用问题。Linux 允许模块的栈操作，由此一个模块即可以使用其他模块所提供的服务。

一个模块对另一个模块的服务或资源的使用与其对内核服务或资源的使用非常相似，不同的只是这些服务和资源从属于另一个模块而已。每载入一个模块，内核就会修改符号表，将该模块所有的服务和资源加入进去，这样当下一个模块载入后，即可访问已载入模块的服务。

当要卸载一个模块时，内核需要知道当前该模块是否被使用，并且还要能够通知该模块它将卸载，这样它就能释放掉所申请的所有系统资源。模块卸载后，内核从符号表中删除所有该模块所提供的资源和服务。

可以用 rmmod 命令卸载模块，但对于需要时载入类型的模块，当其不再需要时，会由内核守护程序自动将其从系统中删除。每次空闲定时器超时，内核守护程序都会利用系统调用来要求将所有当前未被使用的需要时载入类型的模块删除，定时器的值是在启动内核守护程序时设定的。

假定一个模块可被卸载，则会调用它的清除例程以释放其所占用的内核资源，清除例程将它的 module 数据结构标记为 DELETED，从内核模块链中将其删除，其他所有被该模块使用的模块都要修改它们的引用表，表明不再被它使用，还要释放掉为它分配的内存。

一旦 Linux 模块载入后，就与内核其他部分没什么区别了，它会拥有同样的权利和义务，换句话说，它也能像核心代码或设备驱动程序一样使内核崩溃。除了崩溃内核的可能性，模块还会带来另外一种危险：载入了一个与当前系统版本不同的模块会如何？若该模块以一个错误参数调用了系统例程就会出问题，为防止这种情况的发生，内核在载入模块前，会对该模块的版本号进行严格的检测。

10.3　任务 3　Linux I/O 端口编程

10.3.1　如何在 C 语言下使用 I/O 端口

1．一般方法

用来存取 I/O 端口的子过程都放在文件/usr/include/asm/io.h 里（或放在内核源代码程序的 linux/include/asm-i386/io.h 文件里）。这些子过程是以嵌入宏的方式写成的，所以使用时只要以#include<asm/io.h>的方式引用就够了，不需要附加任何函数库。

因为 gcc 和 egcs 的限制，用户在编译任何使用到这些子过程的源代码时必须打开最优化选项（gcc-O1 或较高层次的），或者在做#include<asm/io.h>这个动作前使用#define extern 将 extern 定义成空白。

在存取任何 I/O 端口之前，必须让程序有如此做的权限。要完成这个目的，可以在程序一开始的地方（但要在任何 I/O 端口存取动作之前）调用 ioperm()函数（该函数在文件 unistd.h 中，并且被定义在内核中）。使用的语法是：

```
ioperm(from,num,turn_on)
```

其中 from 是第一个允许存取的 I/O 端口地址，num 是接着连续存取 I/O 端口地址的数目。例如：

```
ioperm(0x300,5,1)
```

上面的含义是允许存取端口 0x300～0x304（共 5 个端口地址），最后一个参数是一个布尔代数值，用来指定是否给予程序存取 I/O 端口的权限（true(1)）或者除去存取的权限（false(0)）。可以多次调用函数 ioperm()以便使用多个不连续的端口地址。

用户的程序必须拥有 root 权限才能调用函数 ioperm()；所以如果不是以 root 身份执行该程序，就需要将该程序设置成 root。当调用函数 ioperm()打开 I/O 端口的存取权限后便可以取消 root 的权限。在程序结束之后并不特别要求以 ioperm(...,0)这个方式取消 I/O 端口的存取权限；因为当程序执行完毕之后，这个动作会自动完成。

调用函数 setuid()将目前执行程序的有效用户识别码（ID）设定成非 root 的用户，并不影响其先前以 ioperm()方式所取得的 I/O 端口存取权限，但是调用函数 fork()的方式却会有所影响（虽然父进程保有存取权限，但子进程却无法取得存取权限）。

函数 ioperm()只能取得端口地址 0x000～0x3ff 的存取权限；至于较高地址的端口，需要使用函数 iopl()（该函数可以一次存取所有的端口地址）。将权限等级参数值设为 3（例如，iopl(3)），以便程序能够存取所有的 I/O 端口（如果存取到错误的端口地址将对计算机造成各种不可预期的损害。同样地，调用函数 iopl()必须要拥有 root 的权限。

接着来实际地存取 I/O 端口。要从某个端口地址输入一个字节（8 位）的信息，调用函数 inb(port)，该函数会传回所取得的一个字节的信息。要输出一个字节的信息，调用函数 outb(value, port)。要从某两个端口地址 x 和 x+1（两个字节组成一个字，故使用组合语言指令 inw）输入一个字（16 个 bit）的信息，需要调用函数 inw(x)；要输出一个字的信息到两个端口地址，需要调用函数 outw(value, x)。如果用户不确定使用哪个端口指令（字节或字），需要同时用 inb()与 outb()这两个端口指令，因为大多数的设备都是采用字节大小的端口存取方式来设计的。注意，所有的端口存取指令都至少需要大约 1μs 的时间。如果使用的是 inb_p()、outb_p()、inw_p()以及 outw_p()等宏指令，在对端口地址存取动作之后只需很短的（大约为 1μs）延迟时间就可以完成；也可以让延迟时间变成大约 4μs，方法是在使用#include<asm/io.h>之前使用#define REALLY_SLOW_IO。这些宏指令通常会利用输出信息到端口地址 0x80，以便达到延迟时间的目的，所以必须先以函数 ioperm()取得端口地址 0x80 的使用权限（输出信息到端口地址 0x80 不会对系统的其他部分造成影响）。

2. 替代方法：/dev/port

另一个存取 I/O 端口的方法是以函数 open()打开文件/dev/port（一个字符设备，主设备编号为 1，次设备编号为 4），以便执行读与（或）写的动作（注意标准输出函数 f*()有内部的缓冲，所以要避免使用）。接着使用 lseek()函数以便在该字符设备文件中找到某个字节信息的正确位置（文件位置 0=端口地址 0x00，文件位置 1=端口地址 0x01，依此类推），然后就可以使用 read()或 write()函数对某个端口地址做读或写一个字节的动作。

这个方法是在用户的程序里使用 read/write 函数来存取/dev/port 字符设备文件。这个方法的执行速度或许比前面所讲的一般方法还慢，但是不需要编译器的最优化函数，也不需要使用函数 ioperm()。如果允许非 root 用户或群组存取/dev/port 字符设备，操作时就不需拥有 root 权限。但是，对于系统安全而言，这样做非常糟糕，因为它可能伤害系统，或许会有人因此而取得 root 的权限，利用/dev/port 字符设备文件直接在硬盘、网卡等设备上进行存取操作。

10.3.2 硬件中断与 DMA 存取

用户程序如果在用户模式下执行，不可以直接使用硬件中断（IRQ）或 DMA。用户必须编写一个内核驱动程序。也就是说，在用户模式中所写的程序无法控制硬件中断的产生。

10.3.3 延迟时间

在用户模式中执行的进程不能精确地控制时间，因为 Linux 是一个多用户的操作环境，在执行中的进程随时会因为各种原因被暂停大约 10ms 到数秒（在系统负荷非常高的时候）。然而对于大多数使用 I/O 端口的应用程序而言，这个延迟时间实际上算不了什么。要缩短延迟时间，需要使用函数 nice 将用户在执行中的进程设定成高优先权，或使用即时调度法（real-time scheduling）。

如果想获得比在一般用户模式中执行的进程还要精确的时间，有一些方法可以在用户模式中做到“即时调度”的支持。

10.4　任务 4　嵌入式 Linux 开发

10.4.1　构造嵌入式 Linux 前先要了解的几个关键问题

1. 如何引导

当一个微处理器第一次启动时，它开始在预先设置的地址上执行指令。通常在那里有一些只读内存，包括初始化或引导代码。在 PC 上，这就是 BIOS，它执行了一些低水平的 CPU 初始化和其他硬件的配置。BIOS 继续辨认哪个磁盘里有操作系统，把操作系统复制到 RAM 并且转向它。实际上，这非常复杂，但对我们的目标来说也非常重要。在 PC 上运行的 Linux 依靠 PC 的 BIOS 来提供这些配置和 OS 加载功能。

在一个嵌入式系统里经常没有这种 BIOS。这样就要提供同等的启动代码。幸运的是，嵌入式系统并不需要 PC BIOS 引导程序那样的灵活性，因为它通常只需要处理一个硬件的配置。这个代码更简单也更枯燥。它只是一个指令清单，将固定的数字塞到硬件寄存器中去。然而，这是关键的代码，因为这些数值要与你的硬件相符而且要按照特定的顺序进行。所以在大多数情况下，一个最小的通电自检模块可以检查内存的正常运行、让 LED 闪烁，并且驱动其他必须的硬件以使主 Linux OS 启动和运行。这些启动代码完全根据硬件决定，不可随意移动。

不过，许多系统都有为核心微处理器和内存所定制的菜单式硬件设计。典型的是，芯片制造商有一个样本主板，可以用来作为设计的参考——或多或少与新设计相同。通常这些菜单式设计的启动代码是可以获得的，它可以根据用户的需要轻易地修改。在少数情况下，启动代码需要重新编写。

为了测试这些代码，可以使用一个包含"模拟内存"的电路内置模拟器，它可以代替目标内存。然后把代码装到模拟器上并通过模拟器调试。如果这样不行，可以跳过这一步，但这样就要一个更长的调试周期。这个代码最终要在较为稳定的内存上运行，通常是 Flash 或 EPROM 芯片。接下来需要使用一些方法将代码放在芯片上。具体怎么做要根据"目标"硬件和工具来定。

一种流行的方法是把 Flash 或 EPROM 片插入 EPROM 或 Flash 烧制器。这将把用户的程序"烧"（存）入芯片。然后，把芯片插入用户的目标板的插座，打开电源。这个方法需要板上配有插座，但有些设备是不能配插座的。

另一个方法是通过一个 JTAG（Joint Test Action Group，联合测试行动小组）界面，它是一种国际标准测试协议（IEEE 1149.1 兼容），主要用于芯片内部测试。一些芯片有 JTAG 界面可以用来对芯片进行编程。这是最方便的方法。芯片可以永远被焊在主板上，一个小电缆从板上的 JTAG 连接器（通常是一个 PC 片），连到 JTAG 界面。下面是 PC 运行 JTAG 界面所需的一些惯用程序。这个设备还可以用来小量生产。

2. 是否需要虚拟内存

标准 Linux 采用了虚拟内存机制，程序可以溢出到磁盘交换区，而对于没有磁盘的嵌入式系统却没有这样的机制。

在嵌入式系统里不需要这种强大的功能。实际上，它会带来无法控制的时间因素。这个软件必须设计得更加精悍，以适合市面上的物理内存，就像其他嵌入式系统一样。

注意，由于 CPU 的原因，在嵌入式 Linux 中保存虚拟内存代码是明智的，因为将它清除很费事。而且还有另外一个原因——它支持共享文本，这样就可以使许多程序共享一个软件。否则，每一个程序都要有它自己的库，就像 printf 一样。

虚拟内存的调入功能可以被关掉，只要将交换空间的大小设置为 0。然后，如果用户写的程序比实际的内存大，系统就会当作用户的运行用尽了交换空间来处理，这个程序将不会运行。

在许多 CPU 上，虚拟内存提供的内存管理可以将不同的程序分开，以防止它们写到其他地址的空间上。这在嵌入式系统上通常不可能，因为它只支持一个简单、扁平的地址空间。Linux 的这种功能有助于其发展，它减少了胡乱编写程序造成系统崩溃的可能性。许多嵌入式系统基于效率方面的原因有意识地使用程序间可以共享的“全局”数据。这也可以通过 Linux 共享内存功能来支持，共享的只是指定的内存部分。

3. 选用什么样的文件系统

许多嵌入式系统没有磁盘或者文件系统，Linux 不需要它们也能运行。在这种情况下，应用程序任务可以和内核一起编写，并且在引导时作为一个影像加载。对于简单的系统来说这就够了。但它缺乏灵活性。

实际上，许多商业性嵌入式系统都提供文件系统作为选项。许多或者是专用的文件系统或者是 MS-DOS-Compatible 文件系统。Linux 提供 MS-DOS-Compatible 文件系统，同时还有其他多种选择。之所以提供其他选择是因为它们更加强大而且具有容错功能。Linux 还具有检查和维护的功能，商业性供应商往往不提供这些。这对于 Flash 系统来说尤其重要，因为它是通过网络更新的。如果系统在升级过程中失去了能力，那它就没有用了。维护的功能通常可以解决这类问题。

文件系统可以被放在传统的磁盘驱动器、Flash Memory 或其他这类的介质上。而且，用于暂时保存文件，一个小 RAM 盘就足够了。

Flash Memories 被分割成块。这些块中也许包括一个含有当 CPU 启动时运行的最初的软件的引导块。这可能包括 Linux 引导代码。剩余的 Flash 可以用作文件系统。Linux 的内核可以通过引导代码从 Flash 复制到 RAM，或者还有一个选择，内核可以被存储在 Flash 的一个独立部分，并且直接从那里执行。

另外对于一些系统来说还有一个有趣的选择，那就是将一个便宜的 CD-ROM 包含在内。这比 Flash Memory 便宜，而且通过交换 CD-ROM 支持简单的升级。有了这个，Linux 只要从 CD-ROM 上引导，并且像从硬盘中一样从 CD-ROM 上获得所有的程序。

最后，对于联网的嵌入式系统来说，Linux 支持 NFS（Network File System）。这为实现联网系统的许多增值功能打开了大门。第一，它允许通过网络加载应用程序。这是控制软件修改的基础，因为每一个嵌入式系统的软件都可以在一个普通的服务器上加载。它在运行的时候也可以用来输入或输出大量的数据、配置和状态信息。这对用户监督和控制来说是一个非常强大的功能。举例来说，嵌入式系统可以建立一个小的 RAM 磁盘，包含的文件中有与当前状态信息同步的内容。其他系统可以简单地把这个 RAM 磁盘设置为基于网络的远程磁盘，并且控制存取状态文件。这就允许另一个机器上的 Web 服务器通过简单的 CGI Script（Common Gate Interface，通用网关接口）存取状态信息。在其他电脑上运行的其他应用程序包可以很容易地存取数据。

4. 如何消除嵌入式 Linux 系统对磁盘的依赖

典型的 PC 上的 Linux 对 PC 用户来说功能很多。对初学者而言，可以将内核与任务分开，标准的 Linux 内核通常驻留在内存中，每一个应用程序都是从磁盘运行到内存上执行。当程序结束后，它所占用的内存就被释放，程序就被下载了。

在一个嵌入式系统里，可能没有磁盘。有两种途径可以消除对磁盘的依赖，这要看系统的复杂性和硬件的设计。

在一个简单的系统里，当系统启动后，内核和所有的应用程序都在内存里。这就是大多数传统的嵌入式系统工作模式，它同样可以被 Linux 支持。

有了 Linux，就有了第二种可能性。因为 Linux 已经有能力"加载"和"卸载"程序，一个嵌入式系统就可以利用它来节省内存。试想一个典型的包括一个大概 8MB～16MB 的 Flash Memory 和 8MB 内存的系统。Flash Memory 可以作为一个文件系统，Flash Memory 驱动程序用来连接 Flash Memory 和文件系统。作为替代，可使用 Flash Disk。即 Flash 部件用软件仿真磁盘，所有的程序都以文件形式存储在 Flash 文件中，需要时可以装入内存。这种动态的、"根据需要加载"的能力是支持其他一系列功能的重要特征：

- 它使初始化代码在系统引导后被释放。Linux 同样有很多内核外运行的公用程序。这些程序通常在初始化时运行一次，以后就不再运行。而且，这些公用程序可以用它们相互共有的方式，一个接一个按顺序运行。这样，相同内存空间可以被反复使用以"召入"每一个程序，就像系统引导一样。这的确可以节省内存，特别是那些配置一次以后就不再更改的网络堆栈。
- 如果 Linux 可加载模块的功能包括在内核里，驱动程序和应用程序就都可以被加载。它可以检查硬件环境并且为硬件装上相应的软件。这就消除了用一个程序占用许多 Flash Memory 来处理多种硬件的复杂性。
- 软件的升级更模块化，用户可以在系统运行的时候在 Flash 上升级应用程序和可加载驱动程序。
- 配置信息和运行时间参数可以作为数据文件存储在 Flash 上。

5. 嵌入式 Linux 达到怎样的实时性

实时的含义是指在规定的时限内能够传递正确的结果，迟到的结果就是错误。实时系统并非是指"快速"的系统，实时系统有限定的响应时间，从而使系统具有可预测性。实时系统又可以分为"硬实时系统"和"软实时系统"。二者的区别在于：前者如果在不满足响应时限、响应不及时或反应过早的情况下都会导致灾难性的后果（如航空航天系统）：而后者则在不满足响应时限时，系统性能退化，但并不会导致灾难性的后果（如交换系统）。

在嵌入式领域中，实时并非是最重要的。嵌入式系统常常被错误地分为实时系统，尽管多数系统一般并不要求实时功能。实时是一个相对的词，常常被严格地定义为对一事件以预定的方式在极短的时间如微秒作出响应，渐渐地，在如此短暂的时间间隔内的严格实时功能在专用 DSP 芯片或 ASIC 上实现了。只有在设计低层硬件 FIFO、分散/聚集 DMA 引擎和定制硬件时才会有这样的要求。

许多设计人员因为对真实的要求没有清晰的理解而对实时的要求焦虑不安。对于大多数的系统，在 1～5 微秒的近似实时响应已经足够。包括环境转换时间、中断等待时间、任务优先级和排序。环境转换时间曾是操作系统的一个热门话题。总之，多数 CPU 对这些要求处理得很好，而且 CPU 的速度现在已经快了很多，这个问题也就不重要了。

严格的实时要求通常由中断例程或其他内核环境驱动程序功能处理，以确保稳定的表现，在等待时间，一旦请求出现，响应时间长短很大程度上取决于中断的优先级及其他能暂时掩盖中断的软件。

中断必须进行处理和管理以确保时间要求能符合，如同许多其他的操作系统。在 Intel X86 处理器中，这工作很容易由 Linux 实时扩展处理。实时扩展处理提供了一个以后台任务方式运行 Linux 的中断处理调度。关键的中断响应不必通知 Linux。因此可以得到许多对于关键时钟的控制。在实时控制级和时间限制宽松的基本 Linux 级之间提供接口，这提供了与其他嵌入式操作系统相似的实时框架。因此，实时关键代码是隔开的，并“设计”成满足要求的。

10.4.2 嵌入式 Linux 开发环境

如图 10-3 所示是一个典型的嵌入式 Linux 开发环境，它包括主机（工作站或者 PC），支持 GDB 的调试工具（BDI2000）、目标板和网络。除了硬件环境外，还需要软件开发环境。软件开发环境有两种：一种是基于 Linux 的开发环境，另一种是基于 Windows 的开发环境。

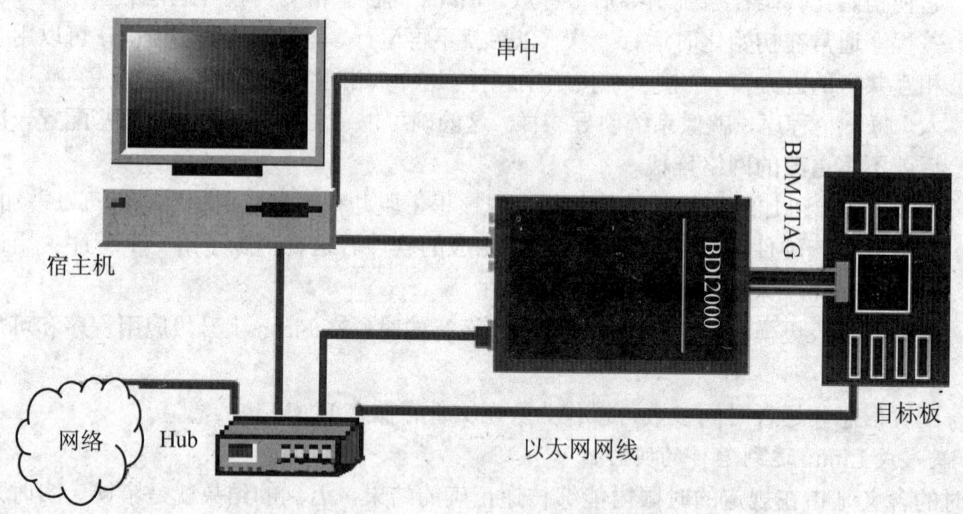

图 10-3 嵌入式 Linux 开发环境

基于 Linux 的开发环境包括主机上的 Linux 操作系统，如 Red Hat Linux 等；嵌入式 Linux 交叉开发工具软件，如 Hard Hat Linux；支持 GDB 的调试工具的固件，如 BDIGDB Firmware for Linux。

基于 Windows 的开发环境包括主机上的 Windows 操作系统（如 Windows 9x 等）、基于 Windows 的嵌入式 Linux 交叉开发工具软件（如 Insight Gnupro Xtools 等）、支持 GDB 的调试工具的固件（如 BDIGDB Firmware for Windows 等）。

如图 10-4 所示是嵌入式 Linux 开发流程图。一般的开发过程是：设计目标板（Target，是嵌入式系统的代名词，通常用于软件开发期间。用来区分嵌入式系统与开发主机）；建立嵌入式 Linux 开发环境；编写、调试 Bootloader（主要负责加载内核。尽管它在系统启动期间执行的时间非常短，却是非常重要的系统组件。在一定程度上，设置 Bootloader 是所有 Linux 系统的一项常见工作)；编写、调试 Linux 内核；编写、调试应用程序；编写、调试 BSP；Bootloader 用于初始化目标板，检测目标板和引导 Linux 内核。BDM/JTAG 用于目标板开发，它可以检测目标板硬件、初始化目标板、调试 Bootloader 和 BSP（Board Support Package，板级支持包），有些 BDM/JTAG（如 BDI2000）可以调试 Linux 内核原码。

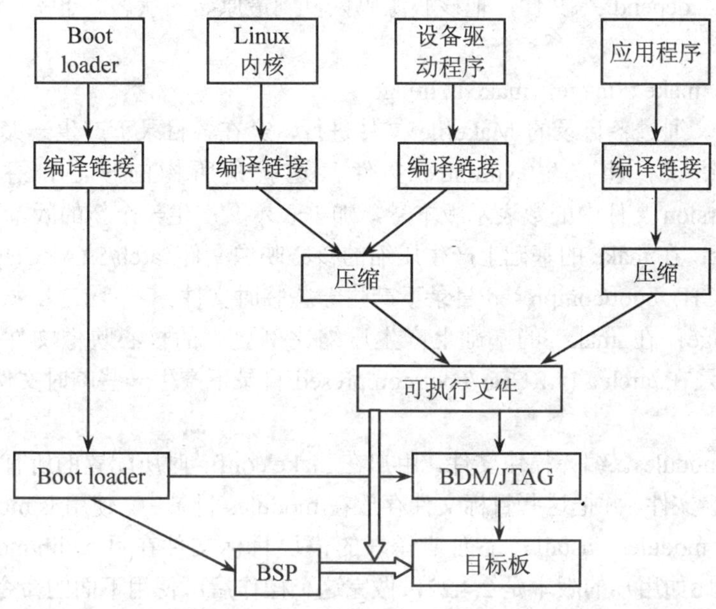

图 10-4　嵌入式 Linux 开发流程

在嵌入式 Linux 开发过程中，选择好的嵌入式 Linux 开发平台和 BDM/JTAG 调试工具可以极大地提高嵌入式 Linux 开发效率。嵌入式系统的特点是系统资源小，因此具体目标板的设备驱动程序 Device Driver 需要定制。BDM/JTAG 调试工具是开发 Linux 内核很好的手段，BDM/JTAG 调试工具利用 CPU 的 BDM/JTAG 接口对运行程序进行监控，不占用系统的其他资源。

为了缩短应用产品开发周期，可以选择同应用产品相近的嵌入式 Linux 软件开发平台和带嵌入式 Linux 软件的 OEM 板，它可以帮助用户在应用项目立项前评估项目的可行性。在应用项目立项后，使软件开发和硬件开发同步进行。它能极大地缩短应用产品开发周期。

10.4.3　开发嵌入式 Linux 的步骤

1. 精简内核

构造内核常用命令包括：make config，make dep，make clean，make mrproper，make zImage，make bzImage，make modules，make modules install。

（1）make config。核心配置，调用./scripts/Configure 按照 arch/i386/config.in 来进行配置。命令执行完成后产生.config 文件，用来保存配置信息。下一次再做 make config 将产生新的.config 文件，原.config 被改名为.config. old。

（2）make dep。寻找依存关系。产生.depend 和.hdepend 两个文件，其中.hdepend 表示每个.h 文件都包含其他哪些嵌入文件。而.depend 文件有多个，在每个会产生目标文件（.o 文件）

的目录下均有，它表示每个目标文件都依赖哪些嵌入文件（.h）。

（3）make clean。清除以前构造内核所产生的所有目标文件、模块文件、核心以及一些临时文件等，不产生任何文件。

（4）make mrproper。删除所有因构核过程中产生的所有文件，以及除了做 make clean 外，还要删除.config、.depend 等文件，把核心源码恢复到最原始的状态。下次构造内核时就必须重新配置了。

（5）make，make zImage，make bzImage

make：构核。通过各目录的 Makefile 文件进行，会在各目录下产生一大堆目标文件。若核心代码没有错误，将产生 vmlinux 文件，这就是所构的核心，并产生映射文件 System.map。.version 文件中的数表示版本号，加 1 表示又产生一个新的版本了。

make zImage：在 make 的基础上产生压缩的核心映像文件./arch/$ (ARCH) /boot/zImage 以及在./arch/$ (ARCH) /boot/compresed/目录下产生一些临时文件。

make bzImage：在 make 的基础上产生压缩比例更大的核心映像文件./arch/$ (ARCH) /boot/bzImage 以及在./arch/$ (ARCH) /boot/compresed/目录下产生一些临时文件。在核心太大时进行。

（6）make modules。编译模块文件，用户在 make config 时所配置的所有模块将在这时编译，形成模块目标文件，并把这些目标文件存放在 modules 目录中。使用 ls modules 命令查看。

（7）make modules install。上面编译好的模块目标文件在目录/lib/modules/$KERNEL_VERSION/中。比如用户的版本是 2.4.22，做完这个操作后可使用下面的命令查看：

```
ls /lib/modules/2.4.22/。
```

另外需要注意，这里产生了一些隐含文件：.config、.oldconfig、.depend、.hdepend、.version。

2. 系统启动

系统的启动顺序及相关文件仍在核心源码目录下，看以下几个文件：

./arch/$ARCH/boot/bootsect. s
./arch/$ARCH/boot/setup. s
./init/main. c
bootsect. S 及 setup. S

这个程序是 Linux kernel 的第一个程序，包括了 Linux 自己的 bootstrap 程序。在系统测试码之后，控制权会转移给 ROM 中的启动程序（ROM Bootstraproutine），这个程序会将磁盘上的引导扇区（Boot Sector）读入内存中。而位于 Linux 引导盘的 Boot Sector 上的正是 Linux 的 Bootsect 程序，也就是说，Bootsect 是第一个被读入内存中并执行的程序。Bootsect 的启动程序如下：

（1）bootsect 将它从被 ROM BIOS 载入的绝对地址 0x7C000 处搬到 0x90000 处，然后利用一个 jmpi（Jump Indirectly）的指令，跳到新位置的 jmpi 的下一行去执行。

（2）将其他 segment registers 包括 DS、ES、SS 都指向 0x9000 这个位置，与 CS 看齐。另外将 SP 及 DX 指向一任意位移地址（offset），这个地址等一下会用来存放磁盘参数表（disk para-meter table）。

（3）接着利用 BIOS 中断服务 int 13h 的第 0 号功能，重置磁盘控制器，使得刚才的设定发挥功能。

（4）完成重置磁盘控制器之后，bootsect 就从磁盘上读入紧邻着 bootsect 的 setup 程序，也就是 setup.S，此读入动作是利用 BIOS 中断服务 int 13h 的第 2 号功能。Setup 的 image 将会读入至程序所指定的内存绝对地址 0x90200 处，也就是在内存中紧邻着 bootsect 所在的位置。待 setup 的 image 读入内存后，利用 BIOS 中断服务 int 13h 的第 8 号功能读取目前磁盘的参数。

（5）就要读入真正 Linux 的 kernel 了，也就是可以在 Linux 的根目录下看到的“vmlinuz”。在读入前，将会先呼叫 BIOS 中断服务 int l0h 的第 3 号功能，读取游标位置，之后再呼叫 BIOS 中断服务 int l0h 的第 13h 号功能，在屏幕上输出字串“Loading…”，这个字串在 boot linux 时都会首先被看到。

（6）检查 root device，之后就仿照最初的方法，利用 indirect jump 跳至刚刚已读入的 setup 部分进行比较。

下面把大家所熟知的 MS DOS 与 Linux 的开机部分做个粗浅的比较，MS DOS 由位于磁盘上 boot sector 的 boot 程序负责把 IO. SYS 载入内存中，IO.SYS 负责把 DOS 的 kernel --MSDOS.SYS 载入内存。Linux 则是由位于 boot sector 的 bootsect 程序负责把 setup 及 Linux 的 kernel 载入内存中，再将控制权交给 setup。

```
Start_kernel()
```

当核心被载入后，首先进入的函数就是 start kernel。

./init/main.c 中函数 start_kernel 包含核心的启动过程及顺序。通过它来查看整个的核心初始化过程。

首先进行一系列初始化，包括：

```
trap_init();          ##./arch/i386/kernel/traps.c 陷入
init_IRQ();           ##./arch/i386/kernel/irq.c setup  IRQ
sched_init ();        ##./kernel/sched. c 调度初始化，并初始化 bottom_half
time_init();          ##./arch/i386/kernel/time.c
init_modules();       ##模块初始化
mem_ init(memory_ start, memory_ end);
buffer_init () ;      ##./fs/buffer. c 缓冲区
sock_init ();         ##./net/socket. c socket 初始化，并初始化各协议（TCP 等）
ipc_ init();
sysctl_ init();
```

然后通过调用 kernelthread()产生 init 进程，全权交由 init 进程处理。调用 cpu_idle (NULL) 休息。

3. 驱动程序

在 Linux 系统中，设备驱动程序所提供的这组入口点由一个结构来向系统进行说明，此结构定义为：

```
#include <linux/fs. h>
struct file_ operations{
        int (*lseek)(struct  inode  *inode,struct file *filp,
                off_ t off,  int pos);
        int (*read) (struct  inode  *inode, struct  file *filp,
                char *buf,  int count);
        int (*write)(struct  inode  *inode,struct file *filp,
                char *buf,  int count);
```

```
    int (*readdir)(struct  inode  *inode,struct file *filp,
            struct dirent *dirent, int count);
    int (*select)(struct  inode *inode,struct file *filp,
            int sel_ type, select_ table *wait);
    int (*ioctl) (struct inode *inode,struct file *filp,
           unsigned int cmd, unsigned int arg);
    int  (*mmap)  (void);
int (*open) (struct inode *inode, struct file *filp);
    void (*release) (struct inode *inode, struct file *filp);
    int (*fsync) (struct inode *inode, struct file *filp);
};
```

其中，struct inode 提供了关于特别设备文件/dev/driver（假设此设备名为 driver）的信息，它的定义为：

```
#include <linux/fs. h>
struct  inode{
      dev t              i dev;
      unsigned long      i_ino;/*工node number*/
      umode t            i mode;/*Mode of the file*/
      m ink t            i mink;
      uid t              i uid;
      gid_ t             i_gid;
      dev-t              i-rdev;/*Device major and minor numbers/
      off t              i size;
      time t             i atime;
      time t             i mtime;
      time t             i dime;
      unsigned long      i_blksize;
      unsigned long      i_blocks;
      struct mode_operations*i-op;
      struct super_block*i-sb;
      struct wait_queue*i_ wait;
      struct file lock*i flock;
      struct vm-area-struct*i_ mmap;
      struct inode*i_next,*i_ prev;
      struct inode*i_hash_ next,*i_ hash_ prey;
      struct inode*i_bound_ to,*i_ bound_ by;
      unsigned short i_ count;
      unsigned short i-flags;/*Mount flags  (see fs. h)*/
      unsigned char i_ lock;
      unsigned char i_ dirt;
      unsigned char i_ pipe;
      unsigned char i_ mount;
      unsigned char i_ seek;
      unsigned char i_ update;
    union{
            struct pipe_ inode_ info pipe_ i;
```

```
                struct minix_inode_info minix_i;
                struct ext_inode_info ext_i;
                struct msdos_inode_info msdos_i;
                struct iso_ inode_info isofs_i;
                struct nfs_inode_info nfs_i;
        }u;
    };
```

struct file 主要用于与文件系统对应的设备驱动程序使用。当然，其他设备驱动程序也可以使用它。它提供关于被打开的文件的信息，定义为：

```
#include <linux/fs. h>
struct file{
      mode_t f_mode;
      dev_t  f_rdev;                 /*needed for /dev/tty*/
      off_t  f_pos;                  /*Curr. posn in file*/
      unsigned short f_ flags;       /*The flags arg passed to open*/
      unsigned short f_ count;       /*Number of opens on this file*/
      unsigned short f_ reach;
   struct inode *f- inode;           /*pointer to the inode struct*/
   struct file_operations *f_op;     /*pointer to the fops struct*/
};
```

在结构 file_operations 里指出了设备驱动程序所提供的入口点位置，分别是：

（1）lseek，移动文件指针的位置，显然只能用于可以随机存取的设备。

（2）read，进行读操作，参数 buf 为存放读取结果的缓冲区，count 为所要读取的数据长度。返回值为负表示读取操作发生错误，否则返回实际读取的字节数。对于字符型数据，要求读取的字节数和返回的实际读取字节数都必须是 inode->i_blksize 的倍数。

（3）write，进行写操作，与 read 类似。

（4）readdir，取得下一个目录入口点，只有与文件系统相关的设备驱动程序才使用。

（5）select，进行选择操作，如果驱动程序没有提供 select 入口，select 操作将会认为设备已经准备好进行任何的 I/O 操作。

（6）ioctl，进行读、写以外的其他操作，参数 cmd 为自定义的命令。

（7）mmap，用于把设备的内容映射到地址空间，一般只有块设备驱动程序使用。

（8）open，打开设备准备进行 I/O 操作。返回 0 表示打开成功，返回负数表示打开失败。如果驱动程序没有提供 open 入口，则只要/dev/driver 文件存在就认为打开成功。

（9）release，即 close 操作。

设备驱动程序所提供的入口点在设备驱动程序初始化的时候已经向系统进行登记，以便系统在适当的时候调用。在 Linux 系统中通过调用 register_chrdev 向系统注册字符型设备驱动程序。register_ chrdev 定义为：

```
#include <linux/fs. h>
#include <linux/errno.h>
  int register_ chrdev(unsigned int major, const char* name,
           struct file_ operations *fops);
```

其中，major 是为设备驱动程序向系统申请的主设备号，如果为 0 则系统为此驱动程序动态地分配一个主设备号；name 是设备名；fops 就是对各个调用的入口点的说明。此函数返回 0 表示成功；返回-EINVAL 表示申请的主设备号非法，一般来说是主设备号大于系统所允许的最大设备号。返回-EBUSY 表示所申请的主设备号正在被其他设备驱动程序使用。如果动态分配主设备号成功，此函数将返回所分配的主设备号。如果 register_ chrdev 操作成功，设备名就会出现在/proc/devices 文件里。初始化部分一般还负责给设备驱动程序申请系统资源，包括内存、中断、时钟、I/O 端口等，这些资源也可以在 open 子程序或别的地方申请。在这些资源不用的时候应该释放它们，以利于资源的共享。

在 UNIX 系统中对中断的处理是属于系统核心的部分，因此如果设备与系统之间以中断方式进行数据交换的话，就必须把该设备的驱动程序作为系统核心的一部分。设备驱动程序通过调用 request_ irq 函数来申请中断，通过 free_irq 来释放中断。它们的定义为：

```
#include <linux/sched.h>
int request_ irq(unsigned int irq,
        void  (*handler)(int irq, void dev_ id, struct  pt_ regs  *regs),
            unsigned long flags,
            const char * device,
            void *dev_ id);
void free_ irq (unsigned int irq, void *dev_ id);
```

参数 irq 表示所要申请的硬件中断号。handler 为向系统登记的中断处理子程序，中断产生时由系统来调用，调用时所带参数 irq 为中断号，dev_id 为申请时告诉系统的设备标识，regs 为中断发生时寄存器的内容。device 为设备名，将会出现在/proc/interrupts 文件里。flag 是申请时的选项，它决定中断处理程序的一些特性，其中最重要的是中断处理程序是快速处理程序（flag 里设置了 SA_INTERRUPT）还是慢速处理程序（不设置 SA_INTERRUPT），快速处理程序运行时，所有中断都被屏蔽，而慢速处理程序运行时，除了正在处理的中断外，其他中断都没有被屏蔽。在 Linux 系统中，中断可以被不同的中断处理程序共享，这要求每一个共享此中断的处理程序在申请中断时在 flags 里设置 SA_SHIRQ，这些处理程序之间以 dev_id 来区分。如果中断由某个处理程序独占，则 dev_id 可以为 NULL。request_ irq 返回 0 表示成功，返回-INVAL 表示 irq>15 或 handler==NULL，返回-EBUSY 表示中断已经被占用且不能共享。

作为系统核心的一部分，设备驱动程序在申请和释放内存时不是调用 malloc 和 free，而代之以调用 kmalloc 和 kfree，它们被定义为：

```
#include <linux/kernel.h>
void  *kmalloc(unsigned int len, int priority);
void  kfree (void *obj);
```

参数 len 为希望申请的字节数，obj 为要释放的内存指针。priority 为分配内存操作的优先级，即在没有足够空闲内存时如何操作，一般用 GEP_KERNEL。与中断和内存不同，使用一个没有申请的 I/O 端口不会使 CPU 产生异常，也不会导致诸如 segmentation fault 一类的错误发生。任何进程都可以访问任何一个 I/O 端口。此时系统无法保证对 I/O 端口的操作不会发生冲突，甚至会因此而使系统崩溃。因此，在使用 I/O 端口前，也应该检查此 I/O 端口是否已有别的程序在使用，若没有，再把此端口标记为正在使用，在使用完以后释放它。这样需要用到如下几个函数：

```
int check_ region (unsigned int from, unsigned int extent);
void request_region (unsigned int from, unsigned int extent,
```

```
                    const char* name);
void release_ region (unsigned int from, unsigned int extent);
```

调用这些函数时的参数为：from 表示所申请的 I/O 端口的起始地址；extent 为所要申请的从 from 开始的端口数；name 为设备名，将会出现在/proc/ioports 文件里。check_ region 返回 0 表示 I/O 端口空闲，否则为正在被使用。在申请了 I/O 端口之后，就可以使用如下几个函数来访问 I/O 端口：

```
#include <asm/io.h>
inline unsigned int inb (unsigned short port);
inline unsigned int inb_ p (unsigned short port);
inline void outb (char value, unsigned short port);
inline void outb_ p (char value, unsigned short port);
```

其中，inb_ p 和 outb_p 插入了一定的延时以适应某些慢的 I/O 端口。

在设备驱动程序里，一般都需要用到计时机制。在 Linux 系统中，时钟由系统接管，设备驱动程序可以向系统申请时钟。与时钟有关的系统调用有：

```
#include <asm/param.h>
#include <linux/timer.h>
void add_timer(struct timer list*timer);
int  del_timer(struct timer list*timer);
inline void init timer(struct timer list*timer);
```

struct timer_list 的定义为：

```
struct timer_list{
            struct timer_list * next;
            struct timer_ list *prev;
            unsigned long expires;
            unsigned long data;
           void (*function)(unsigned long d);
     };
```

其中，expires 是要执行 function 的时间。系统核心有一个全局变量 JIFFIES 表示当前时间，一般在调用 add_timer 时 jiffies=JIFFIES+num，表示在 num 个系统最小时间间隔后执行 function。系统最小时间间隔与所用的硬件平台有关，在核心里定义的常数 HZ 表示一秒内最小时间间隔的数目，则 num*HZ 表示 num 秒。系统计时到预定时间就调用 function，并把此子程序从定时队列里删除，因此如果想要每隔一定时间间隔执行一次的话，就必须在 function 里再一次调用 add_timer。function 的参数 d 即为 timer 里面的 data 项。在设备驱动程序里还可能会用到如下一些系统函数：

```
#include <asm/system.h>
#define cli()  _asm_  _volatile_  ("cli"::)
#define  sti()  _asm_  _volatile_  ("sti"::)
```

这两个函数负责打开和关闭中断允许。

```
#include <asm/segment.h>
void memcpy-fromfs (void *to, const void *from, unsigned long n);
void memcpy-tofs (void *to, const void *from, unsigned long n);
```

在用户程序调用 read、write 时，因为进程的运行状态由用户态变为核心态，地址空间也变为核心地址空间。而 read、write 中参数 buf 是指向用户程序的私有地址空间的，所以不能直接访问，必须通过上述两个系统函数来访问用户程序的私有地址空间。memcpy_fromfs 由用户程序地址空间往核心地址空间复制，memcpy_tofs 则反之。参数 to 为复制的目的指针，from 为源指针，n 为要复制的字节数。在设备驱动程序中，可以调用 printk 来打印一些调试信息，用法与 printf 类似。printk 打印的信息不仅出现在屏幕上，同时还记录在文件 syslog 里。

在 Linux 中，除了直接修改系统核心的源代码，把设备驱动程序加进核心里外，还可以把设备驱动程序作为可加载的模块，由系统管理员动态地加载它，使之成为核心的一部分。也可以由系统管理员把已加载的模块动态地卸载下来。在 Linux 中，模块可以用 C 语言编写，用 gcc 编译成目标文件（不进行链接，作为*.o 文件存在），为此需要在 gcc 命令行里加上-c 的参数。由于在不链接时，gcc 只允许一个输入文件，因此一个模块的所有部分都必须在一个文件里实现。然后用“depmod -a”命令使此模块成为可加载模块。模块用 insmod 命令加载，用 rmmod 命令来卸载，并可以用 lsmod 命令来查看所有已加载的模块的状态。编写模块程序时必须提供两个函数，一个是 int init_module(void)，供 insmod 在加载此模块时自动调用，负责进行设备驱动程序的初始化工作。Init_module 返回 0 表示初始化成功，返回负数表示失败。另一个函数是 void cleanup_module(void)，在模块被卸载时调用，负责进行设备驱动程序的清除工作。在成功地向系统注册了设备驱动程序后（调用 register_chrdev 成功后），就可以用 mknod 命令来把设备映射为一个特别文件，其他程序使用这个设备时，只要对此特别文件进行操作即可。

4. 将 X-Window 换成 MicroWindows

MicroWindows 是使用分层结构的设计方法，它允许改变不同的层来适应实际的应用。最底层提供了屏幕、鼠标/触摸屏和键盘的驱动，使程序能访问实际的硬件设备和其他用户定制设备；中间层有一个轻巧的图形引擎，提供了绘制线条、区域填充、绘制多边形、裁剪和使用颜色模式的方法；最上层提供了不同的 API 给图形应用程序使用，这些 API 可以提供或不提供桌面和窗口外形。

（1）设备驱动：设备驱动接口在 device.h 中定义。一个 MicroWindows 程序通常有屏幕、鼠标和键盘驱动。中间层设备无关图形引擎核心函数将直接调用设备驱动来执行硬件相关操作。这样，在 MicroWindows 中改变或增加硬件设备时不会影响整个系统的工作。

（2）屏幕驱动：屏幕驱动是本系统中最复杂的驱动，在设计上很容易就能移植一个新的硬件到 MicroWindows 上来。一个屏幕驱动必须提供 ReadPixel、DrawPixel、DrawHorzLine 和 DrawVertLine 等函数功能。这些函数从显存中读写像素，绘制水平线和垂直线。裁剪功能在设备无关层处理。目前，所有的鼠标动作、文本绘制和位图绘制都是基于上面的基本函数实现的。如果显示器使用调色板，必须调用 SetPalette 函数，除非系统连接了一个与系统调色板相配的静态调色板。初始化时，屏幕驱动返回包括屏幕 x、y 值和颜色模式等的值。

MicroWindows 目前提供两种字体模式，还提供了等比例字体从.bdf 或其他格式转换为 MicroWindows 字体的转换工具。

屏幕驱动可以选择实现 bit biltting。MicroWindows 允许任何对物理屏幕的图形操作，可以通过以下方式进行：首先执行到屏幕外的图形操作，然后复制（bit-butted）到物理屏幕。实现一个 bit biltting 屏幕驱动相当复杂。实现 bit biltting 屏幕驱动首先要考虑的是底层显示硬件是否支持传送用于 framebuffer 的硬件地址。如果支持，在物理屏幕上的绘制函数就可以用于在屏幕外缓冲区的绘制。这是使用 framebuffer 驱动的方法。系统使用 malloc 分配的内存地址代替用 mmap 分配的物理 framebuffer 地址。在系统不使用实际物理内存地址的情况下（X 或 MS

窗口）必须写两套函数，一套用于图形系统硬件，一套用于内存地址。另外，需要知道在两种格式之间的复制方法，实际上所有四种操作：screen-to-memory、memory-to-screen、memory-to-memory 和 screen-to-screen，Micro Windows 都支持。

（3）鼠标驱动：Micro Windows 支持三种鼠标。mou_ gpm.c 提供了 Linux 下鼠标的 GPM 驱动，mouser.c 提供了 Linux 和 ELKS 下串口鼠标的驱动，mou_dos.c 提供了 MS-DOS 下鼠标的 int33 驱动。鼠标驱动的最基本功能是转换鼠标数据，返回鼠标的相对或绝对位置和按键。

在 Linux 下，MicroWindows 在主循环执行 select 函数，通常传递鼠标和键盘的文件描述符给 select 函数。如果系统不支持 select 函数或者在文件描述符中没有传递鼠标的数据，可以用 Poll 函数获取鼠标活动信息。

（4）键盘驱动：MicroWindows 提供了两种键盘驱动。第一种是 kbd_tty.c，用于 Linux 和 ELKS 系统，通过打开和读取文件描述符的方法来实现；第二种是 kbd_bios.c，用于 MS-DOS 系统，通过读取 PC BIOS 的击键来实现。

（5）应用程序接口：MicroWindows 提供两种不同的应用程序接口。窗口管理器实现标题栏和关闭按钮的绘制，并处理程序的图形输出要求。MicroWindows API 最初是初始化屏幕、键盘和鼠标，然后在 select 循环中等待事件。当有事件发生时，如果发生的是系统事件（如键盘、鼠标行为），则事件会转换为 expose 事件或 paint 等事件传送给应用程序。如果是用户请求图形操作，则将参数转换后调用相应的引擎函数。注意，窗口与原始图形操作相对的概念在 API 层处理。更精确一些是，API 定义好窗口、坐标系统等，然后转换成屏幕相关参数传给核心引擎函数，执行实际操作。这一层定义了图形上下文和屏幕设备上下文，并传递包括裁剪的信息给核心引擎函数。

10.5　本章小结

本章实训主要是针对嵌入式 Linux 开发环境。首先介绍了 Linux 的登录环境和运行级别脚本，接下来介绍了 Linux I/O 接口编程。最后详细介绍了嵌入式 Linux 开发环境的搭建步骤。

参考文献

[1] 吴学毅．Linux 基础教程．北京：清华大学出版社，2005.

[2] 孙琼．嵌入式 Linux 应用程序开发详解．北京：人民邮电出版社，2006.

[3] 刘胤杰，岳浩等．Linux 操作系统教程．北京：机械工业出版社，2005.

[4] 吴恒奎．Linux 指令速查手册．北京：人民邮电出版社，2007.

[5] 朱华生，冯祥胜．Linux 基础教程．北京：清华大学出版社，2005.

[6] 李蔚泽．Fedora Core 3 Linux 安装与系统管理．北京：中国铁道出版社，2006.

[7] 天夜创作室．Linux 网络编程技术．北京：人民邮电出版社，2001.

[8] 梁如军，丛日权等．Red Hat Linux 9 网络服务．北京：机械工业出版社，2004.

[9] 赵炯．Linux 内核完全剖析．北京：机械工业出版社，2006.

[10] 董欣，杨慧卿．Red Hat Fedora Core Linux 基础应用与配置管理．北京：人民邮电出版社，2007.

[11] 韦东山．嵌入式 Linux 应用开发完全手册．北京：人民邮电出版社，2008.